"十四五"高等职业教育装备制造大类专业系列教材

无人机概论

肖春华　薛　峰 ◎ 主　编
韦　霖　祝　勋 ◎ 副主编

中国铁道出版社有限公司
CHINA RAILWAY PUBLISHING HOUSE CO., LTD.

内 容 简 介

本书依据高等职业教育改革最新政策，结合学生兴趣与需求，融入课程思政理念，全面介绍无人机技术与应用，内容涵盖无人机相关概念、飞行原理、操纵技能、法律法规、执照考取及维护保养等，以13个任务为导向，通过四个模块串联，使学生系统掌握无人机知识与技能。

本书坚持以学生为中心的教学理念，让学生在实践中学习和掌握无人机知识。同时，巧妙地将课程思政元素融入书中，让学生在学习技能的同时，也能受到思政教育的熏陶。此外，本书还强调了校企共建的重要性，与多家无人机企业合作，共同开发和优化了本书内容，确保教材的实用性和前瞻性，突出了职业教育的特色。

本书适合作为高等职业院校及部分中等职业学校无人机应用技术专业的教材，也可作为无人机爱好者的参考书。

图书在版编目（CIP）数据

无人机概论 / 肖春华, 薛峰主编. -- 北京 : 中国铁道出版社有限公司, 2025. 1. --（"十四五"高等职业教育装备制造大类专业系列教材）. -- ISBN 978-7-113-31680-8

Ⅰ. V279

中国国家版本馆CIP数据核字第2024NA2035号

书　　名：	无人机概论
作　　者：	肖春华　薛　峰
策　　划：	何红艳　张围伟　　　编辑部电话：（010）63560043
责任编辑：	何红艳　李学敏
封面设计：	刘　颖
责任校对：	安海燕
责任印制：	赵星辰

出版发行：中国铁道出版社有限公司（100054，北京市西城区右安门西街8号）
网　　址：https://www.tdpress.com/51eds
印　　刷：北京盛通印刷股份有限公司
版　　次：2025年1月第1版　2025年1月第1次印刷
开　　本：787 mm×1 092 mm　1/16　印张：16　字数：388千
书　　号：ISBN 978-7-113-31680-8
定　　价：59.80元

版权所有　侵权必究

凡购买铁道版图书，如有印制质量问题，请与本社教材图书营销部联系调换。电话：（010）63550836
打击盗版举报电话：（010）63549461

"十四五"高等职业教育装备制造大类专业系列教材
无人机应用技术专业编审委员会

总　顾　问：徐剑锋（江西飞行学院）

主　　　任：陈　宽（中国航空器拥有者及驾驶员协会）

常务副主任：岳　鹍（天津现代职业技术学院）
　　　　　　叶　婷（西安航空职业技术学院）
　　　　　　何　琼（武汉软件工程职业学院）
　　　　　　张　鹏（湖北交通职业技术学院）

副　主　任：陈小怡（泸州职业技术学院）
　　　　　　颜增显（广西现代职业技术学院）
　　　　　　凡进军（张家界航空工业职业技术学院）
　　　　　　杨　帆（京航通达（北京）科技有限公司）
　　　　　　秦绪好（中国铁道出版社有限公司）

委　　　员：（按姓氏笔画排序）
　　　　　　王志勇（江西航空职业技术学院）
　　　　　　韦　霖（河池市职业教育中心）
　　　　　　韦孟州（广西工业职业技术学院）
　　　　　　牛丹华（中国北方车辆研究所）
　　　　　　勾柯楠（西安爱生无人机技术有限公司）
　　　　　　石　磊（内蒙古电子信息职业技术学院）
　　　　　　曲　静（中国信息协会粮农分会）
　　　　　　朱光波（湖北水利水电职业技术学院）
　　　　　　任智龙（兰州环境资源职业技术大学）
　　　　　　刘石磊（湖南理工职业技术学院）
　　　　　　刘建国（甘肃交通职业技术学院）
　　　　　　刘思妤（柳州市第一职业技术学校）
　　　　　　孙汉中（中国兵器工业集团人才研究院）

孙红斌（千寻位置网络有限公司）
吴　俊（江苏城乡建设职业学院）
汪　晖（荆州理工职业学院）
张　志（湖南航空技师学院）
张　程（宜昌科技职业学院）
张　磊（广西交通技师学院）
张围伟（中国铁道出版社有限公司）
欧阳艳华（广西城市建设职业学校）
易　操（湖北城市建设职业技术学院）
周　讯（湖南国防工业职业技术学院）
周　巍（柳州城市职业学院）
周风景（苏州极目机器人有限公司）
赵　辉（唐山工业职业技术学院）
赵中营（江苏农林职业技术学院）
赵文天（青海职业技术大学）
赵超阳（黑龙江农垦职业学院）
郝涛涛（三峡旅游职业技术学院）
胡　杰（中国兵器工业试验测试研究院）
徐翔民（黄河水利水电职业技术学院）
凌培田（北京达北时代科技有限公司）
黄　玲（湖北生物科技职业学院）
章远驰（郑州经济贸易学校）
韩国忠（成都航利航空工程职业教育有限公司）
程海洋（山东顺然信息科技有限公司）
颜　颖（江西制造职业技术学院）
薛　峰（新乡市职业教育中心）

秘　书　长： 韩国清（北京智航万维科技有限公司）

副 秘 书 长： 何红艳（中国铁道出版社有限公司）

前　言

随着《国家职业教育改革实施方案》《高等学校课程思政建设指导纲要》《关于加快推进现代职业教育体系建设改革重点任务的通知》等文件的出台，职业教育的重要性更加凸显，其发展方向也日益清晰。政策要求中特别指出，课程思政与专业技能的融合是未来教育的重要方向，旨在培养具备综合素质和职业素养的新时代人才。

然而，在当前的无人机教育领域，市面上现有的教材特色不明显，多数教材采用传统的章节编写方式，内容质量参差不齐，过于侧重理论知识的灌输，而缺乏实践应用与职业教育的特色。这样的教材不仅难以激发学生的学习热情，也对教师的教学工作构成了挑战。

为此，我们积极响应国家政策的号召，结合多年的一线教学经验与丰硕的教学成果，精心编写了这本《无人机概论》教材。本书力求注重理论与实践的有机结合，体现职业教育的特色。我们希望通过这本教材，帮助学生全面了解无人机的相关知识，掌握基本操作技能，同时注重培养学生的工匠精神、安全意识和职业道德，为其未来的职业生涯奠定坚实的基础。

本书以培养学生的实践能力和职业素养为核心，精心设计了四个模块，将理论知识与实践操作紧密结合。模块一走近无人机，旨在激发学生对无人机的兴趣和好奇心；模块二认知无人机的组成与基本工作原理，帮助学生建立对无人机整体结构和功能的基本认识；模块三如何安全使用无人机，强调安全操作的重要性，培养学生的安全意识和职业素养；模块四成为无人机行业工匠，着重培养学生的工匠精神，鼓励他们在无人机领域不断探索和创新。

本书主要特点如下：

1. 以学生为中心，巧设任务

本书在内容设计上始终以学生为中心，围绕学生的需求、兴趣和认知规律来构建知识体系。在任务中，注重引导学生主动探究、发现问题，并鼓励他们通过团队协作、动手实践来解决问题。每一个任务都是基于学生的实际情况和学习进度来设计的，旨在让学生在参与任务的过程中，逐步建立起对无人机的全面认识，并不断提升自己的实践能力和创新思维。

2. 融入思政，育人育才

在项目的设置上，注重将课程思政元素巧妙地融入其中，让学生在完成项目的过程中，不仅能够学到无人机相关的知识和技能，还能够接受到正面的价值引领和思想教育。例如，在"了解无人机相关概念"这一任务中，培养学生对学习无人机技术的兴趣和热情，激发学生科技报国之志。在"理解无人机基本结构与分类"这一任务中，培养学生创业的热情和创新能力，培养学生爱家爱国的家国情怀，树立

成为大国工匠的远大理想与奋斗目标。在"把握无人机的创新与未来"这一任务中，培养学生的社会责任感和伦理意识，明确在无人机技术创新和应用中应遵循的法律法规和道德规范。

3. 校企共建，职教特色

本书在编写过程中，得到了多家无人机企业的大力支持和深度参与。我们与企业共同设计了多个实践项目，将企业的实际需求和技术标准引入教材中，使教材更加贴近行业实际和职业需求。此外，我们还邀请企业专家参与教材的审稿工作，以确保教材内容的实用性和前瞻性。这种校企共建的模式，不仅凸显了职业教育的特色，也为学生提供了更加广阔的实践平台和就业机会。

4. 兴趣导向，通俗易懂

本书在内容呈现上注重激发学生的学习兴趣和好奇心，通过生动有趣的案例、简洁明了的图表和深入浅出的解释，使复杂的专业知识变得通俗易懂。我们避免使用过于晦涩的专业术语和复杂的理论阐述，而是用更加贴近学生生活的语言和方式来表达，让学生在轻松愉快的氛围中学习无人机知识。同时，我们还设置了多个拓展阅读和实践操作环节，鼓励学生在课余时间自主探索和学习，进一步培养他们的学习兴趣和实践能力。

总的来说，这本《无人机概论》是我们对职业教育改革的一次积极探索和实践。我们希望通过这本书，为无人机及相关专业的学生提供一个更加生动、有趣且实用的学习资源，为国家培养更多优秀的无人机人才贡献力量。

本书由武汉软件工程职业学院肖春华任第一主编，新乡市职业教育中心薛峰担任第二主编；河池市职业教育中心学校韦霖担任第一副主编，武汉软件工程职业学院祝勋担任第二副主编；河池市职业教育中心学校杨德英和新乡市职业教育中心武帅参与了本书的编写工作。具体分工如下：祝勋编写模块一任务一、任务二，附录A、附录B；肖春华编写模块一任务三、任务四，模块三任务四，模块四任务一、任务二，附录C；薛峰编写模块二任务一；武帅编写模块二任务二；模块二任务三由薛峰与武帅共同编写；模块三任务一由韦霖与杨德英共同编写；韦霖编写模块三任务二；杨德英编写模块三任务三；全书由肖春华负责统稿工作。北京智航万维科技有限公司韩国清总经理作为技术专家全程指导并亲自参与本书项目设计以及数字资源建设，编者在此表示衷心的感谢。

由于编者的经验、水平及时间有限，书中疏漏与不妥之处在所难免，恳请读者批评指正。

感谢各位读者对本书的支持和信任，我们期待与您一同见证无人机教育的美好未来。

编　者

2024年9月

目 录

模块一 走近无人机
- 任务一 了解无人机相关概念 ········ 2
- 任务二 理解无人机基本结构与分类 ········ 13
- 任务三 了解无人机的用途 ········ 28
- 任务四 把握无人机的创新与未来 ········ 39

模块二 认知无人机的组成与基本工作原理
- 任务一 熟悉无人机的系统组成 ········ 64
- 任务二 了解无人机结构和基本飞行原理 ········ 89
- 任务三 了解无人机的感知系统 ········ 112

模块三 如何安全使用无人机
- 任务一 了解无人机的法律与伦理问题 ········ 128
- 任务二 了解无人机飞行性能与航空气象 ········ 144
- 任务三 熟悉无人机的操纵 ········ 163
- 任务四 无人机的故障诊断和维护 ········ 180

模块四 成为无人机行业工匠
- 任务一 具备无人机从业资格——获取证照 ········ 202
- 任务二 让无人机飞起来 ········ 217

附录 A 无人机驾驶员国家职业技能标准（2021 年版节选） ········ 231
附录 B 无人机装调检修工国家职业技能标准（2021 年版节选） ········ 236
附录 C 无人机相关的"1+X"职业技能等级证书 ········ 241

参考文献 ········ 248

模块一

走近无人机

同学们，我们即将一同探索无人机这个充满科技魅力和无限可能的领域。在"走近无人机"这个模块中，我们将以四个富有启发性的任务为引导，逐步揭开无人机的神秘面纱。"任务一　了解无人机相关概念"将为我们搭建无人机知识的基础框架，帮助我们清晰地理解其定义和内在含义。"任务二　理解无人机基本结构与分类"将带领我们深入剖析无人机的构造和工作原理，同时了解不同类型无人机的独特特点。"任务三　了解无人机的用途"将揭示无人机在广泛领域内的应用实例，展现其为社会带来的巨大价值。"任务四　把握无人机的创新与未来"将激发我们对未来的无限遐想，共同探讨无人机技术的前沿动态与创新方向。

让我们携手共进，揭开无人机的神秘面纱，开启一段充满智慧与乐趣的探索之旅。

任务目标

知识目标：
1. 了解无人机相关的基本概念。
2. 了解无人机的特点。
3. 了解无人机的发展史。

技能目标：
1. 能够区分无人机与航模。
2. 能够理解无人机与有人驾驶飞机、弹道导弹的共性与差异。
3. 能够归纳并口述无人机的功能特点与应用特点。

素质目标：
1. 培养学生自主学习能力、文档撰写与编辑能力。
2. 培养学生对学习无人机技术的兴趣和热情，激发学生科技报国之志。
3. 培养学生团队协作意识与团队协作能力。

任务描述

"这是南京吗？这简直是好莱坞大片啊！"2016年1月底，一个被称为"最潮南京宣传片"的视频（见图1-1-1）刷爆了不少人的朋友圈，不仅吸引了南京市民观看，还得到了海内外各地网友的关注。

图1-1-1 "最潮南京宣传片"缩影

这部时长5分18秒的影片中，南京古往今来的地标建筑悉数亮相，大量的延时和航拍相结合的镜头画面令人耳目一新，使画面显得如电影般大气磅礴、动感十足。"从来没有从这样的视角看过南京。"50岁的南京市民周女士说，"应该是哪个公司花重金给南京打造的宣传片吧。"

然而，这部"最潮南京宣传片"，出自一个并不知名的小团队"MOVE"，其核心成员只有5人，大多是刚刚走出校门的学生。导演李子韬是一位1993年出生的男孩，他说："没有任何人赞助我们。我们就是自己想拍，就拍了。"

那么，他们是如何制作出堪比好莱坞大片的观影效果呢？让我告诉大家他们的秘密武器——无人机！利用这些高科技无人机的航拍技术，他们可以拍摄出让我们俯瞰南京城的壮丽景象，就像置身于纽约摩天大楼中一般震撼人心。配以令人心潮澎湃的背景音乐，河西新城青奥双塔楼和南京眼步行桥等地标景点呈现出现代、大气、美不胜收的一面。

同学们，看到这里，我相信你们一定跟我一样，迫不及待地想要走进无人机的世界，了解更多关于它们的知识和魅力。接下来，我们就一起探索无人机的奥秘！

我们的主要任务如下：

团队协作，合理分工，利用丰富的网络资源和图书馆资源，来收集无人机相关知识，最终形成一个综述报告，并进行小组间的分享。

你们可以选择各自感兴趣的方向进行深入研究，并在小组分享时展示你们的发现。例如，可以了解无人机的各种功能，比如航拍、救援、农业等；还可以探索无人机的不同分类，比如多旋翼、固定翼、垂直起降等；最重要的是，通过研究典型案例，可以了解到无人机在实际应用中的价值和意义。

这个学习任务不仅能让你们更深入地了解无人机技术，还能培养你们的团队合作和研究能力。在小组分享时，你们可以互相学习、交流，从其他小组中获取更多的见解和启发。最终，你们会发现，无人机不仅令人着迷，而且在各行各业都发挥着重要的作用。

让我们一起踏上这个充满创意和惊喜的学习之旅吧！相信你们一定能从中收获很多，并为未来的发展打下坚实的基础。

知识链接

一、无人机概述

1. 无人机的定义

（1）传统无人机的定义

传统无人机，也称为无人驾驶飞行器（UAV），是一种无须人员直接操控，通过遥控或自主控制系统实现飞行的航空器。它们通常用于侦察、监视、通信中继等任务，具有结构简单、机动性强、成本低廉等特点。传统无人机在军事领域应用广泛，是现代战争中的重要工具之一。

（2）现代无人机定义的变化

随着科技的进步和无人机技术的快速发展，现代无人机的定义发生了显著变化。现代无人机不仅具备了更高的智能化、自主化水平，还融合了多种先进技术和功能，如人工智能、大数据处理、高分辨率摄像等。现代无人机系统（UAS）强调无人机与其他设备和系统的协同工作，能在更多领域发挥重要作用。从侦察打击到农业植保、环境监测、物流配送，现代无人机正不断拓展其应用领域，成为现代社会不可或缺的重要工具。

2. 无人机与航模

无人机和航模（见图1-1-2）在技术原理、应用领域和操作方式上存在明显的差异。无人机具备高级飞行控制系统和自主导航能力，应用领域广泛，并且可以实现自主飞行或遥控操控。航模相对较简单，主要用于娱乐和模型展示领域，通过遥控器手动操控飞行。无论是无人机还是航模，它们都在各自的领域发挥重要作用，满足人们的不同需求和兴趣。

（a）无人机　　　　　　　　　　　（b）航模

图1-1-2　无人机与航模

（1）航模与无人机的不同之处

①定义不同。

认识航模

无人机是一种由无线电遥控设备或自身程序控制装置操纵的无人驾驶飞行器。航空模型是一种重于空气的、有尺寸限制的、带有或不带有动力装置的、不能载人的航空器。

②技术原理不同。

无人机集成高级飞行控制系统，由电动/燃油发动机、自动稳定、GPS导航和传感器组成，可自主完成飞行任务。航模是模型化飞行器，使用简单电动/发动机，通过遥控器操纵杆控制升降、转向和俯仰。

③应用领域的差异。

无人机被广泛应用于军事、民用和商业领域，航模主要用于娱乐和模型展示领域。

④操作方式的异同。

无人机可自主飞行或遥控操作，适应不同任务需求。航模则主要依赖遥控器操控，飞行员手动完成飞行任务。无人机可执行超视距任务，航程远；航模在目视范围内飞行，半径小于800 m。部分无人机也具备航模的直接遥控能力，使操作更加灵活多样。

⑤管理不同。

在我国，航空模型由国家体委下属航空运动管理中心管理。民用无人机由民航局统一管理，军用无人机由军方统一管理。

（2）航模的发展

航模的发展历史可以追溯到远古时代，随着科技的进步和人们对飞行的热爱，航模逐渐演变成了一门独特的艺术和技术。

①起源与初期发展。

人类自古渴望飞行，受昆虫、鸟禽启发。西汉刘安《淮南子》记载嫦娥飞月故事，象征古人飞行追求。春秋战国时期，先人制造能飞的木鸟模型，《韩非子》和《太平御览》中亦有相关记载。这些航空模型包括孔明灯、风筝等，为航模发展奠定了基础。

②航模的科技突破。

19世纪末，随着航空工业的兴起，航模的发展进入了一个新的阶段。人们开始使用更加先进的材料和技术制作模型飞机，如木材、金属和织物等。同时，内燃机的发明也为航模的飞行提供了动力来源，使得模型飞机能够实现更长时间的飞行。

③航模的应用拓展。

20世纪初，航模逐渐从纯粹的飞行模型发展为一项具有实际应用价值的技术。在第一次世界大战期间，航模被广泛用于军事侦察和飞行训练。随后，航模开始应用于航空工业的研究和设计，为真实飞机的改进和优化提供了重要的参考。

④航模的普及与竞技化。

随着航空技术的不断进步，航模逐渐成为一项受欢迎的娱乐活动。人们开始组织航模比赛和展览，以展示模型飞机的飞行技术和设计创新。同时，航模的制作和飞行技术也得到了不断地改进和提升，模型飞机的飞行性能和逼真程度大幅提高。

⑤我国的航模发展。

我国航空模型运动始于20世纪40年代，1947年举办首届全国比赛。新中国成立后，该运动得到快速发展，1978年加入国际航空联合会，1979年起参加世界赛事。全国性组织为中国航空模型协会，下设教练、裁判等委员会。该运动的技术研究、推广普及由军事体育学校、航模学校等机构实施，同时少年宫、科技指导站等组织也参与相关工作。

中国航空运动协会会标如图1-1-3所示，国际航空联合会会标如图1-1-4所示，图1-1-5为几种常见的航模。

图1-1-3 中国航空运动协会

图1-1-4 国际航空联合会

(a)竞速模型　　　　　　　　　(b)发动机特技模型

(c)直升机模型　　　　　　　　(d)航天模型

图1-1-5　常见的几种航模

知识拓展：国内航空模型竞赛

航模比赛是指航空模型比赛，是一种以航空模型为比赛项目的体育比赛。目前国内比较知名的航模比赛有4个。

（1）全国航空航天模型锦标赛

全国航空航天模型锦标赛由国家体育总局、中国航空运动协会主办，是中国航模比赛的最高级别赛事，执行国际航空运动联合会的各项竞赛规则，选拔参加下一届世界航空模型锦标赛的国家队员，该赛事一年举办一届。包括各种航空模型比赛项目，如飞行器竞速、航模艺术表演等。参赛条件是需要具备中国国籍，年龄在18～60岁之间，有一定的航模制作和操控经验。参赛方式是通过各地航模协会或俱乐部进行报名，在规定时间内提交参赛作品和相关材料。

（2）全国航空航天模型锦标赛（科研类）

科研类锦标赛由国家体育总局、科学技术部、教育部主办，大赛以"梦飞扬"为主题，通过航空航天模型竞赛推动科技创新活动的开展，为我国大型商用飞机的研发、探月登月工程的实施及国防建设培养后备人才。每年有来自北京航空航天大学、北京科技大学、清华大学、南京航空航天大学等三十多所高校的500多名选手，带着他们自行研发设计的航模作品来参加飞机空对地摄影、模型火箭、模拟搜救、双机分离、载重空投、限时载运空投、电动滑翔等众多竞技类项目的比赛和科技创新类作品评比。

（3）全国青少年航空航天模型锦标赛

全国青少年航空航天模型锦标赛是一项由国家体育总局、教育部、中国科协、共青团中央、全国妇联联合主办的，面向中小学生的最高级别的航空航天模型比赛活动，比赛安排在每年暑假进行，每届都吸引了全国各地数百名青少年航模运动员。

（4）"飞向北京·飞向太空"全国青少年航空航天模型竞赛

该比赛由国家体育总局、教育部、中国科协、共青团中央、全国妇联联合主办，"飞向北京·飞向太空"全国青少年航空航天模型教育竞赛活动自1993年开始举办，每年都有几十万青少年学生亲身参与，数百万老师、家长热心关注。这项活动有利于推进青少年素质教育、提高青少年动手动脑能力、培养合作创新精神和科技探索意识，激发青少年的航空航天梦想。

3. 无人机与有人驾驶飞机

无人机和有人驾驶飞机在技术原理、应用领域、飞行员角色和安全监管等方面存在差异和联系。无论是无人机还是有人驾驶飞机，飞行员的角色和安全意识都至关重要。

视频
无人机与有人驾驶飞机

（1）技术原理的对比

无人机依赖无人飞行和自主导航技术，预设航路或操控指令实现自主飞行，含飞行控制计算机、传感器与执行机构。有人机则由飞行员操纵，通过操纵杆、脚蹬、按钮等控制飞行，配备飞行控制系统如自动驾驶仪和导航设备辅助任务执行。

（2）应用领域的差异与联系

民航飞机服务于旅客，军用飞机承担多样任务，私人飞机则满足商务和私人需求。无人机与有人机虽应用领域不同，但军事上可协同作战，提高效能。无人机技术也为有人机带来新的应用机会，如无人机系统和飞行员培训。

（3）飞行员角色的不同和重要性

无人机飞行员为地面操作员，通过遥控或地面控制站操纵无人机，需要熟悉飞行性能、传感器数据和规则，迅速决策。而有人驾驶飞机飞行员直接操控飞机，需要掌握飞行技术、导航、气象学和规则，确保飞行安全有效，并与空中交通管制沟通。两类飞行员角色都非常重要，需要经专业训练和持照，具备高度专业知识、技能和责任心，应对各种飞行状况。

（4）安全和监管方面的考虑

安全与监管是无人机和有人机飞行的核心。无人机需要遵循飞行规则，避免碰撞，监管机构需要制定管理法规，监督平台服务。有人机则需要遵守空中交通和航空安全规章。飞行员需要接受培训和考核，遵循规则。

（5）无人机的优势

与有人机相比，无人机具有以下优势：
①无须配备生命保障系统，简化了系统、减轻了重量、降低了成本。
②更适合执行危险性高的任务。
③无人机在制造、使用和维护方面的技术门槛与成本相对更低。

④无人机对环境要求较低，包括起降环境、飞行环境和地面保障等。

⑤无人机相对重量轻、体积小、结构简单，应用领域广泛。

（6）无人机的局限性

与有人机相比，无人机具有以下局限性：

①无人机上没有驾驶员和机组人员，对导航系统和通信系统的依赖性更高。

②无人机放宽了冗余性和可靠性指标，降低了飞行安全。当发生机械故障或电子故障时，无人机及机载设备可能会产生致命损伤。

③无人机的续航时间相对较短，尤其是电动无人机。

④无人机遥控器、地面站、图传、数传电台等设备的通信频率和地面障碍物等，限制了无人机系统的通信传输距离，限制了无人机的飞行范围。

⑤无人机的体积、重量和动力等，决定了无人机的抗风、抗雨能力有限。

4. 无人机与弹道导弹

（1）技术原理的共性与差异

无人机和弹道导弹都是依靠航空技术实现飞行的载具。它们都依赖发动机提供动力，并通过航空控制系统来调整姿态、方向和速度。

无人机旨在实现更长时间、更稳定的飞行，通常采用多旋翼、固定翼等结构，具有较强的机动性和飞行控制能力；而弹道导弹则设计用于高速飞行并实现精确的打击，其技术原理主要围绕着快速脱离大气层、定位目标并精确命中目标。

（2）设计目标与应用领域的不同

无人机设计目标中，主要用于通信中继、灭火、农业等领域，也可以用于军事侦察和打击等用途。弹道导弹设计目标主要用于远程精确打击目标，是军事战略中重要的攻击手段。

（3）飞行轨迹与控制方式的区别

无人机飞行轨迹较为灵活多变，可以悬停、盘旋，进行一定的机动飞行，并可根据任务需求调整飞行路线。

弹道导弹飞行轨迹通常为一条弧线，主要分为发射阶段、中段飞行和末段制导，飞行路径由预定轨迹和制导系统控制。

（4）潜在风险与国际安全问题的对比

无人机潜在风险包括隐私侵犯、空域冲突、系统被黑客攻击等问题。

弹道导弹潜在风险包括大规模杀伤、误伤平民、引发国际紧张局势等问题。

在国际安全问题上，无人机主要存在隐私、监控、空域领土争端等问题，而弹道导弹则直接牵涉国家安全、军事平衡和战略威慑等议题。

二、无人机的特点

1. 高效便捷

无人机可以代替传统的人工作业，大大缩短了时间和人力成本，提高了工作效率。例如在农业领域，无人机可以对庄稼进行监测，根据庄稼的状态进行智能浇水和喷药，大大提高了种植效率。

2. 灵活机动

和传统飞机相比，具有更高灵活性的特点，可以轻松适应各种复杂的作业环境。例如，在救援领域，无人机可以迅速到达灾区，并进行物资投放和救援工作。

3. 远距离作业

无人机可以在不同地域和地形进行各种作业，例如，在极地、海洋等难以到达的地方进行勘测和监测。

4. 环保节能

无人机的工作过程中，没有排放有害气体，采用电力集成就能减少化石燃料的使用，降低二氧化碳的排放，符合目前绿色环保的要求。

5. 多功能性

无人机的应用范围非常广泛，可以应用于农业、环保、救援、安保、航空等领域。例如，在安防领域，无人机可以在空中进行监测和巡逻等任务。

6. 自主控制

无人机通过无线电通信、遥控器和卫星导航系统等技术，可以实现自主飞行、寻路、起降、巡航和降落等功能。这种能力使得无人机在创新、人工智能方面有广阔的发展前途。

三、无人机的发展史

无人机是在"有人机"的基础上发展起来的。现代战争是推动无人机发展的基本动力。早期的无人机重点并不在民用，而在军用。从无人机的出现，发展到今天，已经有了近百年的历史。无人机的起源和发展分为萌芽期、发展期、蓬勃期三个阶段。

视频

无人机的起源与发展

1. 无人机的萌芽期

无人机的起源可以追溯到20世纪初的早期实验阶段。

1903年，美国莱特兄弟研发了世界上第一架载人飞机"天空一号"（见图1-1-6），开启了人类太空探索之旅。

图1-1-6 "天空一号"载人飞机

1907年，法国航空先驱安托万·布雷奇特成功地制造了世界上第一架无人机，称为"布雷奇特"无人飞机（见图1-1-7）。然而，由于当时技术水平和材料限制的缘故，无法实现无线遥控，这样的机器并未得到进一步发展。

1914年，英国将军建议研制无线电操纵的无人机以投放炸弹。此设想得到戴·亨德森爵士的认可，并由A.M.洛教授团队研发，但多次失败。

随着无线电技术发展，1917年，美国彼得·库柏和埃尔默·斯佩里发明了自动陀螺稳定器，改造海军教练机为无人机，但不可回收。

1934年，英国德哈维兰公司研制的"蜂后"无人机（见图1-1-8），作为无线电遥控靶机，能自主回收并重复利用，在英国海军和陆军服役。

"蜂后"无人机的问世才是无人机真正开始的时代，可以说是近现代无人机历史上的"开山鼻祖"。随后，无人机被运用于各大战场，执行侦察任务，然而由于当时的科技比较落后，无法出色完成任务，发展比较缓慢。

图1-1-7 "布雷奇特"无人飞机

图1-1-8 "蜂后"无人机

2. 无人机的发展期

1976年，侦察兵无人机在以色列军队中扮演重要角色。随后美国借鉴以色列经验，动用"先锋""指针"无人机，实现了侦察、监视等功能。

1986年，美国"先锋"无人机为指挥官提供实时目标信息，成功完成各种侦察、监视任务，满足了低成本作战需求，并首次投入实战。

随着技术进步，无人机功能多样化，从自杀式炸弹拓展至侦察、情报收集等。

3. 无人机的蓬勃期

从1993年伊始，无人机的发展进入蓬勃期，可以被清晰地划分为三个黄金阶段，每个阶段都伴随着一系列标志性的技术革新和应用事件。

（1）高空长航时时代的到来（1993—2000年）

美国"全球鹰"无人机项目的启动，为长航时侦察无人机的发展奠定了坚实基础；以色列的"哈比"反辐射无人机则展示了无人机在电子战中的独特优势；而"捕食者"无人机（见图1-1-9）在波斯尼亚维和行动中的成功应用，则开启了无人机在现代战场上的新时代。

图1-1-9 "捕食者"无人机

（2）多样化功能与战场实战检验（2001—2010年）

进入新世纪，无人机在功能和用途上得到了极大的拓展。美国的"捕食者"无人机不仅进行了武装侦察，还首次发射导弹攻击目标，展现了无人机在战场上的强大潜力。同时，伊朗捕获美国RQ-170"哨兵"无人机的事件，也凸显了无人机在侦察任务中的重要作用及其脆弱性。此阶段，中国无人机技术迎来了历史性飞跃，"翼龙"系列无人机横空出世，以其卓越的性能和广泛的应用领域，成为中国无人机技术崛起的标志性符号。不仅在军事侦察、目标打击上展现非凡实力，更在民用领域如灾害救援、环境监测中大放异彩，彰显了中国无人机技术的全面性与创新性。同时，"彩虹"等系列无人机的研发成功，进一步丰富了中国无人机的产品线，提升了国际竞争力。这些成就，不仅是中国无人机技术厚积薄发的集中展现，更是中国智慧在全球无人机领域的一次华丽绽放，引领着无人机技术发展的新潮流。

（3）技术创新与全球应用普及（2011年至今）

近年来，无人机技术不断创新，应用领域也日益广泛。随着5G、人工智能等先进技术的应用，无人机在物流配送、农业植保、城市管理等领域发挥着越来越重要的作用，推动着无人机技术的不断进步和普及。

任务实施

步骤一　确定目标与范围

1. 项目分组，沟通讨论后确定小组长。
2. 召开团队会议，明确综述报告的主题和范围，如无人机的技术发展、应用领域、市场趋势等。
3. 讨论并确定综述报告的预期目的和受众，以便在收集和分析信息时有所侧重。

步骤二　分工与合作

1. 根据团队成员的专业背景和兴趣，合理分工，将任务划分为若干个子课题。
2. 为每个子课题分配负责人，确保每个部分都有专人负责。
3. 建立有效的沟通机制，如定期召开会议、使用协作工具等，以促进团队成员之间的信息交流和合作。

步骤三　收集与整理资料

1. 利用网络资源和图书馆资源，搜集与无人机相关的文献、报告、新闻等。
2. 整理收集到的资料，按照子课题进行分类，确保信息的条理性和逻辑性。
3. 对重要信息进行摘录和标注，为后续的分析和撰写综述报告做好准备。

步骤四　撰写综述报告

1. 撰写综述报告时，要围绕主题和范围，按照逻辑顺序组织内容。
2. 每个子课题的负责人撰写自己负责的部分，确保内容的准确性和完整性。
3. 在撰写过程中，要注意引用文献的规范性和准确性，杜绝抄袭和剽窃行为。

步骤五　小组间分享与讨论

1. 完成综述报告后，组织小组间的分享会议，让每个小组展示自己的成果。
2. 在分享过程中，鼓励团队成员提问和讨论，以便进一步完善和拓展综述报告的内容。
3. 根据分享会议的反馈和建议，对综述报告进行修改和完善，确保最终成果的质量和价值。

步骤六　总结与反思

1. 任务完成后，对整个过程进行总结和反思，总结成功的经验和不足之处。
2. 分析团队协作和分工的效果，以及网络资源和图书馆资源利用的效率。
3. 为今后的类似任务提供借鉴和参考，不断提高团队协作和项目管理的能力。

任务评价

整个任务完成之后，让我们来检测一下完成的效果吧，具体的测评细则见表1-1-1。

表1-1-1　任务完成情况的测评细则

评价内容	分值	评价细则	量化分值	得分
信息收集与自主学习	25分	1. 网络资源利用：有效使用了各种网络资源（如专业网站、论坛、社交媒体等）来收集信息	5分	
		2. 图书馆资源利用：充分利用了图书馆资源，包括纸质图书、电子期刊、数据库等	5分	
		3. 能够有效检索和分析学术文献	5分	
		4. 能够对无人机技术、应用和发展趋势有深入的了解	5分	
		5. 团队成员明确各自的任务和责任，且能够高效协作	5分	
报告的撰写与分享	60分	1. 报告是否具备清晰的逻辑结构，包括引言、正文、结论等部分	10分	
		2. 报告内容是否充实，信息准确，分析是否深入	10分	
报告的撰写与分享	60分	3. 报告是否充分展示了无人机各个方面的知识，包括功能、分类和应用案例	10分	
		4. 报告是否使用了适当的图表、图片等可视化元素来增强信息的传达效果	10分	
		5. 可视化元素是否准确、直观地表达了数据和信息	10分	
		6. 小组分享时，团队成员是否能够清晰、自信地传达研究成果	5分	
		7. 分享内容是否引人入胜，能够激发听众的兴趣	5分	
职业素养与职业规范	15分	1. 遵守了学术诚信和学术道德，避免抄袭和剽窃	4分	
		2. 是否遵循了学术写作的基本规范，如标题、字体、行距等	3分	
		3. 在协作过程中是否能够积极沟通，解决问题	2分	

续表

评价内容	分值	评价细则	量化分值	得分
职业素养与职业规范	15分	4. 是否能够在团队中发挥各自的优势，相互支持	2分	
		5. 是否能够合理安排时间，高效完成任务	2分	
		6. 是否能够充分利用资源，避免不必要的浪费	2分	
总计		100分		

巩固练习

1. 简述什么是无人机。
2. 简述无人机与航模的区别。
3. 简述无人机与有人驾驶飞机的区别，无人机的优势和局限性分别有哪些？
4. 简述无人机的特点。
5. 概述无人机的发展史。

任务拓展

无人机作为现代航空科技的重要组成部分，已经在军事、民用和商业领域得到广泛应用。为了让同学们更深入地了解国产无人机的发展现状，同时锻炼大家的文案写作能力，团队协作能力，信息资源的收集、利用、甄别与处理能力，培养探索精神，为未来的科技创新与科学探索打下良好基础，本次实践作业要求大家选择感兴趣的无人机生产厂家，进行产品调研并撰写一篇相关报告。

任务要求

1. 选择一家国产无人机生产厂家，并进行相关文献调研，了解其产品类型、技术特点、市场应用等情况。
2. 撰写一篇关于所选公司的产品调研报告，包括但不限于公司背景、产品特点、技术创新、未来展望等内容，要求图文并茂。

任务二　理解无人机基本结构与分类

任务目标

知识目标：

1. 了解无人机的基本构造。
2. 了解无人机常见的分类方法。

技能目标：

1. 能够区分固定翼无人机、旋翼无人机、多旋翼无人机、垂直起降无人机。
2. 能够区分按高度分类的无人机的分类指标。

3. 能够按活动半径对无人机进行区分。

4. 能够正确区分按运行规定/飞行级别分类的无人机。

素质目标：

1. 培养学生细致认真的学习态度。

2. 培养学生创新创业的热情和创新能力。

3. 培养学生爱家爱国的家国情怀，树立成为大国工匠的远大理想与奋斗目标。

任务描述

亲爱的同学们，在我们的日常生活中，时常都会见到各种各样的无人机，甚至在校园里也会有无人机，对此，我们早已习以为常了。当我们在操场上悠闲地散步时，天空中突然飞过一架无人机，它在为我们拍摄美丽的风景；当我们在图书馆埋头苦读时，无人机正在为我们传送急需的学习资料；甚至在食堂，无人机可能正在为我们运送美味的餐点。如今，无人机已经悄然融入我们的生活，它带来的不只是新奇和便利，更是一个充满无限可能的创新世界。

请发挥你们的想象力，结合校园生活，为无人机设计一种或多种创新应用，并围绕这一应用，撰写一份创新创业大赛的企划方案。

这是一个充满挑战和机遇的实践作业，本次实践作业的目标不仅仅是让你们了解无人机的应用，更是希望你们能够发挥自己的创新能力，将技术与生活相结合，为校园生活带来更多的便利和乐趣，同时，通过这次实践活动，将提升你们的商业思维和项目管理能力。

任务要求

① 分组撰写：请同学们自由组队，每组3~5人，共同商讨和撰写策划方案。每个团队应明确分工，确保方案的完整性和专业性。

② 创新性：方案应具有独特的创意和新颖性，能够解决校园生活中的实际问题。

③ 实用性：方案应关注实际需求，具备实际应用价值和市场推广潜力。

④ 可持续性：方案应考虑长期发展和社会责任，注重环境保护和资源利用。

⑤ 成本效益：方案应在满足功能需求的前提下，考虑成本控制和经济效益。

⑥ 技术可行性：方案应基于现有技术基础，具备技术实现和操作的可行性。

同学们，让我们一起用无人机技术点亮校园生活，创造更多的美好记忆！期待你们的精彩表现！让我们一同探索无人机在校园中的无限可能！

知识链接

无人机技术的广泛应用，不仅彰显了科技的力量，也推动了社会的进步。在军事领域，无人机凭借其独特的优势，如隐蔽性强、机动性高等特点，已经成为现代战争中的重要力量。它们可以执行侦察、目标定位、精确打击等任务，有效提升作战效能。在民用领域，无人机也发挥着越来越重要的作用。它们可以应用于灾害监测、救援搜救、农业植保等多个方面，为人们的生活带来便利和安全。在商业领域，无人机的应用更是层出不穷。

从航拍摄影、广告宣传到快递配送、空中交通管理，无人机的身影无处不在，为商业活动注入了新的活力。

在这个背景下，对无人机进行科学分类显得尤为重要。如基于用途的分类方法能够清晰地反映出无人机的功能特点和应用领域，有助于人们更好地理解和应用这一技术，推动其在实际应用中的不断发展和创新。

一、无人机的基本结构

无人机作为现代科技的杰出代表，其复杂而精巧的设计令人叹为观止。接下来，我们将一同探索无人机的世界，了解其各个组成部分以及它们如何协同工作，让无人机在空中自由翱翔，并执行各种任务。

1. 无人机的基本架构

无人机的机体，就像是人体的骨架，是支撑整个无人机的基础。它必须足够坚固，以承受飞行中的各种应力和压力。机体的设计也要考虑到重量和空气动力学的因素，以确保无人机在飞行时能够保持稳定。

视频

无人机基础知识

而无人机的动力系统，则是为其提供飞行推力的关键部分。无论是电动机还是内燃机，动力系统都需要为无人机提供足够的动力，以克服重力和阻力，使其能够在空中飞行。动力系统还需要具备高效能和可靠性，以确保无人机能够长时间持续飞行。

在无人机的飞行过程中，飞控系统发挥着至关重要的作用。作为无人机的"大脑"，飞控系统负责接收传感器的信号，并根据这些信号来控制无人机的飞行状态。通过精确地调整无人机的姿态、速度和高度等参数，飞控系统能够确保无人机在各种复杂的飞行环境中都能保持稳定，并准确到达目的地。

传感器在无人机中也扮演着不可或缺的角色。它们能够感知无人机周围的环境信息，如温度、湿度、气压、风速等，并将这些信息传递给飞控系统。飞控系统根据这些信息来做出相应的飞行控制决策，以确保无人机的安全和稳定。

通信设备则是无人机与地面站或指挥中心之间的重要桥梁。通过通信设备，无人机能够实时传输飞行数据、图像和视频等信息，使地面人员能够及时了解无人机的飞行状态和任务执行情况。通信设备还能够接收地面人员的指令和控制信号，使无人机能够按照地面人员的意图进行飞行和任务执行。

除了以上这些基本组成部分外，无人机还需要根据执行的任务来搭载相应的任务载荷。例如，如果无人机需要执行侦察任务，它就需要搭载高分辨率的摄像头和侦察设备；如果无人机需要执行救援任务，它就需要搭载救援物资和投放设备。这些任务载荷的搭载，使得无人机能够完成各种复杂的任务，为人类的生产和生活带来极大的便利。

总而言之，在无人机的飞行过程中，各个组成部分协同工作，共同支撑着无人机的飞行和任务执行。机体的坚固设计为无人机提供了稳定的基础；动力系统的强劲推力使无人机能够克服重力和阻力，在空中自由翱翔；飞控系统的精确控制确保了无人机的稳定和准确；传感器的感知能力为无人机提供了重要的环境信息；通信设备的实时传输使得地面人员能够及时了解无人机的状态；而任务载荷的搭载则使得无人机能够完成各种复杂的任务。

2. 支撑无人机工作的两大理论

在了解了无人机的各个组成部分后，我们不禁要对其工作原理产生好奇。无人机是如何在空中稳定飞行并执行各种动作的呢？这背后其实蕴含着深刻的空气动力学和导航控制原理。

空气动力学是研究物体在空气中运动时的受力情况的学科。对于无人机来说，空气动力学的研究能够帮助我们了解无人机在飞行时所受到的各种力，如升力、阻力、重力和推力等。通过合理地设计无人机的机体和动力系统，我们能够使得这些力达到平衡，从而使无人机能够在空中稳定飞行。

而导航控制原理则是研究如何通过调整无人机的飞行状态来实现对其飞行轨迹的控制。通过飞控系统对无人机的姿态、速度和高度等参数的实时调整，能够使得无人机按照预定的飞行轨迹飞行，并准确到达目的地。导航控制原理还能够帮助无人机在飞行过程中灵活应对各种突发情况，如风速突变、气压变化等，确保无人机的安全和稳定。

二、无人机的分类

1. 按用途分类

（1）军用无人机

军用无人机指应用于军事领域的无人机，具有较强的技术保密性质，可分为侦察无人机、诱饵无人机、电子对抗无人机、通信中继无人机、无人战斗机以及靶机等，目前超过70%的无人机用于军事。

①侦察无人机。

侦察无人机主要用于收集情报和进行战场监视。它们通常配备有高清摄像头、红外传感器和其他侦察设备，能够从空中获取目标区域的图像和信息，为指挥官提供实时战场情报。

②诱饵无人机。

诱饵无人机也称为诱饵靶机，主要用于电子战中。它们可以发射诱饵弹或模拟敌方目标，以迷惑敌方雷达和导弹系统，从而保护友军飞机和舰船免受攻击。

③电子对抗无人机。

电子对抗无人机分为电子侦察无人机和电子干扰无人机。前者主要用于截获和收集敌方的通信和电子情报，后者则用于对敌方通信指挥系统进行电子干扰，以破坏其指挥和控制能力。

④通信中继无人机。

通信中继无人机用于提供空中通信中继服务，增强通信信号的传输范围和稳定性。它们在灾区、战场或其他通信受限的环境中发挥着重要作用，确保指挥中心和前线部队之间的通信畅通。

⑤无人战斗机。

无人战斗机是一种能够执行空中作战任务的无人机。它们通常配备有武器系统，可以对敌方目标进行打击和摧毁。无人战斗机在战场上具有高度的灵活性和机动性，能够有效地执行压制敌防空系统、对地攻击和对空作战等任务。

⑥靶机。

靶机主要用于军事演习和武器试验中,模拟敌方飞行器或导弹,为火炮、导弹等武器系统提供射击目标。靶机可以帮助评估武器的性能和精度,提高军队的作战能力。

典型应用案例:以色列"哨兵"无人机

图1-2-1所示的这架无人机其貌不扬,不仅气动外形没什么特色,前起落架轮胎甚至像自行车的,用现在的眼光看起来相当简陋,但贝卡谷地"空战神话"就是这种无人机唱的重头戏。

图1-2-1 以色列"哨兵"无人机

"哨兵"无人机1978年首飞成功。最初计划方案中无人机的翼展为3.2 m、起飞重量只有54 kg,后来增加到150 kg级,翼展也加大到8 m。最大的优势是续航时间长达7个半小时,按巡航速度来算差不多可以沿以色列国土的"长轴"飞一个来回。

"哨兵"身子骨很小,双尾撑布局更减小了机身面积,虽然最大飞行高度只有4 000多米,但这个高度上很难被目视发现,机体结构材料还是玻璃钢的,以当时雷达的水平,也很难被发现。

(2)民用无人机

民用无人机的发展尤为迅猛,它们以多样化的功能和广泛的应用场景,正在航拍、农业、环保等众多领域展现出无与伦比的魅力和实用价值。民用无人机可分为巡查/监视无人机、农用无人机、气象无人机、勘探无人机以及测绘无人机等。

①巡查/监视无人机。

这类无人机通常用于安全监控、边境巡逻、交通管理等领域。它们配备高清摄像头、红外传感器等设备,能够实现对目标区域的实时监控和录像,帮助执法人员及时发现和处理问题。此外,巡查/监视无人机还可以用于搜索和救援行动,帮助寻找失踪人员或受灾地区的情况。

②农用无人机。

这类无人机主要用于农业生产和植物保护。它们可以搭载喷雾器、播种器、施肥器等农具,实现对农田的快速、高效作业。农用无人机能够提高农作物的产量和质量,降低农民的工作强度和时间成本。

③气象无人机。

这类无人机主要用于气象观测和预测。它们可以搭载气象传感器、雷达等设备,获取准确的气象数据和信息,为气象部门提供重要的参考依据。气象无人机可以在复杂的气候环境下进行长时间、高精度的观测,提高气象预报的准确性和可靠性。

④勘探无人机。

这类无人机主要用于资源勘探和地质调查。它们可以在人类难以到达的地区进行空中勘探,获取地下的矿产资源、地形地貌等信息。勘探无人机能够提高勘探效率和精度,降低勘探成本和风险。

⑤测绘无人机。

这类无人机主要用于地理测绘和地图制作。它们可以搭载高清相机、激光雷达等设备,获取地面的高精度影像和数据,为地图制作和城市规划提供重要依据。测绘无人机能够提高测绘效率和精度,缩短测绘周期和成本。

无人机除冰雪

四川电力无人机除雪

典型应用案例:无人机"凌空御剑"在四川乐山给电网除冰

2024年1月24日,受新年首轮寒潮影响,四川进入"速冻"模式,多地遭遇低温雨雪冰冻天气,局部最低气温达零下21 ℃。降雪、冻雨导致部分输电线路出现覆冰现象,境内超9 700 km输配电线路所经地区遭遇雨雪天气,其中386 km线路出现覆冰现象,给电网稳定运行带来严峻挑战。

在阿坝州茂县,降雪导致茂谭500 kV输电线路覆冰厚度达到20 mm以上,如不及时清除,超重的覆冰可能导致输电线路和铁塔损毁,供电中断。对此,国网四川电力紧急调集运维电力工人,使用无人机在不停电的情况下开展除冰工作。

电力工人操控无人机升空,利用无人机挂载的除冰棒撞击输电导线,清除覆冰,如图1-2-2所示。这种除冰主要是通过无人机悬挂除冰棒,飞升到一定高度,以撞击覆冰线路方式,让覆冰快速掉落,相比传统除冰融冰方式,这种方式不停电,并尽可能在覆冰初期有效遏制覆冰快速增长速度,进一步提高了供电可靠性,确保了电网平稳运行。

图1-2-2 无人机给电网除冰

（3）消费级无人机

消费级无人机，这一为普通消费者和无人机爱好者量身打造的技术奇迹，正逐渐渗透到我们的日常生活中。它们以小巧轻便、价格亲民的特点，迅速在摄影、旅游、娱乐等多个领域占据了一席之地，为大众带来了前所未有的视角和体验。

在摄影领域，消费级无人机凭借其高清甚至4K的摄像能力，已然成为摄影师们的得力助手。在娱乐领域，消费级无人机同样大放异彩。它们以简单的操作方式和较高的机动性，赢得了无数消费者的喜爱。在旅游领域，消费级无人机的应用更是开创了全新的旅游体验。它们搭载了高清摄像头和GPS导航系统，能够带领游客们飞越山川河流，俯瞰大地的壮丽景色。

消费级无人机的普及也带来了一系列的社会影响。它们降低了航空摄影的门槛，使得更多的人能够接触到这一领域，从而推动航空摄影的民主化进程。无人机的广泛应用也催生了一批新的职业和产业，如无人机驾驶员、无人机维修员、无人机表演等，为社会创造了更多的就业机会和经济效益。

应用场景与案例：成都无人机外卖"上岗"

在位于成都彭州市白鹿镇的一个露营点，来自省外的游客王女士打开一款App，点了一些火锅食材，来自彭州通济镇的无人机便搭载这些食材起飞，飞向王女士所在的白鹿镇露营点（见图1-2-3），从下单到收货，全程大约需要10 min。

2024年春节期间，成都各大文旅场所吸引大量游客驻足游玩，也带动餐饮行业发展。这个假期，游客吃喝玩乐出现一个新消费场景——无人机外卖在成都兴起。

图1-2-3 成都彭州市的"无人机外卖"

"不仅是火锅食材，消费者还可以在网上点咖啡和其他零食，这些餐食会搭乘无人机'飞'到消费者所在的露营或民宿点位。"2024年2月16日，成都唯一的"国字号"民用无人驾驶航空试验基地运营单位——四川翔彭智航科技有限公司负责人周小明在接受红星新闻记者采访时透露，今年春节期间，彭州基地"牵手"四川送吧物流科技有限公司首次推出无人机外卖业务。

不只在通济镇和白鹿镇，春节期间，彭州丹景山镇也推出无人机外卖业务，"这些集镇之间开通了航线供无人机往返，提供无人机外卖服务。"周小明说，已在春节期间试运行5条航线。

2. 按构型分类的无人机

（1）固定翼无人机

固定翼（fixed-wing）无人机是由动力装置产生前进的推力或拉力，由机体上固定的机翼产生升力，在大气层内飞行的重于空气的无人航空器。

固定翼无人机（见图1-2-4）凭借其独特的飞行优势，例如其高速飞行能力、卓越的远航程以及出色的飞行效率，已经在众多领域中展现出其不可或缺的价值。它们常被委以重任，执行长距离的侦察、监视以及打击等多样化任务，无论是在军事

视频

无人机的分类

领域还是民用领域，都发挥着举足轻重的作用。

图1-2-4　几种固定翼无人机外观图

固定翼无人机优点有：
①飞行速度快；
②飞行距离长，巡航面积大；
③飞行高度高；
④恢复点的坐标可设置为自动着陆；
⑤可以设置自动飞行。
固定翼无人机缺点有：
①操作难度大，风险高；
②只能按固定航线飞行，不够灵活；
③悬停无法获得连续图像；
④起步困难，一般需要专业培训；
⑤成本高。

（2）旋翼无人机

旋翼（rotary-wing)无人机（又称无人直升机）是一种重于空气的无人航空器，其在空中飞行的升力由一个或多个旋转的机翼与空气进行相对运动的反作用力获得，其桨距可变。

旋翼无人机（见图1-2-5），这一在无人机领域中独树一帜的存在，凭借其独特的飞行方式和多功能性，正逐渐成为当今科技前沿的焦点。它们不依赖跑道，通过旋翼产生的升力，便能轻松实现垂直起降，这种灵活性不仅使其能够在复杂的环境中迅速部署，更赋予了它悬停、低空飞行以及紧密机动的能力。

图1-2-5　旋翼无人机

旋翼无人机的优点如下：

①操作方便：相比于传统直升机，旋翼无人机不需要飞行员进行驾驶，可以通过计算机程序进行操纵，操作灵活、简便，同时还能够减少人为误操作的风险。

②安全高效：旋翼无人机可以在很高的高度上进行运行，有效避免了人为操作中的风险。同时在紧急情况下，旋翼无人机可以快速响应、迅速执行任务，提高了安全效率。

③可适应各种环境：旋翼无人机的体积小，可以在狭小的环境中进行操作，如密林、城市之间的狭小空间中。同时，也能够适应各种恶劣环境，如高温、低温、浓雾、强风等条件。

④可以长时间工作：旋翼无人机具有较长的续航能力，可以在多个小时内进行飞行任务，无须在中途进行停机充电等操作。这一特点为应对紧急情况提供了充分的保障。

旋翼无人机的缺点如下：

①对天气依赖，在暴风雨或大风天气的情况下，不是运送产品的好选择。鉴于锂聚合物电池对水分非常敏感，这个问题对电子商务企业来说是一个很大的障碍。

②无法适应复杂环境：由于现有的旋翼无人机所具备的技术水平局限程度较高，使得其无法适用于较为复杂的路况、地形等环境中。这一点限定了旋翼无人机的使用范围。

（3）多旋翼无人机

多旋翼无人机（又称多轴无人机）是一种具有三个及以上旋翼轴的特殊的直升机。旋翼的总距固定而不像一般直升机那样可变（桨距不变）。通过改变不同旋翼之间的相对转速可以改变单轴推进力的大小，从而控制飞行器的运行轨迹。

多旋翼无人机根据旋翼数量的不同，可以分为四轴、六轴、八轴、十轴（见图1-2-6）等多种类型。

①四轴无人机。

四轴无人机是目前市面上最常见的一种，它由四个旋翼、一个机身、一个遥控器和一块飞控板组成。四轴无人机的机身相对较小，易于携带和操作，而且价格相对较低，是初学者和爱好者的首选。此外，四轴无人机还可以进行飞行器竞速比赛、航拍、农业植保等应用。

　　　（a）四轴无人机　　　　　　（b）六轴无人机　　　　　　（c）八轴无人机

图1-2-6　几种多翼无人机外观图

②六轴无人机。

六轴无人机比四轴多了两个旋翼，可以提高飞行稳定性和抗风能力。由于其控制方式较为复杂，价格相对较高，一般用于航拍、电影拍摄等需要高质量影像的应用。六轴无人机的遥控器和飞控板与四轴无人机差不多，但是更多的旋翼需要更强大的电池和马达。

③八轴无人机。

八轴无人机比六轴多了两个旋翼，提高了稳定性和承载能力。八轴无人机还常用于物流或者重载物品运输，因为它的承载能力较大，可以搭载更多的载荷，如医疗物品、食品、物资等。但是由于其复杂性和价格较高，主要应用于工业领域。

多旋翼无人机的优点如下：

①操控性能优良：多旋翼无人机具有优良的操控性能，可以垂直起降，并且能够定点盘旋，这使得它在复杂地形和恶劣天气条件下能够高效执行任务。

②机械结构简单：与单旋翼直升机相比，多旋翼无人机没有尾桨装置，因此具有简单的机械结构，这降低了制造和维护的成本。

③安全性高：由于结构简单，多旋翼无人机的安全性相对较高，减少了因复杂机械故障导致的事故风险。

④载重能力较强：多旋翼无人机能够搭载各种传感器、相机等设备，完成各种任务。

多旋翼无人机的缺点如下：

①续航能力较差：多旋翼无人机通常需要通过电池供电，飞行时间受限，一般只能维持20~30 min，这限制了它完成长时间任务的能力。

②受气流影响大：在飞行过程中，多旋翼无人机容易受到气流等外界环境的影响，这可能导致飞行不稳定。

③安全隐患：由于依赖电池供电，多旋翼无人机存在电池爆炸、飞行中失控等安全隐患。

（4）垂直起降固定翼无人机

垂直起降固定翼无人机（见图1-2-7）融合了多轴与固定翼飞行器技术的设计理念，兼具固定翼飞机和旋翼飞机的优良特性，既可以在狭小范围内垂直起降又能保障高航速和长航时的作业要求。

①垂直起降固定翼无人机的优点：

a.灵活性高：垂直起降固定翼无人机无须长距离跑道或者起降平台，可以在狭小或者复杂的作业环境下起降，使得其应用范围更广。

图1-2-7 几种垂直起降固定翼无人机外观图

b.续航能力强：相比传统垂直起降无人机，垂直起降固定翼无人机有更长的续航能力，使其在长时间、大范围和复杂环境下的应用更为可靠。

c.搭载载荷能力强：相对于固定翼无人机，垂直起降固定翼无人机可以携带更重的载荷，可以应用于更多的环境和场景中。

②垂直起降固定翼无人机的缺点：

a.研发成本高：垂直起降固定翼无人机需要采用更加复杂的系统，包括变轴转子技术和可变翼展技术等，致使其研发成本更高。此外，其维护和修理也比传统无人机更加复杂。

b.飞行效率低：虽然垂直起降固定翼无人机的续航时间较长，但在水平飞行时，其速度和飞行效率低于固定翼无人机，这限制了其在特定应用场景中的应用。

3. 按规模分类的无人机

无人机按规模分类，一般来说，可以划分为微型、轻型、小型、中型和大型无人机。不同大小的无人机在使用场景上有所区别。

（1）微型无人机

微型无人机是指空机重量小于0.25 kg，最大飞行真高不超过50 m，最大平飞速度不超过40 km/h，无线电发射设备符合微功率短距离技术要求，全程可以随时人工介入操控的无人驾驶航空器。

（2）轻型无人机

轻型无人机是指空机重量不超过4 kg且最大起飞重量不超过7 kg，最大平飞速度不超过100 km/h，具备符合空域管理要求的空域保持能力和可靠被监视能力，全程可以随时人工介入操控的无人驾驶航空器，但不包括微型无人驾驶航空器。

（3）小型无人机

小型无人机是指空机重量不超过15 kg且最大起飞重量不超过25 kg，具备符合空域管理要求的空域保持能力和可靠被监视能力，全程可以随时人工介入操控的无人驾驶航空器，但不包括微型、轻型无人驾驶航空器。

（4）中型无人机

中型无人机是指最大起飞重量不超过150 kg的无人驾驶航空器，但不包括微型、轻型、小型无人驾驶航空器。

（5）大型无人机

大型无人机是指最大起飞重量超过150 kg的无人驾驶航空器。

4. 按飞行高度分类的无人机

按任务高度，无人机可以分为超低空无人机、低空无人机、中空无人机、高空无人机和超高空无人机，见表1-2-1。

表1-2-1　按飞行高度分类的无人机

无人机的分类	无人机的飞行高度/m
超低空	0~100
低空	100~1 000
中空	1 000~7 000
高空	7 000~18 000
超高空	>18 000

（1）超低空无人机

超低空无人机飞行高度低于100 m，适应性强，灵活度高，监测精度可达毫米级别。广泛应用于农业、环保和安防领域。在农业中，提高生产效率，减少污染；在环保中，实时监测环境及生态变化；在安防中，执行巡逻、监测、救援等任务，为各领域提供高效、精准的解决方案。

（2）低空无人机

低空无人机（见图1-2-8）通常是指飞行高度为100~1 000 m、飞行速度低于200 km/h、雷达反射面积小于2 m^2，具有"低空飞行、飞行速度较慢、不易被雷达发现"等全部或者部分特征的低空无人机，同传统无人机相比具有难发现、难捕捉、难应对的特点，低空无人机的非法使用会给国家安全和公众正常生活带来巨大威胁。

图1-2-8　低空无人机

（3）中空无人机

中空无人机飞行高度为1 000~7 000 m，具有多重优势：轻量化设计便于携带和运输，同时降低成本提高可靠性；高载荷能力适应各种设备搭载；长飞行时间适合长时间观察监测；灵活配置适应多领域应用，如农业、物流、城市规划和环境监测等。其优秀性能使中空无人机在各领域中发挥重要作用。

（4）高空无人机

高空无人机，又称高空长航时无人机，是一种能够在较高空域长时间飞行的无人驾驶飞行器，其飞行高度为 7 000~18 000 m，它们通常具备较高的飞行高度和较长的续航时间，能够执行复杂的飞行任务。

（5）超高空无人机

超高空无人机是一种能够在极高空域飞行的无人驾驶飞行器，通常指飞行高度在 18 000 m 以上的无人机。这类无人机通常采用喷气式发动机或火箭发动机作为动力源，具备长时间、远距离、高速飞行的能力。

5. 按活动半径分类的无人机

按活动半径分类的无人机主要分为超近程无人机、近程无人机、短程无人机、中程无人机以及远程无人机五类，见表1-2-2。

表1-2-2　按活动半径分类的无人机

无人机的分类	无人机的活动半径/km
超近程无人机	<15
近程无人机	15~50
短程无人机	50~200
中程无人机	200~800
远程无人机	>800

（1）超近程无人机

超近程无人机活动半径一般小于 15 km。这类无人机通常用于非常近距离的观测、拍摄或其他特定任务，如城市内的短途侦察或环境监测。

（2）近程无人机

近程无人机活动半径为 15~50 km。这类无人机适用于较大范围的侦察、监测或数据收集任务，如农田监测、森林巡查等。

（3）短程无人机

短程无人机活动半径为 50~200 km。这类无人机能够覆盖相对较大的区域，常用于地形测绘、灾害评估等任务。

（4）中程无人机

中程无人机活动半径为 200~800 km。这类无人机通常用于远程侦察、情报收集或边境监控等任务，因为它们能够在较长时间内覆盖广泛的区域。

（5）远程无人机

远程无人机活动半径大于 800 km。这类无人机通常具备高度的耐久性和先进的导航系统，能够执行长时间的远程任务，如跨国侦察、环境监测或人道主义援助等。

6. 按运行规定/飞行级别分类的无人机

无人机按运行规定/飞行级别可分为九类，分类较为复杂，具体分类情况见表1-2-3。

表1-2-3 按运行规定/飞行级别分类的无人机

类型/级别	空机重量/kg	起飞全重/kg
Ⅰ	\multicolumn{2}{c}{$0<W\leq0.25$}	
Ⅱ	$0.25<W\leq4$	$1.5<W\leq7$
Ⅲ	$4<W\leq15$	$7<W\leq25$
Ⅳ	$15<W\leq116$	$25<W\leq150$
Ⅴ	植保类无人机	
Ⅵ	无人飞艇	
Ⅶ	可100 m之外超视距运行的Ⅰ、Ⅱ类无人机	
Ⅷ	$116<W\leq5\,700$	$150<W\leq5\,700$
Ⅸ	$W>5\,700$	

实际运行中，Ⅰ、Ⅱ、Ⅲ、Ⅳ、Ⅷ、ⅩⅠ类分类有交叉时，按照较高一级的类别分类。对于串、并列运行或者编队运行的无人机，按照总重量分类。地方政府（如当地公安部门）对于Ⅰ、Ⅱ类无人机重量界限低于本表规定的，以地方政府为准。

任务实施

✅ 步骤一 确定目标与发现需求

1. 项目分组，沟通讨论后确定小组长。
2. 召开团队会议，明确活动目标。
3. 围绕无人机技术，确定具有吸引力和创意的主题。找到校园生活中哪些场景可以使用无人机来优化或创新，是快递配送？安全巡查？环境监测？还是其他任何场景？尝试做一个需求调研，找出校园中最需要无人机的地方。

✅ 步骤二 分工与合作、创意设想

1. 根据调研结果，设计无人机应用方案。可以想象一种无人机服务，如"空中图书馆助手"，它可以飞行到指定位置，为学生投送他们借阅的书籍；或者"校园守护者"，无人机可以在夜间巡查校园，确保安全。创意无限，只待你来发挥！
2. 根据团队成员的专业背景和兴趣，合理分工，将任务划分为若干个子课题。
3. 为每个子课题分配负责人，确保每个部分都有专人负责。
4. 建立有效的沟通机制，如定期召开会议、使用协作工具等，以促进团队成员之间的信息交流和合作。

✅ 步骤三 方案撰写与展示准备

1. 将创意设想转化为文字，撰写一份完整的企划方案。方案应包括项目背景、市场分析、技术方案、商业模式、运营计划、预期成果等部分。让读者通过阅读方案，能够清晰

地了解创意和应用价值。

2. 为企划方案准备一个精美的展示材料，可以是PPT、视频或其他形式。在创新创业大赛上，你将有机会向评委和同学们展示方案，并回答他们的问题。所以，一定要做好充分的准备，让方案更加吸引人。

✓ 步骤四　提交方案

各团队负责人将策划方案定稿以Word或PDF格式提交至指定邮箱或上传到指定平台。

🌐 任务评价

整个任务完成之后，让我们来检测一下完成的效果吧，具体的测评细则见表1-2-4。

表1-2-4　任务完成情况的测评细则

评价内容	分值	评价细则	量化分值	得分
信息收集与自主学习	25分	1. 是否进行了充分的市场调研，包括校园内现有的无人机使用情况、师生需求等	5分	
		2. 是否分析了竞争对手或类似产品的优缺点，以此为基础进行创新	5分	
		3. 是否收集和分析了当前无人机技术的最新进展，如电池寿命、载荷能力、稳定性等	5分	
		4. 是否对无人机使用相关的政策、法规有清晰的了解	5分	
		5. 团队成员是否明确各自的任务和责任，且能够高效协作	5分	
企划方案的撰写	60分	1. 企划方案是否包含了项目背景、市场分析、技术方案、商业模式、营销策略、财务预算等关键部分	10分	
		2. 方案中的创新点是否明确且突出，能否引起评委和听众的兴趣	9分	
		3. 是否通过图表、图片、视频等形式直观地展示了创新应用的效果	9分	
		4. 是否通过实际案例或调研数据论证了方案的实用性	8分	
		5. 在分享过程中，团队成员是否能清晰、流畅地介绍方案内容	8分	
		6. 是否能够自信地展示团队的创新能力和商业思维	8分	
		7. 是否对市场竞争、市场定位、品牌推广等方面有深入的思考	8分	
职业素养与职业规范	15分	1. 专业性与严谨性：是否使用了正式、规范的语言和格式	3分	
		2. 方案中是否考虑了环境保护和资源利用的可持续性	3分	
		3. 是否提出了针对长期发展和社会责任的策略或措施	3分	
		4. 是否充分考虑了法律、政策、技术等方面的风险，并提出了相应的应对措施	2分	
		5. 在撰写和分享过程中，团队成员是否能够积极沟通、协作，共同完善方案	2分	
		6. 是否能够在团队中发挥各自的专业优势，形成合力	2分	
总计		100分		

 无人机概论

巩固练习

1. 简述军用无人机的分类。
2. 常用的无人机分类方法有哪些？
3. 按构型分类的无人机有哪些？各有什么特点？
4. 按规模分类的无人机有哪些？各有什么特点？
5. 按任务高度分类的无人机有哪些？各有什么特点？
6. 按活动半径分类的无人机有哪些？各有什么特点？

任务拓展

亲爱的同学们，是时候展现你们的风采，将无人机创新创业大赛的企划方案带到现实中了！为了让更多人了解你们的无人机创新点子，我们将举行一场别开生面的校园路演活动。准备好了吗？让我们一起来为这场精彩绝伦的路演做准备吧！

任务要求

打磨无人机创新大赛校企方案，明确项目背景、市场分析、技术、商业模式、运营与预期成果。准备路演彩排，思考如何一分钟内抓住听众，简洁介绍项目，展现团队自信与热情。现场布置需准备无人机相关道具、视频，如模型、飞行视频以吸引观众。

任务三　了解无人机的用途

任务目标

知识目标：
1. 了解无人机的军事用途。
2. 了解无人机民用领域用途。

技能目标：
1. 能够口述无人机在现代战争中的作用。
2. 能够口述无人机在民用领域的具体应用。
3. 能够区分军用无人机和民用无人机。

素质目标：
1. 培养学生精益求精、吃苦耐劳的精神。
2. 培养学生独立研究、自主学习的优秀品质。
3. 营造尊重法律、崇尚公正的文化氛围，让学生在潜移默化中培养法律意识。

任务描述

目前，从城市的高楼大厦到山村乡野，从繁忙的交通枢纽到幽静的小巷深处，无人机都在以其独特的方式改变着我们的生活。它们带来了速度、便捷、希望，更为整个快递行

模块一　走近无人机

业带来了翻天覆地的变革。

想象一下，广阔的农田中，一架无人机轻盈地飞翔，其下方挂载的高清相机正如鹰隼般锐利的目光，密切注视着每一片作物的生长情况。这不是科幻小说中的场景，而是当下正在发生的现实。通过这些高清相机以及更为先进的光谱仪设备，无人机能够捕捉到肉眼难以分辨的细微变化，从叶片颜色的微妙差异到作物高度的精确测量，无一不在其监测范围之内。

在未来的日子里，我们期待着无人机创造更多的奇迹。它们将会如同天空中的璀璨星辰，照亮我们前行的道路，引领我们走向一个更加便捷、高效、美好的未来。而这一切，都将在我们深入探索无人机应用的旅程中一一呈现。

随着校园科技节的临近，学校决定充分利用无人机的技术和魅力，打造一个独特的无人机主题活动。为了丰富科技节的内容，展示学生的创新能力和科技应用水平，现向全体同学征集无人机科技节活动策划方案。

任务要求

①分组撰写：请同学们自由组队，每组3～5人，共同商讨和撰写策划方案。每个团队应明确分工，确保方案的完整性和专业性。

②充分利用无人机：策划方案应紧密围绕无人机展开，充分利用无人机的技术和特点，展现其在科技、教育、娱乐等多个领域的应用价值。

③创新性和实用性：方案应具有创新性，提出新颖的活动构想和设计，同时注重实用性，确保活动能够顺利进行并达到预期效果。

④详细性和可操作性：策划方案应详细具体，包括活动目标、内容、流程、预算、宣传等方面的规划，确保方案的可操作性和可执行性。

⑤考虑安全因素：在方案设计中，应充分考虑无人机的飞行安全和参与者的安全，制定相应的安全措施和应急预案。

希望同学们积极参与，充分发挥创意和想象力，为校园科技节增添色彩和活力！

知识链接

一、无人机在军事领域的应用

回望无人机的进化之路，可以清晰地看到一个从遥控飞行到自主飞行的转变过程。在无人机的早期阶段，它们主要依靠遥控设备进行操控，功能相对简单，技术也较为初级。随着计算机技术、通信技术和材料科学的突飞猛进，无人机技术迎来了前所未有的发展机遇。这些技术的融合与创新，为无人机的智能化、多样化应用提供了坚实的技术基础。

视频
无人机在军事领域的应用

值得一提的是，军用无人机在无人机技术的发展过程中占据了重要地位。这些具备长航时、高精度、高隐蔽性等显著特点的无人机，已经成为现代战争中不可或缺的力量。它们能够深入敌后执行侦察任务，为指挥决策提供及时准确的信息支持；它们还能携带武器进行精确打击，有效摧毁敌方目标，保护己方安全。军用无人机的广泛应用，不仅改变了战争的形态和方式，更对国际安全格局产生了深远影响。

1. 无人机在军事领域的地位

（1）无人机在军事领域的应用价值与意义

现代战争中，军用无人机成为关键空中力量，其高效、灵活、精准的特性在战场上尤为突出。它们能侦察捕捉关键情报，揭示敌方隐匿企图，并精准摧毁重要目标，削弱敌方战斗力。无人机不仅能侦察与打击，还承担监视、通信等任务，为地面部队提供实时情报，确保信息畅通。随着人工智能技术发展，无人机自主性提高，作战效率更高，战场应用更加灵活自如，成为现代战争不可或缺的一部分。

（2）无人机技术的进一步发展对军事领域的影响

随着无人机技术的不断进步和创新，未来的无人机将拥有更加智能化的决策能力、更高精度的导航与打击能力，以及更强的隐身性能。

这些技术的发展，将使无人机在军事领域的应用更加广泛和深入。它们将能够执行更加复杂和高难度的任务，如无人机编队协同作战、无人机空中加油等。这不仅将提高军事行动的效率和成功率，还将对传统的战争模式产生深刻影响。

无人机技术的进一步发展还将推动军事领域的智能化转型。通过与人工智能、大数据等技术的深度融合，无人机将成为智能作战体系的重要组成部分，为战争的胜利提供更加强有力的技术支撑。

2. 无人机在侦察与情报收集中的应用

无人机（unmanned aerial vehicle，UAV）已成为现代战争与情报收集的重要工具。它们可以迅速部署到指定区域，进行高效的侦察与情报收集，为指挥官提供实时、准确的战场信息。无人机侦察与情报收集的应用可以大致分为高空长航时侦察无人机、低空快速侦察无人机，并且每种类型都有其独特的应用场景和优势，同时也面临着一些挑战。

（1）高空长航时侦察无人机

高空长航时侦察无人机（high altitude long endurance，HALE）以其长滞空时间和广侦察范围著称，利用高清摄像头、红外传感器和雷达进行远程地面目标监视。优势包括侦察范围大、滞空时间长、隐蔽性好。但受天气影响大，恶劣天气可能损害飞行稳定性，且通信延迟可能影响实时指挥。

（2）低空快速侦察无人机

低空快速侦察无人机（low altitude fast reconnaissance，LAFR）以其高机动性和快速响应能力闻名，能快速获取地面目标实时影像。优势在于：强机动性，适应各种战场；实时性强，为指挥官提供即时情报；低空飞行隐蔽性好。但续航能力有限，需频繁充电；在复杂电磁环境中易受干扰，影响数据传输。

3. 无人机在打击与作战中的应用

随着科技的发展，无人机在军事领域的应用越来越广泛，特别是在打击与作战方面。它们不仅能够携带多种武器与弹药，执行精确打击任务，而且在战场上扮演着越来越重要的战术角色。

（1）无人机携带的武器与弹药

无人机武器种类繁多，涵盖空对地导弹、空投炸弹、精确制导武器等。它们通过挂载和投放，实现远程打击。空对地导弹射程远、命中高，是空袭主力。空投炸弹适于大面积杀伤，精确制导武器如GPS炸弹，可精准打击特定目标。

（2）无人机在精确打击中的作用

无人机在精确打击中至关重要，比传统飞机更灵活隐蔽，其高精度导航和打击系统能精确打击目标，减少附带损伤，如图1-3-1所示。无人机可迅速部署应对突发事件，无须飞行员直接参与，降低人员伤亡风险。

图1-3-1　察打一体无人机瞄准目标实施打击画面

（3）无人机在战场上的战术运用

无人机战术灵活，适应不同战场需求。侦察与打击一体化，先侦后打。分散作战出其不意，夜袭与突袭发挥最大效能。与有人机、地面部队协同，形成空地一体作战体系，提升整体效能。

4. 无人机在战场指挥与控制中的应用

无人机是现代战争指挥控制的重要工具，提供实时情报助决策，扩展通信、削弱敌指挥、提供火力支援，是联合作战纽带。科技发展将使无人机应用更广泛深入。

（1）无人机为指挥官提供实时战场情报

无人机配备高清摄像头、红外传感器、雷达，实时捕捉战场动态。传回图像数据助指挥官了解敌兵力部署、行动路线、火力分布等关键信息，对战略决策至关重要。

（2）无人机在战场指挥与控制中的辅助功能

无人机在战场指挥与控制中功能多样，作为空中中继平台扩展通信，搭载电子战设备削弱敌方通信和指挥能力，执行火力侦察、目标指示、火炮校射等任务，为炮兵、导弹部队提供精确支援。

（3）无人机在联合作战中的作用

现代战争中，无人机在联合作战中至关重要。其提供的实时情报和多功能辅助支持促进多兵种协同作战，实现信息共享和行动协同。无人机适应复杂环境，迅速部署，提供快准情报，确保联合作战高效成功。

5. 无人机在军事领域的前景与挑战

无人机技术已发展成智能化、远程化、多功能的先进装备，改变战争形态，潜力巨

大。但随着技术发展和应用拓展，挑战凸显，需要充分考虑伦理、法律、社会影响，确保无人机技术健康可持续发展。

（1）无人机技术的未来发展趋势

在军事领域，无人机技术的发展趋势表现在如下几个方面：

①高度智能化：运用AI和机器学习实现自主决策、自动避障等。

②高度隐身化：采用新型材料和结构降低雷达反射。

③高度信息化：配备高清摄像头等设备实现全面信息获取和实时传输。

④高度协同化：与其他作战平台信息共享，形成强大合力。这些趋势将使无人机在战场上更加灵活、隐身、高效和协同。

（2）无人机在军事领域的应用前景

无人机技术在未来的军事领域具有广阔的应用前景和巨大的发展潜力，具体表现在：

①侦察与情报收集：未来无人机将更加注重隐蔽性、机动性和实时性，为指挥官提供准确、及时的战场情报。

②空中打击与火力支援：未来无人机将更加注重空中打击和火力支援能力。通过搭载精确制导武器、空地导弹等装备，实现对敌方目标的精确打击和火力支援。

③电子战与通信对抗：通过搭载电子战设备和通信干扰设备，实现对敌方电子设备和通信系统的干扰和破坏，削弱敌方作战能力。

④战场监视与评估：通过实时监测战场态势和评估作战效果，为指挥官提供决策支持和战果评估。

（3）无人机在军事领域面临的挑战

无人机在军事应用面临环境适应、保密安全、被击落风险、伦理法律等挑战。需提高性能和安全性，关注发展趋势。加强操作人员培训，确保作战合法与道德，以应对挑战。

①无人机适应战场环境的能力。

复杂战场环境中，军用无人机需应对恶劣天气（强风、暴雨等）和复杂地形（山地、丛林等），这些因素影响其飞行稳定、任务执行和导航识别能力。

②保密与安全问题。

军用无人机在保密与安全上遇严峻挑战，须严防敏感信息泄露或遭篡改。加密通信、强化身份验证和完善控制系统安全至关重要。同时，战场上无人机易成敌攻目标，应提高隐身性能、电子战能力，并增强机动性和速度，以降低被探测和攻击的风险，确保侦察和打击能力不受削弱。

③作战伦理和法律问题。

军用无人机广泛应用引发战争伦理和法律问题，如目标合法性、平民伤害和隐私权争议。各国政府和国际组织正加强合作，推动伦理道德规范，强调操作人员道德教育和心理辅导。同时，监管与审查机制在军用无人机领域日显重要，以防止滥用和误用。出口控制、操作授权、实时监控和事后评估等措施构成全方位监管体系，确保无人机在合规框架内发展，减少负面影响。

6. 几款著名军用无人机简介

军用无人机已经成为现代战争中不可或缺的一部分。它们的出色表现和惊人能力不仅赢得了军方的青睐和信任，更在战场上创造了无数奇迹。接下来，介绍几款军用无人机。

视频·

几款知名军用无人机

（1）MQ-9"收割者"侦察机（美国）

MQ-9"收割者"无人机（见图1-3-2）是美国通用原子公司研制的一款中空军用无人机。它是一种多功能无人机，可执行侦察、监视和目标打击任务。MQ-9"收割者"无人机搭载高分辨率传感器和精确制导武器，具备长时间飞行和远程打击能力，提供了强大的作战支持。

图1-3-2　MQ-9"收割者"侦察机

（2）MQ-1"捕食者"无人攻击机（美国）

MQ-1"捕食者"无人机（见图1-3-3）是美国通用原子公司研制的一款武装侦察无人机。它被广泛用于侦察和打击任务，搭载了光电传感器和导弹武器系统。MQ-1"捕食者"无人机执行了大量成功的打击行动，并提供了重要的情报支持。

图1-3-3　MQ-1"捕食者"无人攻击机

（3）TB2无人机（土耳其）

TB2无人机（见图1-3-4）是土耳其贝伊尔格兹国防工业公司研制的一款侦察和打击无人机。它搭载先进的传感器和精确制导武器，能够执行侦察、目标定位和精确打击任务。TB2无人机曾取得了显著的作战成果，为土耳其军队提供了强大的战场支持。

图1-3-4　TB2无人机

（4）"翼龙"系列无人机（中国）

"翼龙"系列无人机（Wing Loong UAV）是由中航工业成都飞机设计研究所研制的一种中低空、军民两用、长航时多用途无人机，是中国无人机制造领域"当家明星"，如图1-3-5所示。它可执行监视、侦查及对地攻击任务等任务，也可用于维稳、反恐、边界巡逻等。

图1-3-5 "翼龙"无人机

（5）"彩虹"系列无人机（中国）

"彩虹"系列无人机（见图1-3-6）是中国航天空气动力技术研究院自主研发，以"彩虹"为名的多种类型无人机，这些无人机尺寸从小到大，起飞重量从轻到重，在应用方面从各种形式的侦察监视到攻击等，形成了较为完备的体系。

图1-3-6 "彩虹"无人机

其中，"彩虹"3察打一体无人机是一款中型中程无人机，也是第一款察打一体无人机，出口到巴基斯坦后，巴基斯坦也根据其外形进行了仿制，于2007年首飞成功，基本型彩虹3仅具备侦查能力，改进型彩虹3A具备发射导弹能力。

（6）"苍鹭"TP无人机（以色列）

它是以色列航空工业公司研制的一款大型无人机。它具备长航时和高空飞行能力，可执行侦察、监视和打击任务。"苍鹭"TP无人机（见图1-3-7）搭载先进的传感器和武器系统，提供重要的情报收集和目标打击能力。

（7）"全球鹰"无人机（美国）

RQ-4"全球鹰"（global hawk）是由诺斯洛普·格鲁门所生产制造的无人飞机（UAV），如图1-3-8所示。它可以提供后方指挥官综观战场或是细部目标监视的能力。它装备有高分辨率合成孔径雷达，提供长程长时间全区域动态监视，白天监视区域超过 100 000 km²。

图1-3-7 "苍鹭"TP无人机

图1-3-8 "全球鹰"无人机

二、无人机在民用领域的应用

无人机最初多用于军事侦察与打击，随着科技进步和成本降低，逐渐进入民用领域。如今，无人机在民用市场大放异彩，不仅性能卓越，而且应用广泛，成为日常生活中不可或缺的一部分。

1. 无人机在民用领域的发展历程

民用无人机起源于20世纪70年代，早期主要用于农业和航拍。随着GPS和导航技术的发展，90年代无人机在农业、测绘、环境监测等领域的应用日益广泛。进入21世纪，无人机技术革新，飞行稳定性和智能化水平大幅提高，应用场景也持续拓展，涵盖农业植保、航拍、消防救援和快递等领域。目前，民用无人机已广泛应用于各行各业，提升了工作效率，减少了成本，并满足了多样化的民用需求。

视频
民用无人机
发展历程

2. 无人机在民用领域的应用价值

在当今科技时代，无人机在民用领域展现出巨大潜力。它们以高效、精准的作业能力改变传统操作模式，广泛运用于农业、环保、救援等行业，提升了效率和便利。相比传统方式，无人机具备高效、低成本、灵活可扩展的优势。此外，无人机还在山区、森

林等复杂地形中解决难题，并持续拓展新应用领域。无人机技术的推广不仅推动产业升级，还助力经济社会可持续发展，提升资源利用效率和竞争力，为经济增长和就业创造机会。

3. 无人机民用领域实践探索

（1）航拍摄影应用

无人机航拍技术革新摄影方式，展现高灵活性与机动性，捕捉难以观察的目标，拍摄高清影像，成本低效率高。在影视制作领域，航拍技术轻松捕捉高空或难接近场景，实时传输壮观画面，节省成本，提升影视作品真实感。在旅游领域，无人机拍摄全景风景，提供全新视角，助力旅游宣传与环境监测。在城市规划与建筑设计领域，无人机提供高分辨率影像，监测建设进度，评估环境与安全性能，为城市管理和规划提供支持。

（2）农业种植监控

现代农业正趋向智能化、精准化，无人机技术在其中扮演重要角色。无人机通过精确导航和智能控制，实现精准施肥与喷药，提高资源利用率，减少环境污染。同时，结合卫星遥感、地面传感器等手段，无人机可实时监测农田数据，助力优化作物种植结构，确保作物健康生长。在病虫害防治上，无人机助力快速、准确监测，及时采取防治措施。此外，无人机还能全面监测农田生长环境，准确评估与预测作物产量，为农民决策提供有力支持，推动现代农业更高水平发展。

（3）灾害应急响应

灾害对人类社会构成严重威胁，快速响应至关重要。无人机技术在灾害应急响应中作用凸显，可实时侦察灾区、提供高清影像与信息、辅助确定救援路线与方案，并监测灾后重建。无人机快速部署，空中侦察，通过不同传感器评估灾区环境，提供科学依据。相比传统方法，无人机更高效、灵活，提高救援效率。无人机还能实时监测灾后重建，提供数据支持，助力重建工作。

（4）快递物流服务

随着科技和电子商务的兴起，快递物流行业迎来变革。无人机快递技术应运而生，旨在提高配送效率、降低成本。该技术已从试验阶段步入商业化，多家企业投入研发，推出各具特色的解决方案。城市配送中，无人机避开地面拥堵，实现快速配送；偏远地区则因无人机突破地理限制，享受更便捷服务。然而，随着无人机物流的快速发展，安全与法规问题亟待解决。各国政府正积极制定相关法规，确保无人机快递服务的合规运营。

（5）环保监测评估

随着环保意识的提升，无人机成为环保监测评估的关键工具。无人机凭借其高效、快速、灵活的特点，通过搭载传感器和设备，实现对环境、大气、水质及野生动植物生态的全方位监测，有效解决了传统监测的难题。它不仅可以实时检测污染物排放和水质状况，还能迅速巡查和监测野生动植物栖息地，为环保政策制定与执行提供有力数据支持。这些精准的数据有助于提升环境保护工作的效率和效果。

（6）建筑工地监控

无人机在建筑工地监控中展现巨大潜力，实现全面安全监控、施工进度与质量监测、人员物资智能管理以及环境保护监管。通过其灵活飞行与高清拍摄，可实时发现安全隐患、监控施工进度、智能管理人员物资，并监测环境质量。无人机技术的运用，为建筑工地管理带来了前所未有的便利与效率，助力工程顺利进行并保护环境。

（7）搜索与救援任务

无人机在搜索与救援任务中发挥了举足轻重的作用。它们能迅速部署至受灾区域，不受地形限制，深入复杂环境搜寻被困者。搭载高清摄像头和红外探测器，无人机能够昼夜不间断地搜索，准确发现受困者位置。同时，无人机还能实时传输现场画面，协助救援人员制定救援方案。在物资投送方面，无人机也能发挥独特优势，将急救物品快速送达灾区，为救援行动赢得宝贵时间。在灾难面前，无人机凭借其高效、灵活的特性，成为搜索与救援任务中不可或缺的力量。

（8）野生动物保护

无人机能够在广阔的区域内快速巡航，捕捉到珍稀动物的踪迹，为科研人员提供宝贵的数据。无人机搭载的高清摄像头和红外热成像技术，能够在不干扰野生动物的情况下，对它们进行长时间、远距离的观测，从而深入了解其生活习性和种群分布。此外，无人机还能及时发现非法狩猎、盗猎等违法行为，协助执法部门及时制止，为野生动物提供安全保障。在野生动物保护工作中，无人机凭借其高效、便捷的优势，成为不可或缺的辅助工具。

任务实施

步骤一　确定目标与范围

1. 项目分组，沟通讨论后确定小组长。
2. 召开团队会议，明确活动目标，如提高学生科技兴趣、展示无人机技术成果、推动校园科技创新等。
3. 围绕无人机技术，确定具有吸引力和创意的活动主题。

步骤二　分工与合作

1. 设计多样化的活动内容，如无人机飞行表演、无人机编程比赛、无人机摄影展等，以吸引不同兴趣爱好的同学参与。
2. 根据团队成员的专业背景和兴趣，合理分工，将任务划分为若干个子课题。
3. 为每个子课题分配负责人，确保每个部分都有专人负责。
4. 建立有效的沟通机制，如定期召开会议、使用协作工具等，以促进团队成员之间的信息交流和合作。

步骤三　方案完稿及小组间分享与讨论

1. 完成方案撰写后，进行小组间的分享会议，让每个小组展示自己的成果。
2. 在分享过程中，鼓励团队成员提问和讨论。

3. 根据分享会议的反馈和建议，对活动方案进行修改和完善。

步骤四　提交方案

各团队负责人将策划方案定稿以Word或PDF格式提交至指定邮箱或上传到指定平台。

任务评价

整个任务完成之后，让我们来检测一下完成的效果吧，具体的测评细则见表1-3-1。

表1-3-1　任务完成情况的测评细则

评价内容	分值	评价细则	量化分值	得分
信息收集与自主学习	25分	1. 团队是否充分研究了无人机的相关技术，并在方案中展现了这些技术的应用	5分	
		2. 团队是否分析了无人机行业的最新发展趋势，以及在科技节中的应用前景	5分	
		3. 团队是否充分了解了科技节的目标参与者（如学生、教师等）的需求和兴趣，确保方案能够吸引他们的参与	5分	
		4. 团队是否对无人机的飞行安全标准和合规性要求进行了调研，并在方案中提出了相应的措施	5分	
		5. 团队成员是否明确各自的任务和责任，且能够高效协作	5分	
策划方案的撰写与分享	60分	1. 方案是否包含清晰的标题、目录、正文和结语，结构是否合理	10分	
		2. 方案是否具有独特的创意，能够在科技节上展示无人机的创新应用	10分	
		3. 方案是否注重实际应用，能够切实提升科技节的趣味性和教育价值	10分	
		4. 方案是否对活动的每个环节都进行了详细的阐述，包括活动流程、时间安排、人员分工等	10分	
		5. 方案是否考虑了执行层面的细节，具有较高的可执行性	10分	
		6. 团队在方案分享时是否能够清晰、有条理地表达方案的内容，展现方案的亮点	10分	
职业素养与职业规范	15分	1. 团队内部是否有明确的分工，成员之间是否协作良好，共同推动方案的完善	3分	
		2. 方案撰写是否符合专业标准，语言是否规范，格式是否统一	2分	
		3. 方案在设计和执行过程中是否充分考虑了安全因素，如无人机的飞行安全、参与者的人身安全等	3分	
		4. 是否充分考虑了法律、政策、技术等方面的风险，并提出了相应的应对措施	2分	
		5. 方案是否涉及他人知识产权，如引用他人内容是否有明确的出处和授权	2分	
		6. 团队是否按照要求将方案以指定格式提交到指定邮箱或平台	3分	
总计		100分		

巩固练习

1. 简述军用无人机与民用无人机的特点和区别。
2. 简述军用无人机的应用领域。
3. 简述军用无人机的发展与应用趋势。
4. 简述军用无人机的未来发展与挑战。
5. 简述民用无人机应用领域。
6. 简述民用无人机未来发展趋势。
7. 简述民用无人机的发展瓶颈与挑战。

任务拓展

随着无人机技术的日益成熟,其在商用领域的应用也越来越广泛。本次实践任务旨在通过收集和分析民用无人机商用的实际案例,让同学们深入了解无人机的商用特点,并探讨未来商用无人机应用创新领域。通过此过程,提高同学们的市场洞察能力、分析问题的能力以及创新思维。

任务要求

1. 数据收集:需收集不同行业、不同领域的民用无人机商用案例,包括但不限于航空摄影、农业植保、物流配送、环境监测等领域。

2. 案例分析:针对所收集的案例,进行深入分析,提炼出无人机的商用特点,如效率提升、成本节约、灵活应用等。

3. 创新探讨:结合当前科技发展趋势,探讨未来商用无人机可能的应用创新领域,提出自己的见解和预测。

任务四　把握无人机的创新与未来

任务目标

知识目标:
1. 了解世界范围内的军用无人机发展现状。
2. 了解无人机目前的市场现状。
3. 了解无人机未来发展趋势。
4. 了解人工智能对无人机未来发展的影响。

技能目标:
1. 能够分析总结目前无人机市场。
2. 能够理解无人机智能化发展趋势。
3. 能够理解并总结如何应对无人机技术给国际社会带来的挑战。

素质目标:
1. 激发学生的创造性和想象力,学会从不同角度分析和思考无人机技术的创新与改进。

 无人机概论

2. 让学生了解无人机技术的最新发展动态和未来趋势，培养其对科技发展趋势的敏锐洞察力和判断力。

3. 培养学生的社会责任感和伦理意识，明确在无人机技术创新和应用中应遵循的法律法规和道德规范。

任务描述

在未来的城市里，高楼大厦像雨后春笋般拔地而起，街道上车水马龙，行人步履匆匆。在这样的环境中，你是否想过，那些快递小哥骑着电动车穿梭在人群中的场景可能会被一种全新的运输方式所取代？没错，那就是我们今天要探讨的主题——未来城市快递无人机！

想象一下，在未来的某一天，你正在家中悠闲地享受一杯咖啡，突然窗外传来一阵轻柔的嗡嗡声。你抬头一看，一个造型酷炫的无人机正缓缓降落在你的阳台上。它轻轻地打开"肚子"里的货箱，里面正是你期待已久的包裹。你取出包裹，无人机又轻盈地飞走，继续它的下一段旅程。这就是未来城市快递的新模样！

现在，我们要给你一项富有挑战性的任务：设计一款未来城市快递无人机！你可以充分发挥创意和想象力，让这款无人机既实用又酷炫。或许，你会设计出一款能够在高楼大厦间自如穿梭的无人机，或许，你会研发出一种能够智能规划最佳路线的无人机，甚至，你可能会创造出一个能够自动识别并投递包裹的无人机。

不管你的设计是什么样的，都请牢记一点：这款无人机不仅要能够满足未来城市快递的需求，还要让人们在收到包裹的同时，也能感受到科技带来的惊喜和乐趣。

好了，现在就让我们拿起画笔和设计工具，一起开启这场充满创意和乐趣的设计之旅吧！

任务要求

1. 创新性：你的无人机设计需要展现出独特的创新点，可以是技术上的创新，也可以是业务模式上的创新。

2. 实用性：无人机需要能够适应未来城市的快递需求，考虑城市环境、交通状况、快递量等因素。

3. 安全性：确保无人机在飞行和投递过程中能够保证人员安全，避免发生任何意外。

4. 环保性：考虑到环保要求，无人机的设计需要尽量减少噪声和污染。

这个实践任务将带领你踏上一次充满创意和挑战的旅程。在这个过程中，你不仅会学到很多关于无人机的知识，还会培养你的创新思维和实践能力。准备好了吗？让我们一起飞翔吧！

知识链接

一、世界范围内的军用无人机发展现状

1. 国外军用无人机发展现状

（1）美国无人机发展情况

美国无人机研制时间最早可追溯至1939年，先后研制出了"火蜂"系列以及"石鸡"

系列靶机。之后,美国涌现出了MQ-1C"灰鹰"、MQ-8"火力侦察兵"、MQ-9"死神"、RQ-4"全球鹰"(见图1-4-1)、MQ-4C"特里同"、RQ-7"影子"、RQ-11"乌鸦"、V-20"美洲狮"和RQ-21"黑杰克"等众多型号无人机。其中,RQ-4"全球鹰"也是世界上已列装的无人机中续航时间最长、航程最远、尺寸和重量最大、实战应用最多的高空长航时无人机。以X-47B舰载无人机、MQ-25"黄貂鱼"舰载无人机、MQ-8C舰载无人直升机等为代表的舰载无人机,被用作编队执行海上任务。

图1-4-1 RQ-4"全球鹰"无人机

近年来,美国空军通过加强顶层规划,大力发展各种无人机系统,不仅针对未来的军事需求不断扩大无人机系统相关技术的开发和应用,而且通过技术更新迭代不断强化高空侦察和中空侦察打击一体式无人机系统的作战使用。

(2)俄罗斯无人机发展情况

俄罗斯的无人机研制工作最早始于20世纪30年代,其无人机技术水平曾领先于世界。2011年后,俄罗斯开始大力发展无人机技术。截至目前,俄罗斯的军用无人机总量仅次于美国,处于世界第二位。俄罗斯在陆军、海军和空军中都部署了无人机,主要型号有"海雕-10"、"前哨"和"猎户座"等,这些无人机主要进行侦察、目标识别,为火炮和航空打击进行校准以及毁伤评估。无人机的广泛使用在一定程度上改变了陆海空三域的作战战术,是未来战场必不可少的武器之一。

"海雕-10"(见图1-4-2)是俄军目前服役无人机中装备数量最多的型号,使用半径最大120 km,装配了昼夜摄像机和无线电作战设备,可在线传输视频,空中持续工作时间上限为14 h,升限为5 000 m。"前哨"无人机被认为是以色列"搜索者"无人机的俄罗斯国产版,该机是俄军装备的首款全自动无人攻击机,使用半径为200 km,滞空时间达17 h,升限约为5 000 m。

(3)以色列无人机发展情况

以色列是航空装备研发大国,其无人机技术的研发和应用仅次于美国。以色列的无人机最早始于20世纪70年代,其无人机技术体系比较完善,是无人机强国之一。目前,以色列装备的无人机主要型号有"云雀"、"竞技神"和"苍鹭"等,这些无人机受到多个国家的青睐。

以色列艾尔比特公司研制出了"赫尔墨斯900"、"云雀"、"麻雀"、"蓝色地平线"等无人机。"云雀"(见图1-4-3)无人机是采用电力作为动力的偏斜式、静音无人机,是以色列国防军目前装备最小的无人机,重量仅为4.54 kg,航时1.5 h。马扎拉特公司研制出了"先锋""驯犬"无人机。航空防御公司研制的"斗牛士""盘旋者"等多个型号无人机都是国际航展上的亮眼产品,装备以色列国防军后又在中东复杂战场环境下积累了丰富的作战经验,形成了技术研发与实战检验相互促进的良好局面。

图1-4-2 "海雕-10"无人机

图1-4-3 "云雀"无人机

2. 我国军用无人机发展现状

自1958年，西安爱生技术集团有限公司成功研制试飞我国第一架无人机以来，中国无人机已有60多年的发展经历。先后成功研制长空一号（CK-1）无人靶机系列、长虹高空高速无人侦察机、ASN系列无人机、BZK-002型、"蓝箭"、"天眼"等无人侦察机，尤其是在1994年，由西北工业大学研制的ASN206多用途无人机，采用后推式双尾撑结构形式，是我军较为先进的一种无人机。近年来，研制出翔龙、翼龙、彩虹、利剑、WJ600等系列察打一体固定翼无人机，WJ600（见图1-4-4）无人机被人们称为中国版的"全球鹰"，是迄今为止我国国产最先进的无人机，除机身中段采用部分金属材质外，机身基本全部采用复合材料，具有很高的隐身功能。

图1-4-4 WJ600无人机

其中，"彩虹"系列无人机目前谱系最为齐全，包括彩虹-3中空多用途无人机系统、彩虹-4中空长航时无人机、彩虹-5中高空长航时无人机、彩虹-7隐身无人机、彩虹-804D垂直起降固定翼无人机、彩虹-10无人倾转旋翼机、彩虹-801/802/803/804无人机系统、彩虹-811/815系留无人机系统、彩虹-812/813/814旋翼无人机系统、彩虹-806长航时无人机系统、彩虹-821无人直升机系统和彩虹-101无人自转旋翼机等。WZ-6、T333、"战狼"、AV500W、"金雕"CR500、"没羽箭"等察打一体无人直升机研制的成功，标志中国自主研发设计军用无人机水平已经迈入了国际先进水平。

二、无人机目前的市场现状

1. 军用市场

近年来，在信息化战争的发展形势下，无人机等新型装备需求大幅提升，再加上不断爆发的安全问题、领土争端，装备无人机成为以较低成本增强自身国防实力的有效手段，导致全球军用无人机需求不断扩大。

根据预测数据，2023—2032年全球军用无人机市场规模持续保持增长，2032年全球军用无人机市场规模达到164亿美元，增速为3.44%，如图1-4-5所示；研发费用方面，预计全球军用无人机研发费用从2023年64亿美元增长至2032年78亿美元，复合增速为2.25%，如图1-4-6所示。

图1-4-5　全球军用无人机市场规模预测

图1-4-6　全球军用无人机研发费用预测

根据相关数据，2010—2020年中国无人机军贸市场份额合计占比约17%，如图1-4-7所示，位居全球第三，其中主要出口机型为"彩虹"和"翼龙"型号无人机。预计未来我国无人机军贸市场份额有望进一步上升。目前世界范围内具有无人机完整产业链的国家仅有中国、以色列、美国，如图1-4-7所示。

根据Drone Industry Insights数据，2022年全球无人机市场增速前三的地区分别为亚洲、北美、欧洲，增速分别为11.9%、8.1%和6.8%，亚洲无人机市场持续保持高景气，图1-4-8所示为2022年全球无人机市场增速，该图也对2030年全球无人机市场增速进行了预测。

2. 民用市场

民用无人机应用场景逐步挖掘，工业级无人机市场有望快速增长。随着技术逐渐成熟，叠加政府政策支持，民用无人机下游应用区域逐渐打开。目前工业级无人机主要应用场景有农业植保、电力巡检、航拍测绘、警用安防、环境监测、铁路建设、灾害救援等，通过与大数据、云计算等技术结合，工业无人机已经从"垂直进步"走向"水平进步"。

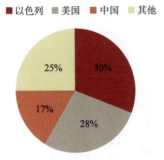

图1-4-7 2010—2020年无人机军贸市场份额

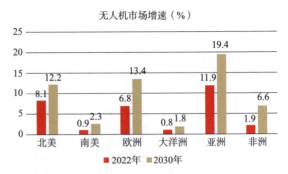

图1-4-8 2022年全球无人机市场增速一览图

根据相关分析报告,世界无人机将在2024年达到673亿美元市场规模,并且以20%~30%的速度在未来数年递增,而这其中最大的增量来自民用无人机领域。可见民用无人机领域确是一块"大蛋糕",未来市场潜力不容小觑!

从国内市场来看,中国不愧是无人机制造强国。据相关报道,2023年11月至2024年1月份间统计的最新数据显示,中国制造仅民用无人机出口增长就超过9倍,推动出口总额上升至27亿元。据权威数据统计,目前中国市场上大约有400家无人机制造商,占据全球无人机市场的70%。

根据中国航空工业集团有限公司发布的《通用航空产业发展白皮书》披露,2021年全球民用无人机市场规模超过1 600亿元,同比增长61.6%,其中,工业级无人机占据市场份额的60%左右。

随着下游应用领域的不断扩大,无人机市场预计在2025年达到5 000亿元规模。有趣的是,随着工业级无人机应用的增加,消费级无人机市场份额将逐渐减少,预计到2025年,工业级无人机市场规模将占据市场的80%以上。

三、无人机未来发展展望

进入21世纪,随着科学技术的飞速发展和军事变革持续推进,世界无人机的研发与应用已经进入一个崭新时期,无人机性能越来越优越,对有人机的替代动力也越来越强。

1. 军用无人机发展趋势

总体说来,无人机在军事领域的使用范围仍在不断拓展,察打一体、体系协同、高度智能、空天融合、高超声速、超长航时、全频隐身、灵巧微型、通用集成将成为军用无人机重要的发展方向,且发展速度将更加迅猛。

(1)察打一体化

发展察打一体化无人机一般有三种方式:

一是给无人侦察机增加攻击系统,使原来仅仅具有单一侦查功能的无人机升级为具备察打一体功能的作战无人机。如美军为"捕食者"无人机加装空地导弹,使其成为具有直接火力打击能力的攻击无人机。

二是改造退役有人驾驶飞机,使其"重生"为具备侦查、打击双重功能的新型无人机。此方法除了能节约制造成本、提高退役装备利用率外,还具有风险较低,能够迅速研制并部署的优点。

三是研制全新的具备察打一体功能的无人作战飞机。

图1-4-9为中国彩虹-4察打一体无人机,图1-4-10为美国MQ-9"死神"察打一体无人机。

图1-4-9 中国"彩虹-4"察打一体无人机

图1-4-10 美国MQ-9"死神"察打一体无人机

（2）体系协同

目前，无人机的主要运用模式是单平台独立执行任务。一方面是由于目前技术只能支持这种模式，另一方面是这种模式已经能满足低威胁环境下的侦察监视、反恐作战等任务需要。但由于单机的战场生存力和任务完成率比较低，这种模式难以适应强对抗环境的作战。随着军事技术的快速发展，现代战争已成为系统与系统的对抗，成为五维一体（海、陆、空、天、电磁五大领域联合一体联合作战）的联合作战。无人机仅靠任何一种单一的侦察、监视和攻击平台，都难以在现代战争中发挥其应有的战斗力。为此，可以基于体系协同将各种功能、各种层次的无人机与其他作战系统连接成为功能互补、协同作战的有机整体，从而有效提高整体的作战效能。

（3）高度智能

当前无人机技术需依赖自身与远程控制站完成起降、飞行与问题解决，交互复杂。为协同作战，无人机需高度智能化，关乎其生存与发展。电子技术、计算机技术等的突破为提升智能化提供了条件。世界各国正研制高度自动化、智能化的无人机控制系统、弹药及材料，高自主智能是无人机未来重要趋势。

（4）空天融合

航空航天技术的发展已经出现明显的融合趋势，其典型的代表就是美国已经试飞的空天无人机X-37B。通过空天技术的融合，可以研制出能够跨域飞行、突破现有飞行器概念的空天型的飞行器。

需要说明的是，这里的空天融合不是航空、航天概念的简单堆砌，也不是航空、航天装备的一种简单整合。随着以X-51A、HTV-2、X-37B为代表的空天型无人机飞行器的出现，航空、航天飞行器传统的活动范围分界线开始模糊。同时，网电技术与空天技术也开始快速深度融合，航空、航天和网空将趋于形成"三空一统"的新型作战空间。而空天型无人机将会成为驰骋这一新兴作战空间的"主角"。

（5）高超声速

从航空航天技术发展方向与技术制高点出发，无人机向高空高速、临近空间高超声速无人机发展是必然的发展趋势。其发展特点是：

①飞行马赫数3以上；
②具有时效敏感性；
③能够快速打击与侦察；
④能够空天往返；
⑤可实现全球到达等；
⑥突防能力强，世界上现有的防空系统基本上无计可施；
⑦精确打击威力大，对于各种坚固的或隐藏于地下的重要目标的摧毁能力将是毁灭性的。

（6）超长航时

长航时无人机分为中空和高空两类，是卫星的重要补充。尽管其覆盖和容量不及卫星，但能弥补卫星在跟踪移动目标、实时情报等方面的局限。长航时无人机提供更详细情报，能接收弱、低功率信息，通信范围广，且研制成本低。

（7）全频隐身

多数无人机的研制曾由于一味追求低成本而忽视了隐身性能，这会导致无人机在作战中的被击毁率较高。美军发现，他们的无人机中，只有高空无人机能够免遭袭击，"捕食者"无人机在4~6 km的高度飞行时也可遭受袭击。

一般说来，实现全频隐身可以从以下四方面采取措施：

①隐身外形设计，减少雷达反射面积；
②采用复合材料如玻璃纤维加强合成树脂；
③降低噪声，如使用燃料电池和缩短旋翼；
④采用等离子体隐身技术。

（8）灵巧微型

微型无人机目标小、噪声低、雷达和可视信号弱，而且携带方便、机动灵活、随时随地可用，能够监视卫星和侦察机探测不到的死角，查找躲在建筑物内部的敌人，窥探山后的敌情，实施通信中继、目标指示、近距离电子干扰、核生化探测、截获无线电频率、近距离目标攻击、为士兵发送求救信号等。因此非常适合城市、丛林、山区等复杂环境地区作战及特殊条件下的特种部队作战。

实现灵巧微型的转变，可以从以下几方面着手：

①研发微型机新型动力装置和能源，如燃料电池、太阳能等；
②节省功率，设计微型无人机仅在环境变化时发送信息，延长工作时间；

③设计适合微型机的飞翼布局；
④提高升阻比，加厚机翼、采用旋翼或扑翼、微自适应流量技术；
⑤研究新型微型传感器。

（9）通用集成

目前，无人机系统复杂，自成一体。未来无人机将体系化、系列化发展，并与其他作战单元协同作战。为此，需解决互联互通和通用化保障问题。国际上强调无人机与陆、海、空、天作战平台的"横向技术一体化"，实现无缝隙连接，形成合力。为此，需解决无人机与其他武器装备的通用性和互联性，制定统一标准，使用统一的通信、指挥和控制系统。这是实现无人机与其他作战平台综合集成的关键。

2. 民用无人机发展趋势

（1）微型化

要想做到持续微型化，不仅要将一些基础设备微小化和保证长久续航等提升能力，还要有一定的生物科技的基础。如果无人机能做到像蚂蚁一般大小且五脏俱全，相信在未来蚂蚁绊倒大象将不再是戏言。

（2）功能多样化

无人机新的应用场景也将被不断挖掘，不同领域对无人机的性能和功能有着不同的要求，因此需要针对具体应用场景进行定制化设计，以满足多样化的需求。

（3）飞行长航程

无人机的长航程技术旨在提高无人机的续航能力，实现快速响应和快速部署，提高其在应急救援、气象观测等方面的应用价值。

（4）大载荷能力

未来的无人机将能够搭载更多种类的任务载荷，包括高清晰度摄像头、多种传感器等，以满足更多的应用需求。

（5）系统化

达到系统化以后，无人机之间的协调合作能力将大幅提升，呈现集群式大规模的应用模式，在一个统一的系统下，无人机群合作协作配合天衣无缝，明确分工，实现分批次分重点分强度的智能化应用模式。

四、人工智能与无人机

人工智能是计算机科学的一个分支。通俗来说，人工智能是一门结合数学、计算机、心理学等许多学科理论的新技术。

研究人工智能的目标是让计算机模拟人类行为，代替人去思考、工作。科学家会以人类的思考过程为模板，去教"机器"逐渐长大，与人类的成长过程类似。

作为渗透率如此高的两个领域，"无人机+人工智能"会碰撞出怎样的火花？

可以断定的是，人工智能对无人机的发展有着巨大的推动力量，是驱动无人科技革命的重要引擎。加快人工智能等新技术与无人机领域的深度融合，持续激发新动能，是无人科技向集群化、智能化、微型化、跨域化发展的内在要求。

自动遥控：通过人工智能技术，无人机可以实现自动遥控。无人机配备了自主飞行系统和智能控制算法，可以根据预设的任务目标和环境条件，自动执行航线规划、起飞、降落、悬停等动作，无须人工干预。

智能导航和避障：通过搭载多种传感器（如摄像头、雷达、超声波等），无人机可以感知周围环境，并借助深度学习和机器视觉算法，实现障碍物识别、路径规划和自动避障，以确保飞行的安全性和稳定性。

目标识别和跟踪：通过图像处理和模式识别算法，无人机可以在空中准确地识别并跟踪特定的目标，如车辆、人物等。这种功能在搜索与救援、安防监控等领域具有重要的应用价值。

自主决策与合作：通过强化学习和群体智能算法，多架无人机可以自主进行任务分配、协同作业和集群飞行，提高任务执行效率和灵活性。

智能数据分析与应用：通过机器学习和数据挖掘算法，可以对收集到的图像、视频和传感器数据进行精确分析，提取有价值的信息和模式，并应用于环境监测、资源管理、灾害预警等方面。

1. 人工智能在军用无人机领域的应用前景

人工智能技术的爆发式发展已经开始影响各行各业，军事领域也不例外。对于"AI+无人机"的具体应用模式，各国尚在摸索之中，而相应的反制措施也已经开始同步推进。

目前"AI+无人机"主要分为两种发展方向：一种类似美国空军大力打造的"协同作战飞机（CCA）"概念，它们的性能和体积与有人战机大体相当，具备不同程度的自主行动能力，可以协助有人战机执行空中侦察、电子对抗、对地打击等复杂任务。另一种则是近年更受青睐的"智能无人机蜂群"，后者结合了在局部冲突中大显身手的廉价无人机的优势，同时得到AI协同作战能力的加成。

（1）AI无人战机，从"僚机"到"队友"

美国空军近年来持续推进的"天空博格人"项目，其目的就是开发一种集成在无人机上、用于支撑基于AI的辅助决策、自主驾驶等功能的自主核心程序。未来这种AI系统不但可以指挥控制不同类型的无人机联合作战以及与有人战机的协同作战，还可以整合到有人驾驶战斗机上，作为虚拟的副驾驶，通过分担部分职能以降低飞行员工作量。

美国《空军时报》称，相比人类飞行员漫长而昂贵的培训周期，"天空博格人"项目获得成功后，只需要软件升级，AI控制的所有无人战机就能同步提升作战能力，就连新生产出来的AI无人机，不需要实战也能具备同样的能力。未来"协同作战飞机"不仅是有人战机的"僚机"，而且将升级为与有人作战飞机并肩执行任务的"队友"。图1-4-11所示为不同无人僚机与美军F-35战斗机并肩作战示意图。

我国军用无人机进入21世纪后开始爆发式增长。从"十三五"规划强调信息化，"十四五"规划首次提出加速武器装备升级换代和智能化武器装备发展，到党的二十大报告提出要加快无人智能作战力量发展，我国无人化装备将成为重点发展方向之一。无人机在无人装备中占据重要角色，是无人智能作战的主要装备之一。图1-4-12所示为与"歼-20"同框的"攻击-11"无人机。

（2）"智能无人机蜂群"已超出科幻电影想象

在不少科幻电影中都有类似场景：密切配合的无人机群或无人飞船集群在战场上势不

可挡，但只要指挥母船被摧毁，其他无人机立即失去控制，战局就此逆转。将所有无人机都与指挥中心（母船）连接的方式被称为"中心节点模式"，它们并非真正的"智能无人机蜂群"。由AI控制的无人机蜂群能力，已经超出了科幻电影的想象。

图1-4-11　不同无人僚机与美军F-35战斗机并肩作战

图1-4-12　与"歼-20"同框的"攻击-11"无人机

"智能无人机蜂群"的一个重要特征就是"去中心化"，它们并不依赖于特定的节点，无论某架或某部分无人机被摧毁，整个无人机蜂群的功能完整性都不受影响，仍可继续执行任务。如果要向无人机蜂群发出指令，也不需要指挥中心与所有无人机都发布指令，而是只需要联系到其中几架无人机，整个无人机蜂群就迅速接收到指令并自行分配任务。对于未来成百上千架规模的无人机蜂群而言，这种模式可以极大提高无人机蜂群的反应速度，同时降低对通信带宽的要求。图1-4-13所示为无人机蜂群作战示意图，图1-4-14所示为无人机蜂群示意图。

图1-4-13　无人机蜂群作战示意图

图1-4-14　无人机蜂群

2. 人工智能在民用无人机领域的应用前景

作为逐渐成熟的空中平台，无人机与传统行业相结合，在航空航天、气象探测、植保等领域中均展现出广阔的发展前景与无限潜力。

而与人工智能技术的融合，则为无人机行业注入了新的活力，为跨域融合发展开辟了新蓝海。无人机搭载人工智能技术，实现了从顶层到底层的核心关键技术的突破，智能自主能力和执行复杂任务效能都得到了极大的提升，完全颠覆并重新定义了许多行业的特征。

（1）农业无人机的崛起

随着人工智能技术在无人机领域的不断深入应用，植保无人机得以快速发展，更智能的产品创造了更广泛的需求和应用。植保无人机不再仅仅用于施药，还可以进行撒肥、撒种、撒饲料等。因此，植保无人机逐渐被更具广泛意义的农业无人机所替代。农业无人机组成的未来农场示意图如图1-4-15所示。

视　频

农业无人机的崛起

视　频

农业无人机相对比飞机喷洒的优势

图1-4-15　农业无人机组成的未来农场

全球范围内，2024年农用无人机的市场规模达到了11亿美元，《2024—2029年中国农用无人机行业竞争格局及投资规划深度研究分析报告》指出，预计到2029年将增至70亿美元，如图1-4-16所示。在中国，农业无人机的市场也呈现出强劲的增长势头，2021年市场规模达到28.63亿元，同比增长率为124.2%，预计到2025年市场规模将达到115亿元。大疆《农业无人机行业白皮书2023》数据显示，截至2024年6月30日，大疆农业无人机的全球保有量超30万台，全球累计的作业面积突破75亿亩（1亩=666.67 m^2）次，覆盖中国三分之一的农业土地。无人机"上岗"喷洒农药，防治病虫害作业场景如图1-4-17所示。

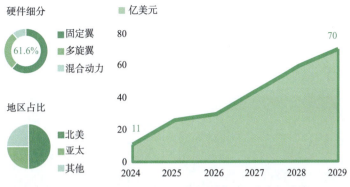

图1-4-16 全球农用无人机市场规模及细分市场分析

图1-4-17 农业无人机在瑞士山区喷洒作业

在精准喷洒方面,非常有名的是关于丝路蓟的应用案例。丝路蓟(cirsium arvense)是一种恶性杂草,广泛分布于农田和牧场,与农作物争夺水分、营养物和矿物质,同时丝路蓟的根茎产生酸性物质,使得土壤不再适合某些作物的生长,因此使农作物产量减少,对农民和农场业主的经济造成损失。

来自大疆农业在匈牙利的合作伙伴Planta Drone通过用多光谱监测地里的丝路蓟的分布,然后用农业无人机做精准点喷,达到减药降本的目的。Planta Drone通过使用多光谱监测播种前后的田块,用NDVI(归一化植被指数)分离出丝路蓟的生长,生成精准喷洒的处方图,农业无人机按照处方图进行喷施,从而实现精准除草,如图1-4-18所示。

图1-4-18 多光谱监测

（2）无人机在水生态监测应用前景

随着工业和城市化的快速发展，河流污染问题越来越严重，严重破坏了水生态系统。传统的人力监测难以应对实际需求。而无人机监测河流水质因其高效、准确和可靠的特点，成为一种新的可行解决方案，如图1-4-19所示。

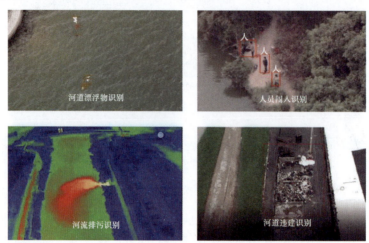

图1-4-19　无人机用于水生态监测场景

借助无人机系统搭载的多光谱成像仪生成多光谱图像，直观全面地监测地表水环境质量状况，提供水质富营养化、水华、水体透明度、悬浮物排污口污染状况等信息。同时后台可实时拼接无人机影像，形成直观的正射图，便于发现异常情况和排污点。另外，无人艇设备也可以应用于水体环境复杂、污染类型多样，对数据精度要求较高的水域。

（3）无人机在电力巡检应用前景

AI技术在无人机上的应用，将促使无人机实现电子化、信息化、智能化巡检，提高电力线路巡检的工作效率、应急抢险水平和供电可靠率。而在山洪暴发、地震灾害等紧急情况下，无人机可对线路的潜在危险，诸如塔基陷落等问题进行勘测与紧急排查，丝毫不受路面状况影响，既免去攀爬杆塔之苦，又能勘测到人眼的视觉死角，对于迅速恢复供电很有帮助。图1-4-20所示为无人机用于电力系统监测场景。

图1-4-20　无人机用于电力系统监测场景

①线路杆塔信息自主采集。

无人机自主巡检技术是一种可以利用无人机对目标对象或区域进行巡检和监测的技术。通过搭载先进传感器，该技术能够实时将数据传回控制中心，经过处理、分析和诊断。AI视觉通过分析自主确定线路，开启采集任务，通过无人机沿线飞行，在杆塔正上方，按照顺序对线路杆塔坐标信息进行采集记录，并对数据进行处理后在地图展示相应杆塔空间位置信息，实现线路杆塔信息自主采集，如图1-4-21所示。

图1-4-21 线路杆塔信息自主采集

②杆塔部件设备可见光采集。

利用无人机进行可见光拍摄，对杆塔本体塔身、横担、绝缘子、挂点、金具铁附件、导地线、引流线等安装紧固、外观情况及设备温度等开展拍摄，通过边缘计算、缺陷自动识别、孪生数字电网等技术的融入及时发现缺陷，如图1-4-22所示。

图1-4-22 杆塔部件设备可见光采集

③线路故障快速查找。

线路遭遇雷击或其他事故跳闸后，获取线路故障信息，利用无人机快速响应，依托无人机配电线路自主巡视技术，携带无人机到故障点进行照片和视频的拍摄，现场对故障位置进行判断，以确定故障原因，方便后续快速进行故障处理，如图1-4-23所示。

④电网工程智能化竣工验收。

电网工程智能化竣工验收主要包含设计比对、物资匹配、施工工艺缺陷、竣工验收等方面，通过无人机智能巡检，完成线路拓扑、工艺缺陷识别、物资计量、施工与设计比对等流程贯通，可实现全流程业务管控智能可视，统计信息高效全面，数据传输同步存储更新，从而减轻现场工作人员工作量。同时可应用海量数据分析技术，自动完成全过程精细管控，实现安全风险一清二楚，关键人员全面管控，计划管理科学高效，进度分析准确全面，工程档案及时规范，提高工程结算质量和效率，如图1-4-24所示。

图1-4-23　线路故障快速查找

图1-4-24　电网工程智能化竣工验收

⑤无人机全自主光伏精细化巡检。

根据国务院办公厅发布的《能源发展战略行动计划（2014—2020年）》，2020年，光伏装机要达到1亿千瓦（100 GW）。预计到2025年，光伏无人机巡检市场规模将达到100亿元以上。若按照运维成本一般占光伏电站收入的8%来计算，每年光伏电站运维市场规模将接近34亿元。

依托智能巡检无人机，可以对光伏区组件及其他重要设备，如升压站设备等进行视频、拍照、热斑检测等巡检，同时把巡检的内容和实时计算结果同步存入智慧巡检平台，为数据对比及运维改进提供数据，由大数据平台自动巡检模块负责，通过定期的数据读取结合预设的数据抓取规则及业务规划，对新能源电站的全部设备进行巡检，并生成巡检报告。结合巡检报告结果，对故障工作进行人工作业的处理，如图1-4-25所示。

图1-4-25　无人机全自主光伏精细化巡检

（4）无人机在智能环保应用前景

在环境保护工作中，环境状况监测是"哨兵"和"耳目"，是生态环境保护的最为重要的基础性和前沿性工作。在以往环境监测技术手段中更多依靠人力，现场取样，不但费时费力，效率低，同时隐蔽性较差。

无人机可以搭载机械臂等设备。无人机加机械臂技术是无人机与机械臂相结合的一种新兴技术，其原理在于利用无人机的空中机动能力和机械臂的灵活性，完成对地面、水面等未开垦区域的勘测、搜救、抢险等任务，如图1-4-26所示。具体来说，该技术的实现需要遥控器、传感器、图像处理等设备的配合，通过无人机搭载机械臂完成各种操作。在智能环保领域，无人机加机械臂技术可以应用于水面垃圾清理、环保监测等任务中，可以大大节省人力资源和时间成本，保障环境的质量和安全。

图1-4-26　无人机搭载机械臂场景

无人机可以搭载各种传感器，通过对空气中的污染物进行监测，为环保部门提供数据支持，如图1-4-27所示。无人机可以搭载红外线摄像头，对森林火灾进行监测。这种监测方式可以及时发现火灾，减少火灾对环境的影响。

图1-4-27　无人机在城市智能环保中的应用场景

（5）无人机在智能交通应用前景

随着大数据和人工智能的快速发展，智能硬件已经开始向小型化、低成本、低功耗的方向迈进，无人机在各行各业逐步得到推广。道路交通管理工作也开始步入无人机实战应用时代。目前，无人机在交通领域常见的应用场景如图1-4-28所示。

随着"AI+无人机"的深入研究和推广，可以预见，对于智能交通领域，无人机将在以下场景中得到普遍的推广应用：

视频

无人机交警
领域应用

机动车占道/违停识别

车牌识别

图1-4-28　无人机在城市智能交通中常见的应用场景

①交通监测与管理。

无人机可以通过搭载车辆计数器等设备，对道路上的车辆进行实时监测和计数，获取交通流量数据，为交通管理提供参考，如图1-4-29所示。在发现路段交通量较大、趋近饱和或已经出现拥堵时，无人机可及时预警或告警，并将地点坐标信息、预警、告警影像及平行路段影像等信息，发送到相关业务系统，供管理决策使用。工作人员可以利用无人机搭载喊话器，对现场进行管理、控制。

图1-4-29　无人机交通数据采集与流量分析

"前面的小姐姐，共享单车不能带人"，"骑自行车的女士，你跑到机动车道了，注意安全"，这是合肥交警通过无人机空中喊话进行交通安全宣导工作。与此同时，合肥交警还将这些"空中交警"的视频发布在社交媒体，引发了广泛的社会关注与积极反响，如图1-4-30所示。

②违章取证。

高速公路上的监控探头是固定的，不能够有效抓拍违法行为。无人机上搭载的录像及测速设备可以全方位固定车辆违法行为，有效维护高速公路正常秩序，可以在交通中

图1-4-30　合肥交警利用无人机进行"空中巡逻"

监测和录像车辆的违章行为，如超速、闯红灯等。尤其是针对节假日等城乡车辆众多、各种交通违法行为频繁发生的时候，对平行缓慢路段上的车辆随意穿插、变道、加塞等交通违法行为进行实时抓拍，这些录像资料可以作为证据提交给相关部门，用于处罚有违规行为的车辆驾驶员，如图1-4-31所示。

图1-4-31　无人机高清视频实时回传

③道路建设和维护。

无人机在进行道路建设时，可以通过搭载不同的传感器和设备，进行高精度的测量和定位。比如，无人机可以搭载激光雷达、高分辨率相机等设备，对道路的地形、地貌、交通情况等进行精细的测量和观察。这样不仅提高了道路建设的精度和效率，还可以在短时间内完成大量工作，节省人力和物力。

在道路维护方面，无人机可以搭载高清相机和图像识别技术，对道路的路面、桥梁、隧道等进行实时监测和拍照，及时发现并修复道路病害和安全隐患。图1-4-32所示为利用无人机进行高速公路违建调查。

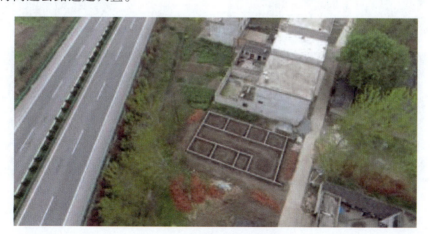

图1-4-32　高速公路违建调查

④智能停车。

无人机在智能停车系统中，通过图像识别和传感器技术实时监控停车场，感知环境并发现安全隐患，提升安全性。无人机24 h监控替代人工巡逻，降低人力成本，并高效巡检维护，及时发现并解决问题，提升运营效率。

⑤交通信号优化。

无人机飞至指定区域，用高精度相机和传感器拍摄感知交通情况，实时数据无线传输至交管部门，优化交通信号。实时监控可迅速发现并调整问题，提升交通运行效率，减少拥堵和事故。

⑥应急救援。

交通拥堵时，高速无人机可拍照录像留证，巡视难行路段，全天候快速反馈事故信息，提高救援速度。若发现伤亡人员，可运送物资，一般无人机能运输数公斤，需大载重可定制。图1-4-33所示为无人机拍摄事故画面。

图1-4-33　无人机拍摄事故画面

（6）无人机在城市管理应用前景

无人机作为新兴技术，正逐步重塑城市治理的格局。它们的应用不仅提升了城市管理的效能，更为城市的可持续发展开启全新篇章，无人机在城市管理应用场景如图1-4-34所示。展望未来，随着AI技术的植入和应用的不断拓展，无人机将在城市治理中发挥更加举足轻重的作用。

违建识别

流动摊贩识别

堆放临建识别

工地扬尘识别

图1-4-34　无人机在城市管理应用场景

典型应用案例分享：

案例1：整治违章建筑要做到不留死角、不存盲点。对于城管执法队员巡查监管看不见的"盲区"，如何利用科技赋能，扩大违章建筑巡查的视野？湖北郧西县城市管理规划执法大队创新利用科技手段，让无人机这个"千里眼"巡查成为整治违章建筑的利器，为违建管控监测布下"天罗地网"，让违章建筑巡查管控做到郧西县城区十八个村内全覆盖、无死角。2023年12月10日，一架无人机游弋在郧西县城区高空楼顶巡查违章建筑情况。站得高，"望"得远。无人机的加入，对于郧西县城市高空楼顶、街头小道等城管执法队员无法巡查到的区域，无人机这双"千里眼"将城市管理巡查的触角深入到郧西县城区内每个网格。同时，对于群众举报的违章建筑的"苗头"，该县城管局第一时间利用无人机巡查到违章建筑的现场，组织拆除公司进行拆除，极大地提升了城管执法人员拆除违章的效率，遏制了新增的违章建筑。

案例2：工地扬尘具有点多、面广、易反复、难管理等特点，人工巡查不仅耗时耗力，还可能存在不同区域视觉盲点问题。借助无人机巡航，能全面、高效获取工地裸土覆盖等情况，实现全方位、立体式、无死角覆盖巡查。为深入打好天河区污染防治攻坚战，全面强化污染天气应对工作，2022年9月30日，在局执法处的指导支持下，广州市生态环境局天河分局积极应用无人机巡航，组织开展建设工地扬尘污染防治无人机巡查专项行动，通过无人机高空巡航，覆盖式巡查员村街、珠吉街、天河南街等10个行政街道20个建设工地，发现12个工地存在裸土未100%覆盖问题，要求企业严格落实管理措施，工作效能明显提升，如图1-4-35所示。

图1-4-35 广州市生态环境局组织开展建设工地扬尘污染防治

（7）无人机在物流应用前景

国家对无人机在物流上的落地，有一个大概的规划：2025年，城市短距离低速轻小型物流配送无人驾驶航空器逐步成熟；2030年，城市中短距离快速中小型物流配送无人驾驶航空器逐步应用；2035年，城市中长距离快速中大型物流配送无人驾驶航空器逐步推广，可见其任重道远。

在头部物流企业的努力推动和政策的不断鼓励下，无人机的应用落地小有成果：2018年3月，顺丰获批国内首张无人机航空运营许可证（试点），标志无人机送货常态化和商业化正式进入合法运营阶段。到2022年底，顺丰累计开通无人机航线83条，实现无人机载货及综合应用飞行量约30万架次。

世界范围内，无人机送货业务很难大规模推展，大都是试点阶段，还有不少出了问题。沃尔玛客户产品高级副总裁汤姆·沃德说："在大家看到数百万包裹由无人机派送前，还需要一些时间。"京东无人机项目负责人巴航曾在受访时说："无人机物流的发展并非一片坦途，物流无人机在技术、政策、成本方面仍存在着重重困境"。

无人机配送当前仍局限于特殊场景与地区，尚未全面网络化。物流无人机普及需构建"空地一体"智慧体系，集群化才能发挥效益，但城市集群化难度大。降低成本、推动普及需形成正向循环，挑战仍多。技术层面需升级完善定位、调度和远程塔台等技术，解决真实场景中的问题。

五、无人机国际合作的前景与挑战

视频
无人机的社会影响与伦理问题

随着科技的不断发展，无人机技术已经成为军事、民用和商业领域的重要应用之一。然而，无人机技术的普及和应用也引发了一系列新的挑战和问题，这对国际社会来说是一个重要的议题。

首先，无人机技术的应用对国际和平和安全产生了影响。无人机具有高效的打击能力和情报收集能力，因此在军事领域的应用越来越广泛。无人机技术也有可能被用于非军事领域，例如监视和侵犯个人隐私等方面，这也引起了一些担忧。

从地缘政治的角度来看，在一些地区，如中东和南海等局势紧张的地区使用无人机可能会加剧地区的紧张气氛。特别是在存在主权争议和领土边界模糊的地方使用无人机进行监视活动可能被认为是挑衅行为，从而导致不必要的冲突和紧张局势。

其次，无人机技术的发展也对国际法律和规范提出了新的挑战。无人机技术的应用涉及许多重要的法律和规范问题，例如人道主义法、隐私保护、知识产权等。然而，目前国际社会对于无人机技术的规范和管理还存在许多争议和不确定性，这也给无人机技术的应用带来了一定的不确定性和风险。

面对这些新的挑战和问题，为了避免误解和冲突，国际社会应当加强合作，共同探讨无人机技术的规范和管理，以保护国际和平和安全。这需要各国之间密切合作，通过共享信息、制定出统一的标准和规范、开展联合训练、建立起有效的监管机制和应对措施，从而推动全球无人机行业的健康发展，确保长期而广泛意义上的全球稳定与和平发展。

任务实施

✅ 步骤一　确定目标与发现需求

1. 项目分组，沟通讨论后确定小组长。
2. 召开团队会议，明确活动目标。

✅ 步骤二　头脑风暴

首先，我们需要一个大胆的想法！让我们来一场头脑风暴，把你对未来城市快递无人机的所有想象都倾倒出来。它可以是什么样的形状？有什么独特的功能？如何确保飞行安全？如何实现环保？写下来，画出来，甚至做一个小模型，让你的创意飞翔！

✅ 步骤三　技术调研

现在，需要将你的创意转化为实际的设计。首先，需要了解无人机的基本构造和飞行原理。然后，研究现有的无人机技术，看看有哪些可以借鉴的地方。还可以查找一些关于未来城市快递需求的数据，这样可以帮助你更好地理解你的设计需要满足什么样的要求。

模块一 走近无人机

✅ 步骤四　设计初稿

现在，是时候让创意跃然纸上了！设计一份详细的无人机初稿，包括形状、尺寸、结构、功能等各个方面。别忘了画出无人机在不同场景下的使用情况，比如在城市街道上飞行、投递快递等。

✅ 步骤五　小组间分享与讨论

联络其他小组，进行组间分享讨论。把设计初稿给他们看，听听他们的意见和建议，也许他们会给你带来新的灵感。通过小组讨论，不断完善设计。

✅ 步骤六　制作模型

现在，让我们把设计变成现实！使用手头的材料，制作一个无人机模型。这个过程可能会遇到一些困难，但别灰心，失败是成功之母！在制作过程中，你会发现你的设计有哪些地方需要改进。

✅ 步骤七　成果展示

最后，向全班同学展示无人机模型！准备一个简短的演讲，介绍设计理念和功能特点。让大家一起感受你的创意和热情！

🔵 任务评价

整个任务完成之后，让我们来检测一下完成的效果吧。具体的测评细则见表1-4-1。

表1-4-1　任务完成情况的测评细则

评价内容	分值	评价细则	量化分值	得分
信息收集与自主学习	25分	1. 团队是否对当前和未来城市的快递市场进行了深入调研，包括但不限于快递量、需求增长趋势、用户偏好等	5分	
		2. 团队是否收集了关于无人机技术的最新发展趋势，包括但不限于无人机设计、动力系统、导航系统、传感器技术、电池技术等	5分	
		3. 团队是否了解了无人机在城市环境中的飞行规则和限制，以及相关的安全标准和要求	5分	
		4. 团队是否评估了无人机设计对环境的影响，包括噪声、碳排放、废弃物产生等	5分	
		5. 团队成员是否明确各自的任务和责任，且能够高效协作	5分	
无人机模型的设计与制作	60分	1. 创新性：无人机设计是否展现出独特的创新点，如在结构设计、动力系统、飞行控制、投递方式等方面的技术创新，或是在快递业务模式上的创新	12分	
		2. 实用性：无人机设计是否考虑到未来城市的快递需求，包括适应城市环境的飞行能力、高效的快递投递方式、合理的载重和续航能力等	12分	
		3. 安全性：无人机设计是否充分考虑了飞行和投递过程中的安全性，如避障系统、稳定飞行控制、紧急制动等安全措施	12分	
		4. 环保性：无人机设计是否采用环保材料和技术，如低噪声电机、环保电池、可回收材料等，以减少对环境的影响	12分	
		5. 制作质量：无人机的实际制作质量是否达到设计要求，包括材料选择、工艺制作、装配精度等	12分	

续表

评价内容	分值	评价细则	量化分值	得分
职业素养与职业规范	15分	1. 团队内部是否有明确的分工和协作机制，成员是否能够有效地沟通和合作	4分	
		2. 无人机的设计文档和制作过程是否符合专业标准和规范，如设计图纸的清晰性、技术参数的准确性等	4分	
		3. 团队在设计和制作过程中是否注意到知识产权保护，如设计专利的申请、技术保密等	4分	
		4. 团队在无人机的测试和飞行过程中是否遵守安全操作规范，如飞行前的检查、飞行过程中的监控等	3分	
总计		100分		

巩固练习

1. 简述军用无人机发展现状。
2. 归纳总结目前无人机市场现状。
3. 简要总结军用无人机发展趋势。
4. 归纳总结民用无人机发展趋势。
5. 人工智能会对无人机的未来产生哪些影响？
6. 简述无人机技术领域为什么需要国际合作。

任务拓展

同学们，你们好！想象一下，未来的天空中，无人机像自由的精灵一样穿梭在城市之间，它们将快递、拍摄、监测等任务一气呵成，这样的场景是不是已经让我们充满期待？但是，随着无人机技术的广泛应用，我们是否也思考过它所带来的影响和挑战呢？

现在，我希望你们以"无人机技术的广泛应用引发的思考"为出发点，写一篇论文，展开研究和分析。你们可以从自己最感兴趣的角度，选择一个具体的议题，例如无人机在城市交通、环保监测、农业应用或灾难救援等领域的应用及其影响，或者是从无人机技术在监视和侵犯个人隐私等方面引发的社会关注。总之，一切从自己感兴趣的角度去进行研究。

在撰写论文时，请注意以下几点：

1. 在摘要部分，概括研究内容、方法、结果和结论，让读者一目了然；
2. 选取与研究主题紧密相关的关键词，方便读者和搜索引擎找到论文；
3. 正文部分，按照研究背景、研究目的、研究方法、研究过程、研究结果和总结的顺序展开，展示研究过程和发现；
4. 列出在研究过程中参考的文献资料，这是学术诚信的体现；
5. 如果有必要，可以在附录中附上重要的数据、图表或程序代码。

模块二
认知无人机的组成与基本工作原理

深入了解无人机的组成与基本工作原理,对于掌握无人机技术、发挥其最大效能至关重要。在本模块中,将分为三个任务逐步揭开无人机的神秘面纱。首先,深入熟悉无人机的系统组成,探究其各部分如何协同工作以支持飞行和任务执行。其次,了解无人机的结构和基本飞行原理,理解其如何在空中保持稳定并实现灵活操控。最后,聚焦于无人机的感知系统,探讨它是如何感知外部环境并做出相应反应的。通过这三个任务的学习,我们将对无人机有一个全面而深入的认识。

无人机概论

任务一　熟悉无人机的系统组成

任务目标

知识目标：
1. 掌握无人机的动力装置。
2. 了解无人机的飞控系统。
3. 了解无人机通信导航系统。
4. 掌握无人机的控制站与控制系统。
5. 了解无人机任务载荷系统。

技能目标：
1. 能够区分不同动力装置的优缺点。
2. 能够区分不同任务载荷系统的优缺点。

素质目标：
1. 培养学生分析问题、解决问题的能力。
2. 培养学生树立正确的价值观。
3. 培养学生具备良好的职业素养。

任务描述

由于无人机是重于空气的航空器，因此，必须有能够克服其本身重力的升力才能够使其在空中飞行。在动力的驱动下，旋翼开始旋转，直接产生升力，或产生拉力、推力间接地使机翼产生升力。不管哪种结构形式的无人机，都需要有相应的动力源。

无人机的飞控系统对于无人机就相当于驾驶员对于有人机的作用，控制着无人机完成起飞、空中飞行、执行任务以及返厂回收等整个工作过程。

无人机控制站系统也称为地面控制站或者遥控站，是无人机系统不可或缺的组成部分，其好坏直接影响整个无人机系统的性能。

无人机的通信导航系统包括GPS导航、惯性导航和通信模块三部分。GPS导航用于定位和飞行任务规划，惯性导航用于姿态传感和飞行控制，通信模块用于与地面站进行数据传输和指令下达。

无人机的任务载荷系统是指安装在无人机上的各种设备和工具，用于执行特定任务或完成特定功能。这些载荷系统可以是传感器、摄像机、通信设备、投放设备及作业设备等。

任务要求

1. 分组讨论：请同学们自由组队，每组3~5人，讨论自己都接触过哪些动力系统，总结各类动力系统的特点。

2. 将无人机比拟成一个自然人，将无人机各个系统比拟成人的各个器官或五官，加强

对各个系统的认识。

3. 分组讨论：各类无人机载荷系统所应用的行业都有哪些。

4. 结合现有设备，指出相应设备的动力系统、载荷系统和通信导航系统都属于哪一类，各有什么优缺点。

知识链接

一、无人机的动力系统

无人机的动力系统是指无人机获取能量，并将其转化为机械能，引起无人机各个部分运动的系统。动力系统通过提供足够的动力来驱动机载设备完成各项任务。总体来说，无人机动力系统的功能主要有两个：一个是为飞行器提供所需的动能；另一个是为飞行器的其他设备及载荷提供所需的驱动力。

动力系统根据使用燃料的不同，分为燃油式发动机和电动机两大类。

1. 燃油式发动机动力系统

燃油式发动机是将燃油燃烧产生的热能转化为机械能的动力装置，按照工作原理的不同，划分如图2-1-1所示。

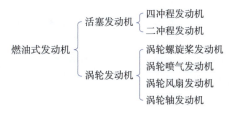

图2-1-1 燃油式发动机动力系统

（1）发动机的性能

发动机的基本作用是为无人机提供动力，保证无人机能够安全、平稳、可控及可以持续地飞行。作为评价各类发动机性能优劣依据，主要有以下指标：动力性指标、经济性指标、环境指标、可靠性指标和维修方便。表2-1-1所示为某国产航空发动机参数。

表2-1-1 某国产航空发动机参数

转速/(r·min^{-1})	2 000	2 500	3 000	3 500	4 000	4 500	5 000	5 500	6 000	6 500	7 000
油耗/mL	50	50	50	50	50	50	50	50	50	50	50
时间/s	107	86	73	60	55	50	36	24	16	14	13
油耗/(mL·s^{-1})	0.47	0.58	0.68	0.83	0.91	1.00	1.39	2.08	3.13	3.57	3.85
油耗/(L·h)	1.68	2.09	2.47	3.00	3.27	3.60	5.00	7.50	11.25	12.86	13.85
拉力/KG	5.3	7.2	9.2	13.2	17.4	21.6	27.8	32.9	40.1	47	52
扭矩/(N·m)	2.27	3.5	5.17	6.29	10.64	11.57	12.7	15.7	20.67	24.84	32.02
发动机功率/kW	0.55	0.69	1.57	2.48	4.34	5.07	6.75	9.03	13.01	16.77	23.48

该表格数据为随机抽测的一台发动机数据，仅做参考。实际使用中受环境温度、海拔、化油器/电喷调节方法、不同品牌螺旋桨等因素的影响，数据会产生一定波动。

①动力性指标。

动力性指标是发动机性能指标中最重要的一项指标，通常包括：发动机的有效转矩、有效功率、发动机转速等。

a. 有效转矩：发动机对外输出的转矩称为有效转矩，单位一般是N·m，发动机工作时，有效转矩与外界施加于发动机曲轴上的阻力矩相平衡。相对于转矩而言，有效转矩减去了发动机本身的能量损耗，更能直接反映一款发动机的动力性能。

b. 有效功率：发动机对外输出的功率称为有效功率，单位为kW。它等于发动机的有效转矩与曲轴角速度的乘积。有效功率可以利用测功机在发动机试验台架上测出，实际测量时一般直接测量发动机在某一转速下的输出转矩和相应的转速，然后通过计算得到输出功率。和有效转矩一样，可以直接反映一款发动机的动力性能。

c. 发动机转速：发动机曲轴每分钟的旋转数量。

d. 功率重量比：发动机的输出功率与其重量的比值。作为无人机的部件，在满足使用的前提下应尽量做到减重，因此，此项指标对于无人机性能至关重要。

e. 升功率：功率在标定工况下，发动机每升气缸工作容积所发出的有效功率。升功率是从发动机有效功率的角度对其气缸工作容积的利用率作总的评价，它与平均有效压力和转速的乘积成正比。升功率越大，发动机的强化程度越高，发出一定有效功率的发动机尺寸越小。升功率是评定发动机动力性能和强化程度的重要指标之一。

②经济性指标。

经济性指标一般用燃油消耗率表示，即发动机每输出1kW·h有效功所消耗的燃油量，燃油消耗率越低，说明发动机越省油。

③环境指标。

环境指标主要指发动机排气质量和噪声控制水平。这项指标关系到人类的健康和人类赖以生存的环境。当前，排放指标和噪声水平已成为发动机的重要性能指标。

④可靠性指标。

可靠性指标是无人机在空中安全飞行，无人机的所有组成部分都能正常运行，能够正常持续工作的能力指标。可靠性有多种评价方法，如首次故障行驶里程、平均故障间隔里程等。发动机是无人机的动力来源，其使用寿命直接决定了无人机的使用寿命。

⑤维修方便。

这项指标直接影响无人机的利用率和无人机的日常使用成本，维修质量越高，发动机的寿命越长。包括日常维护保养和故障修理，日常维护保养是对关键部件进行检测、清洗、更换润滑油等，并及时排查故障，因此，应当按照要求进行日常维护保养。故障修理是发动机及其零部件出现故障时进行的。因此在设计发动机时，要考虑拆装，检查和维修的方便性，降低维修成本。

（2）活塞式动力系统

活塞式动力系统主要指活塞式发动机，也包括其他辅助系统。

活塞式发动机即往复式发动机，是一种利用一个或多个活塞将压力转化为旋转动能的发动机。活塞发动机是热机的一种，靠汽油、柴油等燃料提供动力。活塞式发动机主要由气缸、活塞、连杆、曲轴、气门机构、螺旋桨减速器、机匣等组成。

活塞式航空发动机是由汽车的活塞式发动机发展而来，大多是四冲程发动机，即一个气缸完成一个工作循环，活塞在气缸内要经过四个冲程，依次是进气冲程、压缩冲程、做功冲程和排气冲程。四冲程发动机如图2-1-2所示，其工作过程如图2-1-3所示。

图2-1-2　四冲程发动机　　　　　　图2-1-3　四冲程发动机的工作过程

也有一部分活塞式发动机是二冲程发动机，如图2-1-4所示。二冲程的发动机结构简单，尺寸小、重量轻。由于曲轴每转一圈就可以对外做一次功，因此，与四冲程发动机相比，在相同的气缸容积、压缩比、曲轴转速、每次循环的供油量以及其他条件都相同时，其实际功率更大。但是，其缺点也十分明显，油耗高、废气排放大，经济性和可靠性都不如四冲程发动机。

图2-1-4　二冲程发动机

由于发动机除主要部件外，还须有若干辅助系统与之配合才能工作。除了传统的活塞式发动机，近年来，人们又发明了转子内燃引擎，具有传统活塞式发动机不同的特点。

①气缸体。

气缸体是发动机的主体，它将气缸与曲轴箱连在一起，是安装活塞、曲轴以及其他零部件的支撑骨架。

为了保证气缸表面能在高温下正常工作，必须对气缸和气缸盖随时加以冷却。冷却方式有两种：一种用冷却液来冷却（水冷）；另一种用空气来冷却（风冷）。

按照气缸的排列方式划分，可分为直列式发动机（见图2-1-5）和星形式发动机（见图2-1-6）。发动机的各个气缸排成一列，一般是垂直布置的。但为了降低发动机的高度，有时也把气缸布置成倾斜的甚至是水平的，分为对缸、V形、W形等。星形式发动机的所有气缸均以曲轴作为中心，沿圆周呈辐射状均匀分布于机匣上。

图2-1-5　直列式发动机

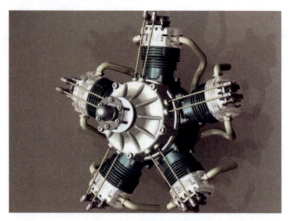

图2-1-6　星形发动机

②活塞。

活塞是航空发动机气缸体中作往复运动的部件。活塞的基本结构可分为顶部、环槽部、裙部和销座，如图2-1-7所示。活塞顶部是组成燃烧室的主要部分，其形状与所选用的燃烧室形式有关。汽油机多采用平顶活塞，其优点是吸热面积小。柴油机活塞顶部常常有各种各样的凹坑，其具体形状、位置和大小都必须与柴油机的混合气形成与燃烧的要求相适应。

a. 活塞顶部：活塞的顶端部分，与气缸盖和气缸壁共同形成燃烧室。顶部的形状设计对于发动机的性能有着至关重要的影响。常见的活塞顶部形状包括平顶、凸顶和凹顶等。

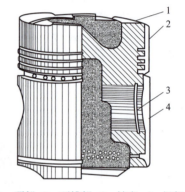

1—顶部；2—环槽部；3—销座；4—裙部。

图2-1-7　活塞结构示意图

b. 环槽部：活塞胀圈槽以上的部分，用来安装气环和油环。

c. 活塞裙部：位于活塞顶部下方，是一个圆柱形或近似圆柱形的部分。它与气缸壁紧密配合，形成发动机的密封空间。活塞裙部的结构设计对于活塞在气缸内的运动稳定性、密封性和导热性具有重要影响。

d. 活塞销座：位于活塞裙部的中央，用于安装活塞销。它将活塞的往复运动转化为连杆的旋转运动。因此，活塞销座的结构设计和制造质量对于发动机的正常运行至关重要。

③连杆。

如图2-1-8所示，连杆连接活塞和曲轴，转换活塞往复运动为曲轴旋转。连杆受力主要来自气体作用力、摆动和惯性力，受交变载荷，需具备疲劳强度和结构刚度。

④曲轴。

如图2-1-9所示，连杆连接活塞和曲轴，曲轴输出连杆转矩驱动发动机部件。曲轴受离心、气体惯性及往复惯性力作用，承受弯曲扭转载荷。需有足够强度、刚度，轴颈耐磨、平衡。

图2-1-8 连杆

图2-1-9 曲轴

⑤气门机构。

气门机构的作用是根据发动机各缸工作循环的要求,定时开启和关闭进、排气门,在进气行程使混合气或新鲜空气进入气缸,在排气行程将废气排出气缸。

⑥螺旋桨减速器。

螺旋桨减速器的作用与汽车发动机的变速箱作用相似,可以将发动机输出的高转速降低到与螺旋桨适配的转速,同时,可以提高螺旋桨轴的扭矩。其结构紧凑、重量轻,可以在高负荷下长期可靠地工作。

⑦机匣。

机匣指的是连接发动机和驱动装置的重要部件,一般由铝合金、铸铁、钢等材质制成。它是发动机上的一个重要的附件安装平台。

(3)涡轮发动机

涡轮发动机的核心部分由压气机、燃烧室和燃气涡轮组成,称为核心机。其主要工作由核心机负责完成。按照核心机出口的燃气可用能量的利用方式划分,可以分为涡轮喷气发动机、涡轮螺旋桨发动机、涡轮风扇发动机和涡轮轴发动机。

2. 电动式动力系统

电动式动力系统主要应用在旋翼机上,尤其多旋翼无人机上使用最多,相对于燃油式动力系统,电动式动力系统的主要优点是:结构简单、可靠性高、操作容易、维护便利、无污染等,受到广大无人机设计制造者的青睐。

(1)电动机

电动机按照换向方式可分为无刷电动机(见图2-1-10)和有刷电动机(见图2-1-11)。无刷电动机,优点包括高效率、长寿命、低噪声、电磁辐射小、运行温

视频

动力电机

度低。缺点是成本较高、控制电路复杂、对电源要求高。有刷电动机采用机械换向，优点包括结构简单、成本低、启动转矩大、控制容易、调速范围宽，以及维护方便。缺点包括产生电磁干扰、寿命较短（由于电刷磨损）、效率较低、噪声较大。主要应用于低端小型无人机和玩具无人机。

图2-1-10　无刷电动机

图2-1-11　有刷电动机

①电动机尺寸。

电动机尺寸一般用4个数字表示，如图2-1-12所示。其中前两位是电动机定子的直径，后面两位是电动机定子的高度。图2-1-12中的4216表示电动机定子的直径是42 mm，电动机定子的高度是16 mm。一般情况下，电动机的尺寸越大，其功率也越大。

②KV值。

电动机KV值是电机的一个重要参数，用来表示电机的转速。它是指电机空载条件下，输入电压每增加1伏特（V）时，电动机空转转速增加的量。KV值越大，电机的转速就越快，反之亦然。如图2-1-13所示，KV值为4 600，外加1V电压，电动机空转转速为4 600 r/min，外加2 V电压，电动机空转转速为9 200 r/min。不同kV值的电动机要与不同尺寸的螺旋桨相匹配。

图2-1-12　电动机尺寸

图2-1-13　KV值

（2）螺旋桨

螺旋桨安装在电动机上，通过电动机带动螺旋桨的旋转，为旋翼无人机提供升力和推动力，常见的螺旋桨如图2-1-14所示。螺旋桨要与电动机和电调相匹配，这样才能提高无人机的工作效率，延长无人机的续航时间和使用寿命。

①桨径和桨距。

桨径和桨距是螺旋桨最重要的参数，一般用4位数字表示，前两位代表螺旋桨的直径，即桨径，后两位是螺旋桨桨叶旋转形成的螺旋的螺距，即桨距。由于空气的可压缩性，实际桨距一般都小于理论桨距。

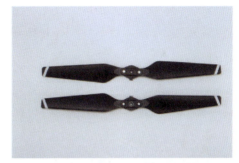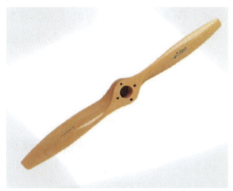

图2-1-14　螺旋桨

桨径和桨距的单位是in，即英寸。例如型号为1306的螺旋桨，桨径为13 in，桨距为6 in。

②正反桨。

多旋翼无人机为了抵消螺旋桨在旋转时产生的反扭矩，所有相邻的螺旋桨旋转的方向都是相反的，因此就有了正桨和反桨之分。从螺旋桨正面观察，逆时针旋转产生升力的螺旋桨为正桨，顺时针旋转产生升力的螺旋桨为反桨。

③材质。

螺旋桨是无人机关键部件，材料选择影响飞行性能和安全。常用材质有金属、复合材料、木材和工程塑料。金属如铝合金，强度高但密度大，复合材料如碳纤维，强度高、重量轻但成本高。木材便宜但易受潮。工程塑料密度低、强度高、耐磨，抗腐蚀且降噪，成为无人机螺旋桨重要选择。

（3）电调

电调，全称电子调速器（electronic speed controller，ESC）。可分为有刷电调和无刷电调。它根据控制信号调节电动机的转速。由于无人机一般采用的是无刷电调，下面主要介绍无刷电调，如图2-1-15所示。

①电调的工作原理。

无刷电调接收控制信号，通常为PWM（脉冲宽度调制）信号，并将这些信号转换为电机所需的电压和电流，从而控制电机的转速和方向，其工作原理如图2-1-16所示。

视频
电调

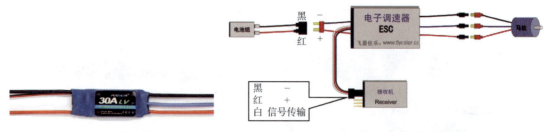

图2-1-15 无刷电调　　　　　　　　图2-1-16 电调工作原理图

②电调的主要参数。

a. 工作电压：电调所能使用的电压区间，例如，某40 A电调使用电压为2~6 S，也就是说使用电压区间为7.4~22.2 V。S是锂电池一种电压表示方法，后面我们会详细描述。需要注意的是，电调的使用电压必须在指定范围内，否则将不能正常工作。

b. 持续工作电流：电调可以持续工作的电流，超过该电流可能导致电调过热烧毁。例如，某款电调持续工作电流为20 A，则该电调就必须工作在20 A以内。

c. 最大瞬间电流：电调可以在短时间内承受高于额定电流的数值。

d. BEC输出：BEC是电池供电系统，将动力电池的电压降压为5~6 V供接收机和舵机系统使用。要注意的是，在多旋翼飞行系统里，因为涉及多个电调，所以大多不再由电调BEC向飞控系统供电，统一由电源管理模块或者单独BEC向飞控系统供电。

（4）电池

目前，无人机一般采用锂聚合物电池，它属于锂离子电池的一种。根据电解质的不同，锂离子电池可分为液体锂离子电池（LiB）（见图2-1-17）和锂聚合物电池（LiP），见图2-1-18。

图2-1-17　液体锂离子电池　　　　　图2-1-18　锂聚合物电池

①锂聚合物电池的优点。

a. 电压高，单体电池的标称电压可达3.7~3.8 V（磷酸铁锂电池是3.2 V），是Ni-Cd镍镉、Ni-MH镍氢电池的3倍。

b. 循环寿命长，一般均可达到500次以上，部分甚至1 000次以上。对于小电流放电的无人机，电池的使用期限将成倍增加。

c. 比能量大，能达到实际比能量555 Wh/kg，在相同容量的电池中，锂聚合物电池的质量是最小的，同样重量的电池中，容量最大的是锂聚合物电池。

d. 安全性能好，无公害，无记忆效应。

②锂聚合物电池的参数。

a. 标称电压。标称电压是指电池在设计和生产时规定的电压值，也是电池正常使用时应该达到的电压值。通常情况下，标称电压是指电池的开路电压（也称为静态电压或平衡电压），即电池在未连接负载时所能提供的电势差。在聚合物锂电池中，标称电压通常是3.7 V。电池的电压会在放电的过程中持续下降，电池电压与电量之间的变化规律如图2-1-19所示，可以看出，电压下降的过程分为三个阶段：第一个阶段，电压从4.3 V左右至3.7 V左右；第二个阶段，电压从3.7 V左右至3.5 V左右；第三个阶段，电池电压低于3.5 V左右。其中第一个阶段和第三个阶段的电压下降速度是比较快的，而第二个阶段的电压下降速度非常缓慢。因此，普遍认为锂聚合物电池电压一般维持在3.7 V。

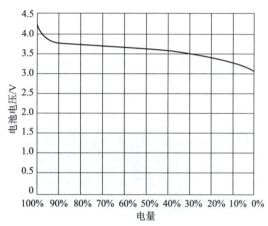

图2-1-19　锂聚合物电池电压变化规律

b. 电池容量。电池容量是衡量电池性能的重要指标之一，它表示在一定条件下（放电率、温度、终止电压等）电池放出的电量，即电池的容量，通常以安培·小时（A·h）或毫安·小时（mA·h）表示。图2-1-17中电池的容量为16 000 mA·h，表示如果以16 000 mA的电流进行放电，可持续放电1 h；如果以8 000 mA的电流进行放电，可以持续放电2 h。电池的容量直接决定了无人机的续航时间，容量越大，续航时间越长。

c. 电池节数。单片锂聚合物电池的标称电压是3.7 V，实际使用时，往往需要将若干节电芯进行串联，一般用S来表示电芯串联的节数，如3S表示3节电池串联（电压为3×3.7 V=11.1 V）。电池串联可以直接标注总电压，也可以通过S数来进行标注，后者需要用户通过标称电压和节数进行计算得出总电压。锂聚合物电池正常使用电压范围见表2-1-2。

表2-1-2　锂聚合物电池正常使用电压范围

锂电池串联节数	电压最低值/V	电压最高值/V
2S	7.4	8.4
3S	11.1	12.6
4S	14.8	16.8
5S	18.5	21.0
6S	22.2	25.2

通过电芯的串联可以增加电压,但容量不变,如果需要增加容量,就要将电芯进行并联,并联的节数用P来表示。如2P表示2节电芯并联。

如果既需要增加电压也需要增加容量,就需要将电池同时进行串联和并联,如4S2P。

d. 最大放电倍率。最大放电倍率代表了锂聚合物电池放电电流的大小,代表电池的放电能力,用C表示,数值上等于额定容量的倍数。图2-1-18中电池的最大放电倍率是10 C,表示这块电池最大可以以10×16 A=160 A的电流放电。

e. 充电倍率。与最大放电倍率中C类似,只是将放电倍率变成了充电倍率,如图2-1-20所示,30 C表示最大充电倍率,5 C表示建议充电倍率,表示建议该电池用5×5.3 A=26.5 A的电流来充电,若用超过规定参数充电,会缩短电池使用寿命,甚至直接损坏电池。

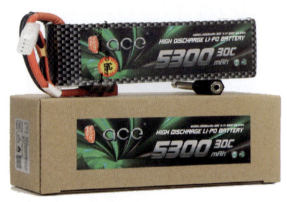

图2-1-20　锂聚合物电池

二、无人机的飞控系统

无人机控制系统简称飞控系统或飞控,是控制无人机飞行姿态和运动方向的设备,是无人机完成起飞、空中飞行、执行任务和返场回收等整个飞行过程的核心系统。飞控一般包括传感器、机载计算机和伺服作动设备三大部分,实现的功能主要有无人机姿态稳定和控制、无人机任务设备管理和应急控制三大类。

飞控中的传感器种类繁多,但主流飞控主要由陀螺仪(飞行姿态感知)、加速计、地磁感应、气压传感器(悬停高度粗略控制)、超声波传感器(低空高度精确控制或避障)、光流传感器(悬停水平位置精确确定)、GPS模块(水平位置高度粗略定位),以及控制电路组成。主要的功能就是自动保持飞机的正常飞行姿态。

视频

无人机控制系统

1. 无人机飞控的流派

目前,无人机飞控在发展过程中主要形成了两大流派,即俄罗斯流派和欧美流派。俄罗斯流派延续了早期有人机控制的研发技术体系,无人机在飞行过程中不断切换控制方法或控制参数以保证其处于理想状态。这种流派优点在于硬件经过长期飞行验证,控制算法在设计模态内系统稳定性可以得到有效的理论证明;缺点在于硬件庞大、笨重且无法预测实际飞行过程中可以经历的所有飞行状态。

与俄罗斯流派相比,欧美流派最大的不同是不需要对不同飞行状态进行建模、参数辨识,而是采取了在线辨识,即在无人机飞行的过程中通过在线辨识理论方法,控制器自己判断自身所处的状态、参数等，根据这些信息响应切换不同的控制策略或控制参数。这种流派的优点在于系统体积小、重量轻，缩短了新型无人机的研发过程，智能化程度进一步增强；缺点是需要较长时间的理论技术积累，在某种程度上无法证明全局系统稳定性。

2. 目前市场上的主流飞控

（1）Arduino飞控

Arduino是最早的开源飞控，如图2-1-21所示。Arduino公司首先为电子开发爱好者搭建了一个灵活的开源硬件平台和开发环境，用户可以从Arduino官方网站取得硬件的设计文档。

用户可以通过Arduino IDE软件查看源代码并上传自己编写的代码，Arduino IDE使用的是基于C语言和C++的Arduino语言，十分容易掌握，并且Arduino IDE可以在Windows、Macintosh OSX和Linux三大主流操作系统上运行。

随着该平台逐渐被爱好者所接受，各种功能的电子扩展模块层出不穷，其中最为复杂的便是集成了MEMS传感器的飞行控制器。为了得到更好的飞控设计源代码，Arduino公司决定开放其飞控源代码，他们开启了开源飞控的发展道路。著名的开源飞控WMC和APM都是Arduino飞控的直接衍生产品，至今仍然使用Arduino开发环境进行开发。

（2）APM飞控

APM（ArduPilotMega）是在2007年由DIY无人机社区（DIY Drones）推出的飞控产品，是当今最为成熟的开源硬件项目，如图2-1-22所示。APM基于Arduino的开源平台，对多处硬件做出了改进，包括加速度计、陀螺仪和磁力计组合惯性测量单元（IMU）。由于APM良好的可定制性，APM在全球航模爱好者范围内迅速传播开来。通过开源软件Mission Planner，开发者可以配置APM的设置，接受并显示传感器的数据，使用Google map完成自动驾驶等功能，但是Mission Planner仅支持Windows操作系统。

图2-1-21　Arduino飞控

图2-1-22　APM飞控

目前APM飞控已经成为开源飞控成熟的标杆，可支持多旋翼、固定翼、直升机和无人驾驶车等无人设备。针对多旋翼，APM飞控支持各种四、六、八轴产品，并且连接外置GPS传感器以后能够增稳，完成自主起降、自主航线飞行、回家、定高、定点等丰富的飞行模式。APM能够连接外置的超声波传感器和光流传感器，在室内实现定高和定点飞行。

（3）PX4和PIXHawk

PX4是一个软硬件开源项目（遵守BSD协议），目的在于为学术、爱好和工业团体提供一款低成本、高性能的高端自驾仪，如图2-1-23所示。这个项目源于苏黎世联邦理工大学的计算机视觉与几何实验室、自主系统实验室和自动控制实验室的PIXHawk项目。PX4FMU自驾仪模块运行高效的实时操作系统（RTOS），Nuttx提供可移植操作系统接口（POSIX）类型的环境。例如：printf()、pthreads、/dev/ttyS1、open()、write()、poll()、ioctl()等。软件可以使用USB bootloader更新。PX4通过MAVLink同地面站通信，兼容的地面站有QGroundControl和Mission Planner，软件全部开源且遵守BSD协议。

由3DR联合APM小组与PX4小组于2014年推出的PIXHawk飞控是PX4飞控的升级版本，如图2-1-24所示，其拥有PX4和APM两套固件和相应的地面站软件。该飞控是目前全世界飞控产品中硬件规格最高的产品之一，也是当前爱好者手中最炙手可热的产品之一。PIXHawk拥有168 MHz的运算频率，并突破性地采用了整合硬件浮点运算核心的Cortex-M4的单片机作为主控芯片，内置两套陀螺和加速度计MEMS传感器，互为补充矫正，内置三轴磁场传感器并可以外接一个三轴磁场传感器，同时可外接一主一备两个GPS传感器，在故障时自动切换。

图2-1-23　PX4飞控

图2-1-24　PIXHawk飞控

基于其高速运算的核心和浮点算法，PIXHawk使用最先进的定高算法，可以仅凭气压高度计便将飞行器高度固定在1 m以内。它支持目前几乎所有的多旋翼类型，甚至包括三旋翼和H4这样结构不规则的产品。它使飞行器拥有多种飞行模式，支持全自主航线、关键点围绕、鼠标引导、"FollowMe"、对尾飞行等高级的飞行模式，并能够完成自主调参。

（4）MWC飞控

MWC飞控是一款典型的Arduino衍生产品，如图2-1-25所示，是专为多旋翼开发的低成本飞控，它完整地保留了Arduino IDE开发和Arduino设备升级和使用的方法。由于成本低、架构简单、固件比较成熟，因此该飞控在国内外拥有大量爱好者。除了支持常见的四、六、八旋翼以外，该飞控的最大特点是支持很多奇特的飞行器类型，比如三旋翼、阿凡达飞行器（BIcopter avatar style）、Y4型多旋翼（其中两轴为上下对置）等，使得该飞控的开发趣味性较强，容易博得大家的喜爱。

（5）KK飞控

KK飞控源于韩国的一款开源飞控项目，也是第一种广为大众接受的多旋翼飞控，如图2-1-26所示。在开源飞控发展的初期，该飞控的横空出世对整个四旋翼行业是一种震撼。该飞控只使用三个成本低廉的单轴陀螺，配合一台最简单的四通道遥控设备，就能控制常见的三、四、六旋翼飞行器，并且支持"十字"型、X型、H型和上下对置等多种布局。该飞控使用三个可调电阻调整感度作为调参方法，保留了早期航模陀螺仪的特征。作为多旋翼飞控起始的重要见证，这款"古董"级经典飞控，依然拥有众多玩家。

图2-1-25　MWC飞控

图2-1-26　KK飞控

三、无人机的通信导航系统

无人机通信导航系统是无人机系统的重要组成部分，是飞行器与地面系统联系的纽带。又可分为通信链路和导航系统两部分。

1. 通信链路

无人机平台和地面站之间的无线通信通道就是无人机的通信链路，如图2-1-27所示，这是几乎所有民用无人机和地面控制站之间的唯一通信方式。无人机平台和地面站各自都需要配置专门的天线装置以进行两者之间电磁信号的接收和发射，部分军用级无人机在这一通信链路中可能还要引入卫星或者其他中继平台进行间接通信，从而实现超远距离实时通信。

> 视频
>
> 安装与调试无人机通信链路

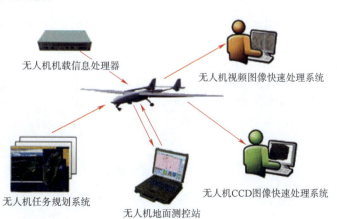
图2-1-27　无人机的通信链路

电磁信号-无线电技术,是通过无线电波传播信号的技术。

无线电技术的原理在于,导体中电流强弱的改变会产生无线电波。利用这一现象,通过调制可将信息加载于无线电波之上。当电波通过空间传播到达收信端,电波引起的电磁场变化又会在导体中产生电流。通过解调将信息从电流变化中提取出来,就达到了信息传递的目的。

无人机飞行过程中与地面之间的无线通信过程,依据传输方向可以分成"上行"和"下行"两种,如图2-1-28所示。

上行通信主要涉及地面向无人机的飞控系统下达操作指令、向导航系统下达航迹指令、向任务设备下达操作指令等,经过压缩打包加密之后发往无人机。

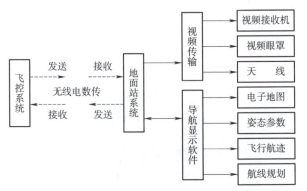

图2-1-28 无人机通信链路的传输方向

下行通信主要涉及无人机向地面实时传输的飞行数据、任务设备捕获的影像数据等,同样经过压缩加密后传向地面,无人机的地面控制站如图2-1-29所示。

图2-1-29 无人机的地面控制站

一般情况下由于涉及高清影像,尽管传输之前使用算法对图像进行了有效压缩处理,但是下行传输数据的带宽需求还是要比上行带宽大得多,也就是说整个通信链路的带宽绝大部分都是被下行链路所使用。

无人机的通信距离如图2-1-30所示。

使用类型	通信传输带宽/Mbit/s	延时	通信距离
绝大多数消费级无人机	2~5	200~300 ms左右	5 km以下
部分工业级无人机	6~10	—	50 km左右

图2-1-30 无人机的通信距离

在整个无人机的通信链路中,链路的波长、频率、传输距离、带宽、延迟等是较为重要的参数。

无线电电磁波在绝对真空环境中的传输速度达到光速,在大气层内受到阻碍,传输速度会略低于光速，其物理特性包括波长、频率、功率等，如图2-1-31所示。

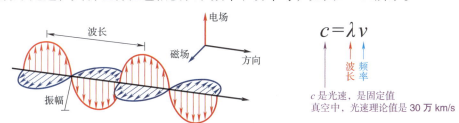

图2-1-31 无线电电磁波的物理特性

任何一种电磁波的传播速度等于波长和频率两者的乘积，由于波速基本不变，因此波长较长的电磁波，频率比较低，带宽比较小。

无线电传输信息的原理比较特殊，电磁波的波动形式类似于最简单的正弦波（当然还有其他各种复杂波形，见表2-1-3），结合计算机领域中所使用的二进制原理，波峰表示1，波谷表示0，那么就可以实现无数个0和1组成的数据串无线远距离传了。而单位时间内波峰和波谷数量越少，频率越低，也就意味着所能够承载的0和1数据量就越少，波长长。

表2-1-3 其他典型的波形

波 形	频率	特 点
短波	高频率	①适用于传递语音或者文字这种信息量比较少的数据内容，传输的信息量比较多，可以进行高质量的语音、图像、数据等方面的无线传输，这也是目前很多无人机、军民用航空器等常用的电磁波类型。 ②频率高、波长短的电磁波传输距离有限，而且由于信息载入量大，对于周围环境的干扰比较敏感，容易造成数据丢失，影响传输品质
长波	低频率	适用于传递语音或者文字这种信息量比较少的数据内容，穿透性比较好，可以进行远距离传输。

电磁波在信号传输过程中，一个非常明显的特点就是如果遇到另外一个电磁波信号，该信号的频率如果恰好也是一样的，就会带来非常强烈的通信干扰，如图2-1-32所示，这对于实际工程应用产生较大的安全影响。

截至目前，一些无人机反制器就是采用这种原理对无人机的航电系统、GPS导航系统、图传链路进行干扰，从而实现反制的目的。

目前世界上无人机的频谱使用主要集中在UHF、L和C波段，其他频段也有零散分布。我国工信部无线电管理局初步制定了《无人机系统频率使用事宜》，其中规定：

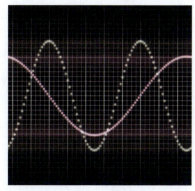

图2-1-32 电磁干扰

①840.5～845 MHz频段可用于无人机系统的上行遥控链路，其中，841~845 MHz也可采用时分方式用于无人机系统的上行遥控和下行遥测信息传输链路。

②1 430~1 446 MHz可用于无人机系统下行遥测与信息传输链路，其中，1 430~1 434 MHz频段应优先保证警用无人机和直升机视频传输使用，必要时1 434~1 442 MHz也可用于警用直升机视频传输。无人机在市区部署时，应使用1 442 MHz以下频段。

③2 408~2 440 MHz频段可用于无人机系统下行链路,该无线电台工作时不得对其他合法无线电业务造成影响,也不能寻求无线电干扰保护。

无人机传输距离指控制端和无人机之间的信号传输距离。通常是指无人机遥控信号的传输距离和图传范围。在实际应用中,无人机传输距离的远近直接关系到其实际作业能力和安全飞行的可靠性。

无人机传输距离的影响因素主要有无线电传输技术、电池电量和容量。常见的遥控和图传技术有2.4 G、5.8 G、900 M、1.2 G和433 M等频段,但不同频段的传输距离存在很大差异,同时,使用环境、信道噪声、发射功率等因素都会对传输距离造成影响。电池电量不足也会导致无人机飞行不稳定,甚至发生失控等危险。

2. 导航系统

无人机导航系统的发展见表2-1-4。无人机领域主要的导航形式以惯性导航和全球卫星导航两种为主,主要用于获得无人机的俯仰角度、距离、速度、位置、轨迹等信息。

表2-1-4 无人机导航系统的发展

应 用	导航方式	特 点
早期无人机	地面雷达+惯导方式进行复合导航	受到地球曲面的影响,不能完全释放无人机的航程优势
特殊无人机	主动/被动式雷达+惯导的方式进行复合导航	可以探测位置信息,从而实现对惯导系统的进一步纠正
普通无人机	惯性导航+卫星定位系统二合一的复合模式	这种模式从导航精度、可靠性和成本角度来看,都是目前最合适的一种方式

惯性导航属于提供飞行姿态的传感器系统,在全球卫星导航系统出现故障的时候,或者通信信号不佳的情况下,惯性导航系统担负起导航的任务。全球卫星导航系统负责无人机导航定位功能。

(1)惯性导航系统

惯性导航系统(INS,简称惯导)是自主式导航系统,不依赖外部信息,其组成及作用如图2-1-33所示。它基于牛顿力学定律,通过测量载体在惯性参考系的加速度,推算出速度、偏航角和位置等信息。陀螺仪形成导航坐标系,加速度计测量加速度,两者结合推算位置。INS在空、地、水下均可工作,属推算导航,连续测定当前位置。与其他导航技术相比,INS具有最佳隐蔽性,不辐射能量,不依赖外部信号。

图2-1-33 惯导系统的组成及作用

惯性导航系统具有如下优点：

①由于它是不依赖于任何外部信息，也不向外部辐射能量的自主式系统，故隐蔽性好，也不受外界电磁干扰的影响；

②可全天候、全时间地工作于空中、地球表面乃至水下；

③能提供位置、速度、航向和姿态角数据，所产生的导航信息连续性好而且噪声低；

④数据更新率高、短期精度和稳定性好。

当然，惯性导航系统也有其固有的一些缺点：

①由于导航信息经过积分而产生，定位误差随时间而增大；

②每次使用之前需要较长的初始对准时间，不方便；

③设备的价格较昂贵，使用成本高；

④不能给出时间信息。

（2）全球卫星定位导航系统

全球卫星导航系统（GNSS）是提供全天候三维坐标、速度和时间信息的空基无线电导航定位系统。全球四大系统为：中国的北斗（BDS）、美国的GPS、俄罗斯的GLONASS和欧盟的GALILEO。它们各具特色，如GPS是全球首个导航定位系统，BDS提供高精度定位服务，GNSS原理是通过物体向卫星发射定位信号，多颗卫星同时计算并确定其位置、高度和时间，结果发回地面接收器，实现物体实时定位、测速和轨迹跟踪。

以GPS为例，导航原理如图2-1-34所示。GPS卫星发送带时间、位置信息的无线电信号，接收机接收并因距离产生时延。卫星与接收机同步伪随机码，通过时延乘光速得出距离。

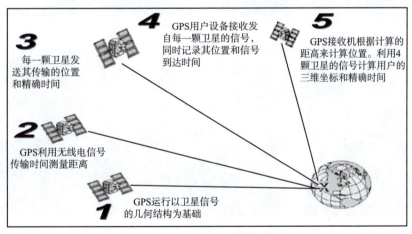

图2-1-34　GPS导航原理图

四、无人机的控制站与控制系统

1. 无人机地面控制站

从军用级无人机到最简单的消费级无人机，无论无人机技术平台的技术复杂程度如何，都必须要设置一个控制回路的飞行控制设备，这就是无人机地面控制站。

地面控制站的外端是通信链路，负责和无人机保持数据沟通，其构架原理示意图如图2-1-35所示，地面控制站如图2-1-36所示，地面任务控制站示意图如图2-1-37所示，民用简易控制站如图2-1-38所示。无人机地面控制站的核心是中央计算机，利用其所加载的控制软件对飞行数据进行解算处理,并将处理结果分别传送到飞行操作控制站和任务载荷控制站,由各自的操作人员负责进行人工监控和处理。

此外,部分高级别地面站会额外设置系统控制站和数据分发系统,系统控制站主要由全系统的指挥官来进行控制和下达指令,数据分发系统主要是将无人机任务设备采集的数据进行处理分析之后,通过专用的无线或者有线通信网络下发给各种终端设备。

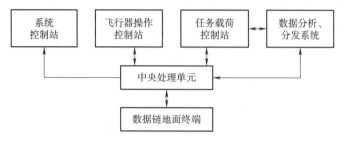

图2-1-35　无人机地面站构架原理示意图

图2-1-36　地面控制站

图2-1-37　地面任务控制站

图2-1-38　民用简易控制站

2. 无人机地面站软件

民用无人机领域的地面站软件主要有三类：

①采用开源式地面站软件，这种在消费级无人机领域和工业级无人机领域较为常见。

②专业工业级无人机多在开源式地面站基础上改良并配套硬件设计，形成新产品。

③少数技术强大的公司全独立开发地面站软件，产品性能稳定、匹配性高，常见于高端消费级和专业工业级无人机中。

军用级无人机拥有独立的配套地面站软件，其外观不会很"靓丽"，但是技术性能和可靠性要比民用产品高很多。

下面以开源式（Mission Planner软件）地面站软件为例介绍，其界面如图2-1-39所示。

视 频

初识地面站软件

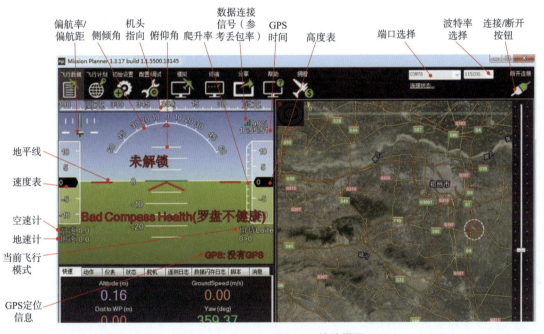

图2-1-39　Mission Planner软件界面

①是目前消费级无人机和工业级无人机领域应用最为广泛的开源式地面站控制软件。

②该软件和APM/Pixhawk开源式飞控一样，由ardupilot团队研发，可以匹配各类常见无人操作平台，其软件内部电子地图采用Google Earth提供的卫星地图，与GPS模块配合使用可以实现对无人机的航迹控制。

③软件具备飞行日志的存储和管理功能，能够为新型无人机的样机调试提供便利。

④提供了极佳的二次开发接口，便于企业、个人二次开发。

Mission Planner软件界面主要分为三个区域：

①左上角为飞行姿态显示区；

②左下角为参数监控区；

③右侧区域为电子地图显示区。

五、无人机的任务载荷系统

无人机任务载荷系统是为完成特定任务而配备的设备，其发展扩展了无人机应用领域。无人机功能取决于所搭载的任务设备，如光学摄影、液体喷洒等。其中，光学摄影设备应用广泛，将在后续章节详解。

1. 液体喷洒设备

目前植保无人机行业常见的喷洒系统有两类：一类是高压泵与压力喷头的组合方式，另一类是蠕动泵与离心喷头的组合方式。

总体来说，植保无人机的喷洒系统主要由药箱、雾化装置、液泵及其附件（稳压调压装置）等部分组成，农药药液在液泵的压力作用下从药箱通过管路到达喷头，在喷头处经液力式喷头或离心式喷头雾化后喷洒到靶标作物上。

根据工作原理的不同，植保无人机的雾化系统通常分为压力雾化系统和离心雾化系统。其中，压力雾化系统采用压力喷头，离心雾化系统采用离心喷头。

植保无人机喷洒系统中使用的电动泵通常分为蠕动泵、齿轮泵和高压泵。

（1）植保无人机喷洒系统中的电动泵

①蠕动泵。蠕动泵又称软管泵，它的工作原理就像用手指夹挤一根充满流体的软管，随着手指向前滑动，管内流体向前移动。蠕动泵的滚轮就相当于手指，通过对泵的弹性输送软管交替进行挤压和释放来泵送流体，如图2-1-40所示。

图2-1-40 蠕动泵的工作原理

②齿轮泵。齿轮泵也叫正排量装置，依靠泵体与啮合齿轮之间的工作容积变化来输送液体。当齿轮转动时，齿轮脱开侧的空间的体积从小变大，形成真空，将液体吸入，齿轮啮合侧空间的体积从大变小，将液体挤入管路中去，如图2-1-41所示。齿轮泵也是目前植保无人机最常用的电动泵。

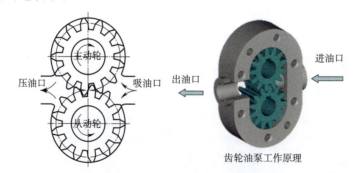

图2-1-41 齿轮泵的工作原理

③高压泵。高压泵的工作原理主要基于容积变化原理，通过泵体内部的结构将液体压缩和输送。具体来说，高压泵内部柱塞或柱塞组合与泵体内的柱塞运动形成一定的容积变化，使得液体被压缩进入排放管道中，并将液体推向高压出口处。

（2）植保无人机喷洒系统中的喷头

①压力喷头。压力喷头的工作原理是通过压力泵对药液施加一定的压力，使药液在流经喷嘴时被破碎成很细小的液滴，液滴的直径主要取决于喷嘴压力和孔径，如图2-1-42所示。

②离心喷头。离心喷头是一种利用离心力将液体喷雾成雾状的喷头设备。如图2-1-43所示。离心喷由喷嘴、偏心轴和齿轮组成，药液旋转喷出，雾化均匀但配件损耗严重。喷头无向下压力，药液飘逸量大，不适合高农作物施药。

图2-1-42　压力喷头

图2-1-43　离心喷头

（3）药箱

植保无人机药箱的主要作用是装载药液，如图2-1-44所示。药箱的设计关键在于防止药液的震动，是无人机喷洒均匀的关键。

2. 其他任务设备

其他任务设备主要有空中喊话器、空中投掷器、物流箱模块、水上救生模块、空中捕捉网模块、空中探照灯、气体探测模块、降落伞模块、系留模块、测温模块。

（1）空中喊话器

空中喊话器是以飞行器为搭载平台，可以无线空中扩音的装置，如图2-1-45所示。目前空中喊话器具有一定的应用前景。在森林防火、火灾救援、灾区搜救、交通治安、林场看护、大型活动安保及群体性事件的处置应用等场合可以起到很大的作用。

图2-1-44　药箱

图2-1-45　空中喊话器

（2）空中投掷器

空中投掷器可以携带各种设备，如图2-1-46所示，能够快速反应，第一时间直接到达投放区域上空，利用远程可视瞄准系统精准投放灭火弹、救援物资等物品。

（3）物流箱模块

物流箱模块作为快递无人机的重要组成部分，采用碳纤维材质，内部空间大，如图2-1-47所示。

图2-1-46 空中投掷器

图2-1-47 快递无人机

（4）水上救生模块

水上救生模块针对水面救援的需求，可以远程投放救生圈，利用机载图像传输瞄准系统，将救生圈精准投射至落水救援目标，如图2-1-48所示。

（5）空中捕捉网模块

空中捕捉网模块是一种用于捕捉目标无人机的设备，也称为无人机网枪模块，如图2-1-49所示。由无人机本身或地面控制中心控制，利用无人机在高空的优势，使用气压或弹簧机构将网弹射到目标无人机上方，能瞬间网住敌人或者物体。

图2-1-48 无人机水上救援

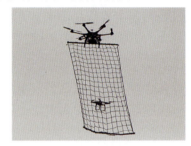

图2-1-49 空中捕捉网

（6）空中探照灯

空中探照灯利用无人机的机动性，对案发或火灾现场进行照射，方便执法部门在黑暗处执行任务，也可以用于夜间灭火救援、水域救援、山区救援、现场指挥等方面，为救援人员提供清晰的夜间视野，如图2-1-50所示。

（7）气体探测模块

无人机机载气体探测是一种将气体检测传感器与无人机相结合的技术。这种设备能够在飞行过程中实时收集空气样本，并对特定气体进行检测和分析，如图2-1-51所示。它可以迅速定位污染源，监测气体扩散情况，为应急响应和环境评估提供数据支持。

图2-1-50 空中探照灯

图2-1-51 气体探测模块

模块二　认知无人机的组成与基本工作原理

（8）降落伞模块

无人机的降落伞模块拥有独立于飞控和动力的电路系统，无人机断电即可开伞，并采用多重保护，使无人机安全着陆，如图2-1-52所示。

（9）系留模块

系留模块是一种通过光电复合线缆连接地面供电系统使无人机获取不间断能源的解决方案，如图2-1-53所示。

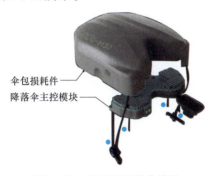

图2-1-52　无人机降落伞模块　　　　图2-1-53　系留模块

系留模块使无人机能长时间悬停，操作简单，可搭载多种光电和通信载荷。适用于特殊现场、交通道路、赛事、森林防火、农场、工业现场及空气质量检测的长时间监控。

（10）测温模块

测温模块能实时测量温度并转换成可用输出的信号，如图2-1-54所示。其中，采用红外测温技术的测温模块应用最为广泛。红外测温技术是一种非接触式测温方法，可以快速而准确地测量物体的表面温度。

任务实施

图2-1-54　测温模块

步骤一　分组学习并讨论动力系统

1. 学生自由组队，每组3~5人，并选举组长明确各成员的任务分工。
2. 各组成员通过图书、互联网等渠道收集关于无人机动力系统的信息。
3. 组内讨论，总结各类动力系统的特点。

步骤二　类比学习

1. 将无人机各个系统与人体各个器官或五官进行比对，讨论它们之间的功能相似性。
2. 使用类比的方法，以自然语言描述无人机系统如何像人体的器官一样工作，以增强对无人机系统功能的理解。

步骤三　讨论无人机载荷系统的行业应用

1. 列出无人机载荷系统的种类，如相机、雷达、红外探测器等。
2. 讨论每种载荷系统在哪些行业中被广泛应用，并举例说明。

步骤四　现有设备分析

1. 设备选择：选择一款现有的无人机设备作为分析对象。

2. 系统识别：确定该设备的动力系统、载荷系统和通信导航系统类型。

3. 优缺点评：分析这些系统的优缺点，并讨论它们在实际应用中的性能表现。

步骤五　成果展示与反馈

1. 组织一次课堂或在线展示，每个小组向全班展示他们的成果，并接受同学和老师的反馈。

2. 全班一起讨论各个小组的展示内容，提出问题和建议，促进知识的深入理解和应用。

任务评价

整个任务完成之后，让我们来检测一下完成的效果吧，具体的测评细则见表2-1-5。

表2-1-5　任务完成情况的测评细则

评价内容	分值	评价细则	量化分值	得分
信息收集与自主学习	28分	1. 能否主动积极参与资料的收集	7分	
		2. 数据来源是否可靠，收集方法是否科学有效	7分	
		3. 能否进行深入的分析和学习	7分	
		4. 能否展现出强烈的求知欲	7分	
项目具体实施与成效	52分	1. 能否在组内积极探讨、分享经验	13分	
		2. 对载荷系统行业应用讨论是否深入	13分	
		3. 能否结合现有无人机设备进行动力系统分析	13分	
		4. 成果展示环节是否完整，是否提出合理的飞行建议	13分	
职业素养与职业规范	20分	1. 在团队中的参与度、协作能力和贡献度	4分	
		2. 在讨论和成果展示中的表达能力，是否专业、准确、清晰	4分	
		3. 是否能够合理安排时间，高效完成任务	4分	
		4. 是否能够有效倾听他人的意见，通过沟通达成共识	4分	
		5. 引用资料是否准确、讨论是否尊重与公正等	4分	
总计		100分		

巩固练习

1. 简述四冲程活塞发动机的工作原理。

2. 简述IMU的含义与功能。

3. 计算题：已知一块动力电池的容量为 4 800 mA·h，放电倍率为 20 C，充电倍率为 5 C，试问其最大放电电流与最大充电电流分别为多少？若该电池充满电后以 4.8 A 的电流进行放电，经过多长时间能将电量放至 50%？

4. 多旋翼无人机的动力系统主要分为哪几个部分？

任务拓展

中国无人机产业起步于军用，现逐步转向民用领域，将成为低空经济拓展的重要工具。政策扶持下，无人机产业快速发展，注册数量和驾驶员执照数量均增加。纵横股份和大疆创新为无人机领域的典型企业，分别在工业级和消费级市场占据重要地位。未来无人机产业将拓展更多应用场景，强化生态系统，展现无限大的市场潜力。近些年，我国的无人机产业发展迅猛，国产无人机的市场份额不断提升，针对这一现象并结合本任务，来做一份国产主流无人机的技术报告。

任务要求

1. 选择一个国产品牌的某款无人机，通过网络查阅等手段搜集此无人机的结构及各组成部分所使用配件的信息。
2. 撰写一篇关于所选无人机的零配件的报告。

任务二　了解无人机结构和基本飞行原理

任务目标

知识目标：

1. 了解固定翼无人机的结构与飞行原理。
2. 了解多旋翼无人机的结构与飞行原理。
3. 了解垂直起降固定翼无人机的结构与飞行原理。

技能目标：

1. 掌握固定翼无人机的结构组成及每种结构的主要参数。
2. 掌握多旋翼无人机的结构组成及每种结构的主要参数。
3. 掌握垂直起降固定翼无人机的结构组成及每种结构的主要参数。

素质目标：

1. 培养学生系统学习的能力。
2. 提升学生创新和推理能力。
3. 提升学生逻辑思维能力。

任务描述

固定翼无人机是20世纪科技重大成就，多旋翼无人机诞生于20世纪60年代，初期以控制理论研究为主，受硬件限制多停留于算法层面。宾夕法尼亚大学提出的Backsteeping算法在HMX4系统上实现高灵敏度姿态解算，并搭载图像系统，早期对神经、自适应控制算法等研究深入。

垂直起降固定翼无人机的应用范围广泛。与传统的固定翼无人机相比，垂直起降固定翼无人机不需要机场或跑道，可以在狭小的空间内进行起降，因此在城市、山区、海岛等复杂地形中具有更高的实用价值。此外，垂直起降固定翼无人机还广泛应用于军事、救

 无人机概论

援、环保、农业等领域,为社会发展和经济建设做出了巨大的贡献。

任务要求

1. 利用学校无人机实训室资源和网络资源等,收集多旋翼、固定翼和垂直起降固定翼无人机相关图片、参数等,最终形成一个综述报告,并进行小组间的分享。

2. 利用实训设备去验证和讨论多旋翼、固定翼和垂直起降固定翼无人机的结构和工作原理,找出三者之间的联系和区别。

这个学习任务可以让你初步认识多旋翼、固定翼和垂直起降固定翼这三种无人机的结构与飞行原理,为今后的学习奠定基础。

知识链接

一、固定翼无人机的结构与飞行原理

1. 结构组成

固定翼无人机是一种通过机翼产生升力,通过螺旋桨产生推力的航空器。虽然市场上的固定翼无人机种类繁多,但大多数固定翼无人机的主体结构是一样的,主要由机身、机翼(含副翼)、尾翼(含水平尾翼、垂直尾翼、升降舵和方向舵)、起落架和发动机组成,如图2-2-1所示。

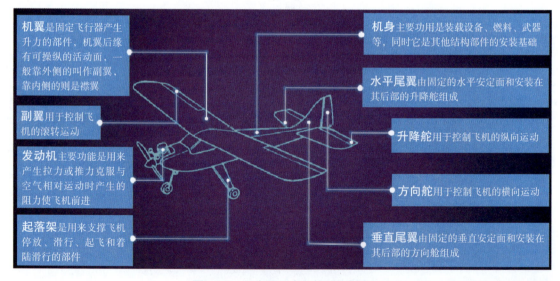

图2-2-1 固定翼无人机的结构组成

(1)机身

机身是承载任务设备、燃油/电池、通信装置、起落架等装置,以及连接机翼和尾翼的大型部件。机身的外形必须遵循无人机总体设计方案中确定的曲面外形,内部空间需要进行细致布局,以确保整个机身在满足结构强度和刚度的前提下,尽可能提供更多的有效空间。这样便于后续任务设备的安装以及日后产品的改进改型。

①构架式。在早期飞机发展过程中,飞行速度较低,气动力载荷比较小,加上受到当时工艺水平和材料水平的限制。因此,推出了构架式这种简单的机身结构,如

图2-2-2所示。

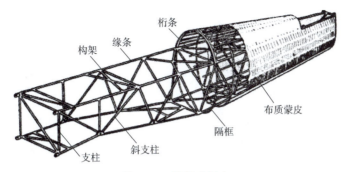

图2-2-2 构架式机身

②桁梁式。桁梁式机身最典型的特点就是采用了若干根贯穿前后机身的大梁受力结构和金属蒙皮。在此基础上，结合一些较细的，同样贯穿前后机身的桁条，并结合一些框板和蒙皮形成了一种完整的机身结构，如图2-2-3所示。

③桁条式。桁条式机身（见图2-2-4）具有强大的桁条和蒙皮，受压稳定性好，能承受弯矩引起的轴向力。加厚蒙皮提升了抗扭刚度，适用于高速飞机。其结构充分利用蒙皮和桁条，但无大梁，不宜大开舱口，需加强开口部位。桁条式机身受力均匀，需分散传递载荷，因此各段用多个接头连接。

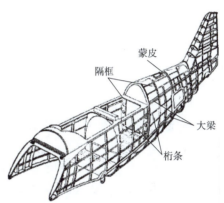

图2-2-3 桁梁式机身

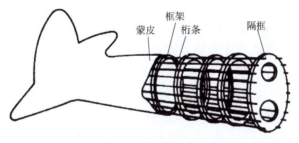

图2-2-4 桁条式机身

④硬壳式。硬壳式机身是一种没有纵向的桁条和桁梁结构，单纯性依靠多个框板和再度加厚的蒙皮，形成完整的机身结构。在这种结构中，机身的纵向和横向应力以及弯矩主要由加厚的蒙皮承受，框板则承受较小的弯矩，以便更好地保证蒙皮气动外形，如图2-2-5所示。

（2）机翼

机翼是飞机的重要部件之一，安装在机身上。其最主要作用是产生升力，与尾翼一起形成良好的稳定性与操纵性。另外，可以在机翼内部装载弹药、设备和油箱，在机翼上可以安装起落架、发动机、悬挂导弹、副油箱以及其他外挂设备。机翼主要由翼梁、翼肋和桁条等组成，如图2-2-6所示。

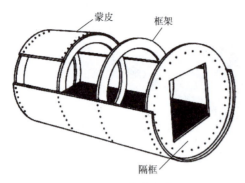

图2-2-5 硬壳式机身

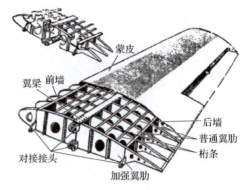

图2-2-6 机翼的结构

①翼梁:由梁的腹板和线条组成,主要承受弯矩和剪力,它是机翼主要的纵向受力件。翼梁大多在根部与机身固接。

②纵墙:纵墙和腹板一般都不能承受弯矩,但与蒙皮组成封闭盒以承受机翼的扭矩。纵墙还有封闭机翼内部容积的作用。

③桁条:与蒙皮和翼肋相连的元件。它参与机翼的总体受力,承受机翼弯矩引起的部分轴向力,是纵向骨架中的重要受力元件之一。此外,桁条和翼肋一起对蒙皮起一定的支撑作用。

④翼肋:是横向受力骨架。用来支撑蒙皮,维持机翼的剖面形状。在有集中载荷的地方(如安装发动机、起落架等),普通翼肋得到加强而成为加强翼肋。普通翼肋构造上的功用是维持机翼剖面所需的气动外形。

⑤蒙皮:蒙皮作用是形成流线型机翼外表,要求光滑以减少阻力。应增强横向弯曲刚度减小凹凸变形。蒙皮承受气动载荷,并与翼梁/翼墙组合成盒式薄壁梁,承受机翼扭短。蒙皮较厚时,与长衍组成壁板承受弯矩引起的轴向力。蒙皮有组合式或整体式,厚蒙皮(几毫米至十几毫米)常做成整体壁板,成为承受弯矩的主要受力元件。

(3)尾翼

尾翼是安装在飞机尾部的一种装置,可以增强飞行的稳定性。大多数尾翼包括水平尾翼和垂直尾翼,也有少数采用V型尾翼。尾翼可以用来控制飞机的俯仰、偏航和倾斜,以改变其飞行姿态。尾翼是飞行控制系统的重要组成部分。

①水平尾翼。简称平尾,是飞机纵向平衡、稳定和操纵的翼面,如图2-2-7所示。平尾左右对称地布置在飞机尾部,基本为水平位置。翼面前半部通常是固定的,称为水平安定面。后半部铰接在安定面的后面,可操纵上下偏转,称为升降舵。

②垂直尾翼。垂尾保持飞机航向平衡、稳定与操纵,原理与平尾相似,如图2-2-8所示。垂尾仅布置在飞机轴线上部,前半固定称垂直安定面,后半铰接可操纵偏转,称方向舵。为调整飞机姿态,常在升降舵和方向舵上划分补翼。

③V型尾翼。V型尾翼如图2-2-9所示,由两个翼面组成,类似带大上反角的平尾。它兼具垂尾和平尾功能,翼面分固定安定面和铰接舵面,可全动。V型尾面在俯视和侧视方向有投影面积,实现纵向和航向稳定。相同偏转升降舵作用,不同偏转则方向舵作用。

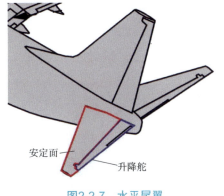

图2-2-7 水平尾翼

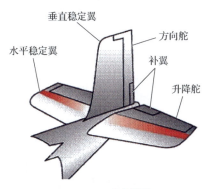

图2-2-8 垂直尾翼

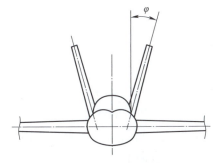

图2-2-9 V型尾翼

（4）起落架

起落架是飞机下部用于起飞、降落或地面滑行时支撑飞机并用于地面移动的附件装置。起落架是唯一一种支撑整架飞机的部件，因此它是飞机不可或缺的一部分。没有它，飞机便不能在地面移动。当飞机起飞后，可以视飞行性能而收回起落架。

常见的起落架由三个轮子组成，按照轮子分布方式可分为前三点式和后三点式两种形式的起落架。

①前三点式起落架。

前三点式起落架是目前飞机上使用最广泛的一种起落架。两个主轮保持一定间距，左右对称地布置在飞机重心稍后处，前轮布置在飞机头部的下方，如图2-2-10所示。飞机在地面滑行和停放时，机身与地板基本处于水平位置。重型飞机用增加机轮和支点数目的方法减低轮胎对跑道的压力，以改善飞机在前线土跑道上的起降滑行能力。

图2-2-10 前三点式起落架

②后三点式起落架。

后三点式起落架有一个尾轮和两个主起落架，如图2-2-11所示。尾轮在机身尾部离重心较远处，主起落架在飞机重心稍靠后处。这种形式的起落架结构简单，适合于低速飞机，在20世纪40年代以前得到广泛应用，现代飞机上，除一些装有活塞式发动机的轻型、超轻型低速飞机外，基本不会使用这种配置形式起落架。

2. 飞行原理

（1）受力情况分析

固定翼无人机在飞行时会受到四个基本的作用力：升力、重力、拉力（或推力）、阻力，如图2-2-12所示。

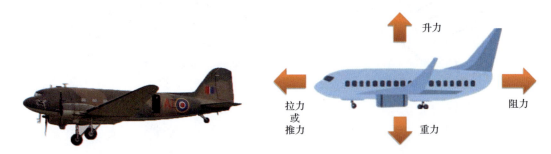

图2-2-11　后三点式起落架　　　　图2-2-12　固定翼无人机的受力图

视频

空气动力学基础

①升力。

固定翼升力产生的原理主要基于伯努利定理，该定理指出，流体速度越快，压强越小。反之，流体速度越慢，压强越大。

对于固定翼飞机，空气流过机翼时，机翼上表面的流速比下表面快，导致上表面的压强小于下表面，从而产生向上的升力。

具体来说，当飞机在跑道上加速时，空气被机翼的形状所引导，流过机翼上下两侧。由于机翼上表面的曲线比下表面更弯曲，空气在上表面流动的速度比下表面快。这导致机翼上表面的压强较低，而下表面的压强相对较高，上下表面之间的压力差产生了向上的升力，如图2-2-13所示。

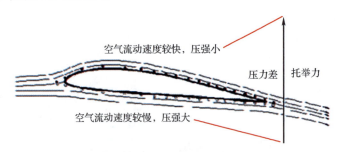

图2-2-13　机翼上下表面压力

②重力。

重力是由于地球引力产生的向下作用力。除了燃料在飞行过程中的不断消耗，固定翼无人机的重力在飞行过程中基本不变。在固定翼无人机进行水平飞行，即无人机的飞行高度不变的情况下，升力和重力维持着某种平衡。

③拉力或推力。

发动机驱动螺旋桨后，螺旋桨产生前进的拉力或推力，螺旋桨安装在机身头部为拉力，安装在尾部为推力。一般情况下，发动机功率越大，所产生的前进力就越大，固定翼无人机前进的速度也就越快。

④阻力。

任何物体在前进过程中,都会遇到空气动力学上的阻碍,这个阻碍就是无人机受到的阻力,即风阻。当无人机的速度增加时,阻力也会增加。固定翼无人机的速度每提升一倍,实际上将产生四倍的阻力,当向后作用的阻力与螺旋桨产生的推进力相等时,固定翼就会保持一定的速度飞行。固定翼无人机的阻力一般可分为摩擦阻力、压差阻力、干扰阻力和诱导阻力。

阻力的产生与减阻措施

a. 摩擦阻力是由于空气的黏性而产生的一种阻力。当气流流过飞机表面时,由于空气具有黏性,空气微团与飞机发生摩擦,产生摩擦阻力。摩擦阻力主要存在于靠近飞机的一层薄薄的边界层内。边界层是指贴近飞机表面处,气流速度由层外主流区气流速度逐渐降低为零的那一层空气流动层。

影响摩擦阻力的因素有空气黏性、翼型表面积、翼型表面粗糙度以及边界层的流动状态。一般情况下,空气黏性越大,翼型表面积越大,表面越粗糙,则摩擦阻力越大。

b. 压差阻力,相对气流流过机翼时,机翼前缘的气流受阻,流速减慢,压力增大,而机翼后缘气流分离,形成涡流区,压力减小。这样,机翼前后产生压力差形成阻力,这个阻力称为压差阻力。可以作如下理解:高速行驶的汽车后面时常扬起尘土,就是由于车后涡流区的空气压力小,吸起灰尘的缘故。

压差阻力的大小与迎风面积、机翼形状和迎角有关。迎风面积越大,压差阻力越大,迎角越大,压差阻力也越大。但压差阻力在无人机总阻力构成中所占的比重是比较小的。

c. 干扰阻力。无人机的各个部件,如机翼、机身、尾翼等,单独放在气流中所产生的阻力的总和并不等于整体所产生的阻力,而是往往小于把它们组成一个整体时所产生的阻力。所谓"干扰阻力"就是飞机各部分之间由于气流相互干扰而产生的一种额外阻力。

从干扰阻力产生的原因来看,它显然和无人机不同部件之间的相对位置有关。如果在设计飞机时,仔细考虑它们的相对位置,使得它们压强的增加不大也不急剧,干扰阻力就可减小。对于机翼和机身之间的干扰阻力来说,中单翼干扰阻力最小,下单翼最大,上单翼居中。

另外,还可以采取在不同部件的连接处加装流线型的"整流片"或"整流罩"的办法,使连接处圆滑过渡,尽可能减小流管的收缩与扩张,继而减少漩涡的产生,也可减少"干扰阻力"。

d. 诱导阻力。这是机翼所独有的一种阻力。因为这种阻力是伴随着机翼上升力的产生而产生的。升力的产生来源于机翼上、下表面的压强差,即下表面的压强大于上表面。翼尖附近的气流在压差的作用下会由下向上绕,这样既减小了升力,又产生了阻力,这就是诱导阻力。因此,可以说它是为了产生升力而付出的一种代价。

实践表明,诱导阻力的大小与机翼的升力和展弦比有很大关系。升力越大,诱导阻力越大。展弦比越大,诱导阻力越小。

以上四种阻力中,除了诱导阻力与升力有关,其余三种阻力都与升力无关,因此,统称为废阻力。

（2）飞行运动方式和姿态

如果要使无人机进入起飞（爬升）、转弯、下降（俯冲）、着陆等特殊飞行运动方式，就需要相应调整无人机的姿态，下面进行有关受力分析。

①转弯。

a. 水平转弯（正常转弯状态）：如果飞行的飞机处于倾斜状态，那么升力作用在倾斜的方向上，总升力可以分解为两个分力，如图2-2-14所示。其中，一个分力作用在垂直方向，称为垂直分量，垂直升力分量可以与重力抵消；另一个分力作用在水平方向，称为水平分量。

b. 侧滑转弯（非正常转弯状态）：如图2-2-15所示，侧滑转弯分为内侧滑转弯和外侧滑转弯。

内侧滑转弯时，飞机转弯的快慢与倾斜角不对应，飞机会偏航到转弯航迹的内侧。飞机以一定的角速度转弯而倾斜过多时，升力的水平分量大于离心力。升力的水平分量和离心力的平衡通过降低倾斜度、降低角速度或者二者的结合才能建立。

外侧滑转弯是由于离心力比升力的水平分量还大，将飞机向转弯轨迹的外侧拉，表明对于该倾斜角转弯太快了。纠正外侧滑转弯，需要降低角速度，增加倾斜角，或者二者结合。如果要维持一个给定的角速度，那么倾斜角必须随空速变化。在高速飞机上，这一点特别重要。例如，在飞行速度为400 mph（1 mph=1.6093 km/h）时，飞机必须倾斜大约44°才能保持标准的角速度（3°/s）。

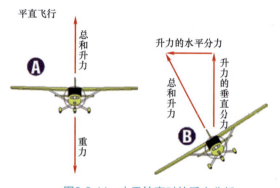

图2-2-14 水平转弯时的受力分析

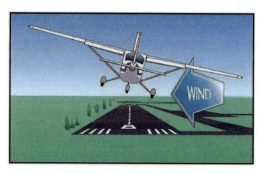

图2-2-15 侧滑转弯

②爬升。

实际飞行中，处于稳定的正常爬升状态的机翼升力和相同空速时平直飞行的升力是一样的。尽管爬升前后的飞行航迹变化了，但当爬升稳定后，对应于上升航迹的机翼迎角又会恢复到与平飞相同的值。只是在转换过程中，会有短暂的变化，如图2-2-16所示为飞机三个爬升阶段。

③下降。

这里的讨论假定下降时的功率和平直飞行时的功率一样。

当升降舵推杆，飞机头向下倾斜时，迎角降低，结果是机翼升力降低。在航迹变成向下时，总升力和迎角的降低是短暂的。航迹向下的变化是由于迎角降低时升力暂时小于飞机的重量。升

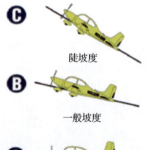

图2-2-16 爬升的三个阶段

力和重力的不平衡导致飞机从平直航迹开始下降。当航迹处于稳定下降时，机翼的迎角再次获得原来的大小，升力和重力会再次平衡。从下降开始到稳定状态，空速通常增加。这是因为重力的一个分量沿航迹向前作用，类似于爬升中的向后作用。总体效果相当于动力增加，导致空速比平飞时增加。

为使下降时的空速和平飞时相同，功率必定要降低。重力的分量沿航迹向前作用将随俯角的增加而增加，相反，俯角减小时重力向前的分量也减小。因此，为保持空速和巡航时一样，下降时要求降低的功率大小通过下降坡度来确定。

（3）固定翼无人机的主要飞行性能

飞行性能是评价无人机优劣的主要指标，主要包括：最大平飞速度、巡航速度、爬升率、升限、航程、飞行半径等。图2-2-17所示为国产民航客机C919的主要性能指标。

①最大平飞速度。

最大平飞速度是飞机的重要性能之一。通常使用发动机最大功率或最大推力（包括加力推力）获得。由于在不同高度上平飞最大速度不同，一般选择其中最大值作为该型飞机的平飞最大速度。

飞机最大平飞速度受发动机推力和阻力影响，与飞行高度相关。长时间最大速度飞行耗油多，易损发动机。通常飞机以省油巡航速度飞行。特殊飞机如歼击机，最大平飞速度是关键指标，单位为千米每小时。

②巡航速度。

巡航速度是指发动机在单位距离消耗燃油最小的情况下的飞行速度。这时飞机的飞行最为经济，航程最远，发动机也不大"吃力"。对于某些飞机（如运输机），巡航速度是一项重要的指标，其单位也是千米每小时。

③爬升率。

爬升率指飞机定常爬升时单位时间增加的高度，以米/秒为单位。"最大爬升率"是某高度下最大油门、不同爬升角所能达到的爬升率的最大值。以最大爬升率飞行时对

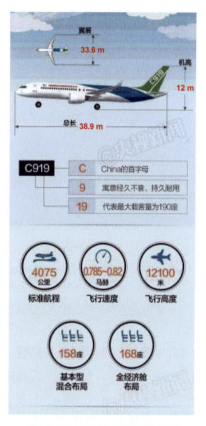

图2-2-17　C919主要性能指标

应的飞行速度称为"快升速度"，以此速度爬升，所需爬升时间最短。飞机爬升性能随高度降低而增强，因发动机推力随高度增加减小。以F-16为例，海平面最大爬升率为305 m/s，高度增加后逐渐降低，至17 000 m时降至12 m/s。

④升限。

上升限度，亦称"升限"，指飞机在规定条件下，靠本身的动力上升所能达到的最高飞行高度。

升限分为静升限和动升限。飞机的静升限是指在标准大气情况下，飞机以最大推力工作状态维持平直飞行的最高高度。飞行的动升限是通过跃升动作达到的最高高度。

上升限度是飞行性能指标之一，直接关系到飞机的作战能力，对于民用无人机而言，

升限直接关系到无人机的作业范围。

⑤航程或续航时间。

航程指无人机一次加油或满电状态下能飞跃的最大距离。以巡航速度飞行时可以获得最大航程或最大续航时间。增加航程的方法包括：增加油箱体积或增大电池容量、提高发动机热效率、减轻无人机重量等。

⑥飞行半径。

无人机从某一机场起飞，执行完任务再返回原机场所能达到的最远单程距离就是飞行半径。理论上，飞行半径应该是航程的一半。但因无人机在飞行过程中需要执行任务，消耗燃料，故一般规定，飞行半径等于航程的25%~40%。

视频
飞机的主要飞行性能和稳定性

（4）飞行控制

固定翼无人机的控制方式主要涉及副翼、方向舵、升降舵和油门等控制舵面的操作，常规布局的固定翼无人机如图2-2-18所示。具体来说：

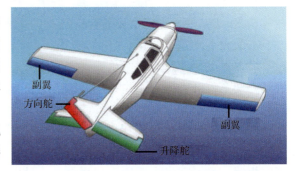

图2-2-18 常规布局的固定翼无人机

①副翼：飞行中可实现固定翼无人机绕纵轴运动，即滚转运动。向左压遥控器上的副翼摇杆，左副翼向上、右副翼向下，此时左边机翼升力减小，右边机翼升力增加，固定翼无人机向左倾斜，发生左滚转。向右压遥控器上的副翼摇杆，右副翼向上，左副翼向下，此时右边的机翼升力减小，左边机翼升力增加，固定翼无人机向右倾斜，发生右滚转。

②方向舵：飞行中可实现固定翼无人机绕立轴运动，即偏航运动。向左压摇杆，方向舵向左偏航，垂直尾翼上的空气动力产生对固定翼无人机立轴的力矩，使机头向左偏转。向右压摇杆，方向舵向右偏航，机头向右偏转。

③升降舵：飞行中可实现固定翼无人机绕横轴运动，即俯仰运动。向前压摇杆，升降舵控制面向下偏转，机尾上方的压力会降低，机尾开始上升，机头降低。向后压摇杆，升降舵控制面向上偏转，机尾上方的压力会上升，机尾开始降低，机头上升。

④油门：起飞时，通过增加油门杆量，固定翼无人机加速到足够的速度，以抬高机头进入爬升姿态。离开跑道一段距离后适当减小油门，使固定翼无人机处于较低的速度，适当拉低升降舵，固定翼无人机的高度则会慢慢降低，当降低到安全高度时，油门杆拉到最低，拉升降舵，使机头稍稍向上，升力也会增加一点，着陆时比较柔和。

此外，固定翼无人机的飞行控制还涉及多种传感器的使用，如地磁感应、超声波传感器、光流量传感器、控制电路、加速度计、气压传感器、GPS模块和陀螺仪等，这些传感器与机载计算机和伺服作动器配合，共同维持无人机的正常飞行姿态。固定翼无人机通常具备两种不同的控制模式，一种是根据设定的目标空速来调整飞机的俯仰角度，以影响空速和高度。另一种是设定飞机平飞时的迎角，根据飞行高度与目标高度的差值，通过PID控制器输出的爬升角来控制飞机的升降舵面，以达到快速调整高度的目的。

（5）飞行稳定性

①飞机的纵向稳定性。

当飞机受微小扰动而偏离原来纵向平衡状态（俯仰方向），并在扰动消失后，飞机能自动恢复到原来纵向平衡状态的特性，称为飞机的纵向稳定性。

在飞行过程中，作用于飞机的俯仰力矩主要是机翼力矩和水平尾翼力矩。当飞机的迎角发生变化时，在机翼和尾翼上都会产生一定的附加升力，这个附加升力的合力作用点称为飞机的焦点。飞机的纵向稳定性主要取决于飞机重心的位置，只有当飞机的重心位于焦点前面时，飞机才是纵向稳定的。如果飞机的重心位于焦点之后，飞机则是纵向不稳定的。重心前移可以增加飞机的纵向稳定性。飞机重心位置与纵向稳定性之间的关系如图2-2-19所示。

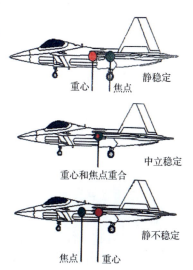

图2-2-19　重心位置与纵向稳定性的关系图

②飞机的航向稳定性。

飞机受到扰动而偏离原来航向平衡状态，而在扰动消失后，飞机如能趋向于恢复原来的平衡状态，就具有航向稳定性。

飞机主要靠垂直尾翼的作用来保证航向稳定性。航向稳定力矩是在侧滑中产生的。飞机的侧滑是一种既向前又向侧方的运动，此时，飞机的对称面和相对气流方向不一致。飞机产生侧滑时，空气从飞机侧方吹来，这时，相对气流方向和飞机对称面之间就有一个侧滑角β。相对气流从左前方吹来叫左侧滑，相对气流从右前方吹来叫右侧滑，如图2-2-20所示。

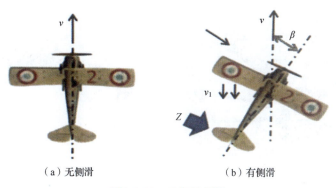

（a）无侧滑　　　　　　（b）有侧滑

图2-2-20　飞机的侧滑

③飞机的横向稳定性。

飞机受扰动以致横向平衡状态遭到破坏，而在振动消失后，如飞机自身产生一个恢复力矩，使飞机趋向于恢复原来的平衡状态，就具有横向稳定性，反之，就没有横向稳定性。在飞行过程中，使飞机自动恢复原来横向平衡状态的滚转力矩，主要是由机翼上反角、机翼后掠角和垂直尾翼的作用产生的。

在飞机平飞过程中，当一阵风吹在飞机的左翼上，使飞机的左翼抬起，右翼下沉，飞机受扰动而产生向右的倾斜，沿着合力的方向沿右下方产生侧滑。此时，空气从右前方吹来，因上反角的作用，右翼有效迎角增大，升力也增大。左翼则相反，有效迎角和升力都减小。左右机翼升力之差形成滚转力矩，从而减小或消除倾斜，进而消除侧滑，使飞机具有自动恢复横向平衡状态的趋势。也就是说，飞机具有横向稳定性。机翼上反角与横向稳定性如图2-2-21所示。

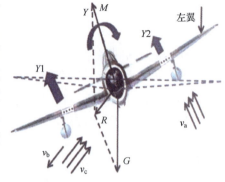

图2-2-21　机翼上反角与横向稳定性

二、多旋翼无人机的结构与飞行原理

1. 结构组成

多旋翼无人机是近些年来才出现的一种无人机形式，由于在独特飞控算法的增稳控制介入下，克服了自身过于复杂的气动力和力矩操作原理，反而表现出一种"简易"的操作特性。

多旋翼无人机（见图2-2-22）通常采用三个及以上的旋翼来控制无人机机体，这一点有点类似于旋翼直升机中的纵式双旋翼或者横式双旋翼结构。整个机体的重力全部由这些旋翼产生的拉力来克服，各个旋翼自身产生力矩由彼此之间相互平衡。因大部分多旋翼都有多个旋翼轴，所以人们也称其为多轴。

目前，多旋翼无人机所需要的各种部件包括机架、电动机、螺旋桨、电调、飞控、GPS、数传模块、图传模块、电池、分电板、插头、云台、遥控器、任务设备等。

（1）机架

如图2-2-23所示，多旋翼无人机的机架通常包括机身（机臂、中心板）和起落架，为多旋翼无人机提供稳定的飞行平台和安全的起降条件，避免机身上的仪器设备受到外力而损坏。此外，机架还通常提供各种零部件的安装接口。

图2-2-22　多旋翼无人机

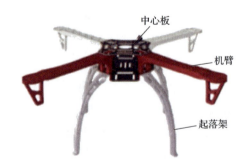

图2-2-23　机架

常见的多旋翼无人机机架材质有三种：

①塑料：具有一定的刚度、强度和可弯曲度，易加工且价格便宜。

②玻璃纤维：刚度和强度比较高，加工困难，价格较高，但密度小，可以减轻整体机架的重量。

③碳纤维：刚度和强度高，加工困难，价格较高，但密度小，可以减轻整体机架的重量。出于结构强度和重量考虑，一般采用碳纤维材质。

轴距是多旋翼无人机的重要尺寸参数，是指多旋翼无人机两个驱动轴轴心的距离，即为对角线上的两电机轴心的距离，如图2-2-24所示。轴距的大小限定了螺旋桨的桨距尺寸上限。

（2）分电板

无人机分电板是实现无人机具备飞行能力的关键元素之一，对于保障飞行安全，稳定供电以及飞行时间的充分利用都有着非常重要的作用，如图2-2-25所示。

图2-2-24　F450的轴距

图2-2-25　分电板

无人机分电板相当于一种电路管理器，它可以将电池的直流电能转化为无人机需要的各种电压，用于驱动电机、光电传感器等。无人机中电机数量较多，需要多条电路供电，分电板可以将电源均衡分配，使得每个电路得到稳定且相等的电压和电流，确保电路间的互相隔离，稳定供电且不会因电路故障或短路等问题影响到其他电机或设备的运行。

（3）插头

①无人机插头种类。

随着无人机技术的不断发展，无人机电池也发生了很多变化。一款优秀的无人机电池不仅需要有良好的续航能力，还需要与无人机配套的电池插头。以下是常见的无人机电池插头种类：

a. T插：T插是一种比较常见的电池插头，如图2-2-26所示。使用广泛的无人机品牌（如大疆）都采用T插。T插和球形插头连接，插头自身具有防反向设计，具有安全性。

b. XT60插头：XT60插头是一种带插销的插头，如图2-2-27所示，可以防止插头掉落。XT60插头的焊接极为简单，且连接可靠，广泛使用于无人机四轴等多旋翼领域。

图2-2-26　T插

图2-2-27　XT60插头

c. XT90插头：XT90插头是XT60插头的升级版，如图2-2-28所示。在电流承受能力和使用寿命等方面都有了很大的提高。适用于较大型的无人机，可以承受更多的功率输出。

d. EC5插头：EC5插头可以承受较大电流和高压，如图2-2-29所示，适用于高功率大型无人机。EC5插头也是插销式插头，安全性较高。

图2-2-28　XT90插头

图2-2-29　EC5插头

②电池插头应用场景。

电池插头的种类多样，不同的插头适用于不同的无人机品牌和型号。以下是电池插头的一些应用场景和注意事项：

T插：T插适用于大疆和多数小型的四轴无人机，建议购买T插连接器及扩展线，以便连通各种电源。

XT60插头：XT60插头适用于不同品牌的大功率四轴飞行器和高速飞行器。在安装和焊接XT60插头时，请注意极性不要倒置，以免机器抱死或者充电器无法充电。

XT90插头：如果需要高电流输出，建议选择XT90插头，注意XT90插头和XT60插头不能相互配合。

EC5插头：EC5插头适用于较大功率的多旋翼飞行器，安装时注意输出功率的大小，不要超过插头规定的范围。

（4）云台

无人机云台，如图2-2-30所示，是指无人机用于安装、固定摄像机等任务载荷的支撑设备。云台的功能主要包括以下两个方面：一是实现云台的自稳功能，也就是稳像功能；二是控制云台在空间方位的转动。

云台就是两个交流电机组成的安装平台，可水平和垂直运动。但要注意区别于照相器材中的云台概念。照相器材的云台一般来说只是一个三脚架，只能通过手来调节方位；而无人机系统所说云台是通过控制系统，在远程可控制其转动及移动的方向。云台转动速度是衡量其档次高低重要指标。云台水平和垂直方向的移动是由两个不同的电机驱动的，因此云台的转动速度也分为水平转速和垂直转速。由于载重的原因，垂直电机在启动和运行保持时的扭矩大于水平方向的扭矩，再加上实际监控时，对水平转速的要求要高于垂直转速。因此，一般来说，云台的垂直转速要低于水平转速。

图2-2-30　云台

（5）遥控器

遥控器是操控手操控无人机必不可少的飞行工具，如图2-2-31所示。虽然无人机的发展方向是脱离地面遥控器的操控，实现完全自动飞行，但对于初学者而言，传统遥控器仍是关键的设备。

遥控器与无人机的通信需要发射器和接收机的协作来完成，接收机如图2-2-32所示。遥控器中的发射器将控制信号转化为无线电波发送给接收机，接收机接收无线电波并将其转换为数字信号，传送到无人机的控制器中。

模块二　认知无人机的组成与基本工作原理

图2-2-31　常见的遥控器　　　　　　　　　　图2-2-32　接收机

通道指的是遥控器可以控制的无人机动作数量。例如，如果遥控器只能控制无人机上下飞行，那就是1个通道。实际控制无人机时，需要控制的动作有：上下、左右、前后、旋转，因此，至少需要4通道遥控器，如图2-2-33所示。

图2-2-33　遥控器通道示意图

第一通道一般指副翼（aileron）。在多旋翼里，用来控制和改变机身横滚方向的姿态变化。

第二通道指升降（elevator）。在多旋翼里，升降通道是用来控制机身前进与后退的。美国手，右边摇杆向上推，机身向前飞行；向下拉，机身向后退。日本手则是左边摇杆的上下摆动控制飞机前进与后退。

第三通道指油门通道（throttle）。顾名思义，是用来控制发动机或电机转速的。美国手是左边摇杆的上下摆动来控制油门大小，摇杆向上推，电机转速增加，多旋翼向上拉升。日本手是利用遥控器的右边摇杆的上下摆动来控制油门输出。

第四通道指方向舵（rudder）。在多旋翼里，用于改变机头朝向。我们在控制飞机飞行的时候，更直观的感受是机身在做自旋转。所以，我们平时也大多叫方向舵为"旋转"。美国手是左边摇杆左右摆动控制机头朝向，这一点与日本手一样。

除了四个主控制通道，遥控器还有其他控制杆或旋钮，用户可以自行定义。这些辅助通道在原理上与主控制通道没有什么不同，通常用作无人机的特殊功能开关，如控制云台姿态，控制照相机快门，或控制其他功能开关等。辅助通道的读数也会由遥控器发送给接收机，并由接收机将这些数值发送给无人机控制器，最终由无人机决定这些辅助通道如何控制某项功能。

在传统功能的基础上，还有许多遥控器都装备了先进的定位系统，使用GPS、地面测绘技术和无线通信技术等技术手段，帮助用户清晰地了解无人机在空中的位置和运行路径。此外，遥控器也可以通过导航功能设定飞行路线和航点，以及实现全自动驾驶等功

103

能，还有高清摄像头和实时图像传输功能、多种飞行模式、手势控制等高级操作功能，使得用户可以更灵活地掌握无人机的飞行和拍摄。

2. 气动布局

视频
多旋翼无人机的气动布局

无论多旋翼无人机是四轴、六轴、八轴还是三轴、五轴，亦或者是品牌无人机、DIY无人机等某一种具体形式，在总体布局方面却表现出一种比较高的相似度。

多旋翼无人机一般采用轴对称总体布局形式，中央位置集中布置飞控、GPS、电池、任务设备等，四周均布设有发动机支架和螺旋桨。这种发动机支架的布置方式种类很多，三旋翼无人机常见的有Y字形，四旋翼无人机一般以X、H、十字形为主，五旋翼、六旋翼、八旋翼等无人机一般都是环绕型均布。除此之外，一些更多旋翼的无人机布局形式基本上都是在六旋翼、八旋翼的基础上演化而来，即在一个支架上如同树枝分叉一样衍生出多个单独支架，从而满足大量旋翼和发动机的安装需求。

由于旋翼数目为偶数，力矩平衡一般采用对外平衡策略，即一对支架上的两个旋翼旋转方向是一样的，另一对支架两个旋翼旋转方向与之前的一对相反，每一对的力矩相互形成平衡关系。

对于十字形四旋翼布局（见图2-2-34），由于无人机无论是前飞、侧飞、倒飞都有一个支架会干扰到任务设备的视角，并且也不利于机架折叠收放，因此慢慢地成了非主流形式。

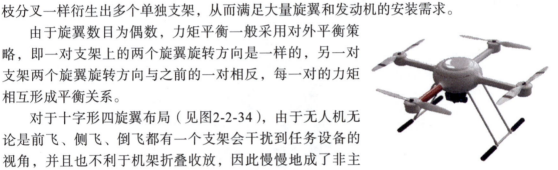

图2-2-34 十字形四旋翼无人机

X型如图2-2-35所示，H型如图2-2-36所示（和X型类似）。两种布局形式成为四旋翼无人机最经典的总体布局方案，在很多品牌无人机产品中得到体现。

图2-2-35 X型四旋翼无人机

图2-2-36 H型四旋翼无人机

X型布局是最为常见的四旋翼无人机机架布局类型，四个电机分别安装在机架四个角落，形成一个X字型布局。X型布局的优点在于机身结构紧凑，转弯便利，飞行稳定，适用于比较高速的飞行场景。不过，由于机架上下空间有限，增加附加设备比较困难，所以该布局类型适用于以速度和灵活性为主要需求的场景。

H型布局的四个电机分别安装在横向和纵向的两个臂上，形成一个H字型布局。优点在于机身结构稳定，机架结构比较牢固，适用于能承受较大载重和需要高稳定性的场景。不过由于机身比较长，转弯半径相对较大，速度和机动性稍逊于X型布局。

3. 飞行原理

（1）垂直运动（升降控制）

如图2-2-37所示，当同时增加四个电机的输出功率，螺旋桨转速增加使得总的升力增大，当总升力足以克服整机的重量时，四旋翼无人机便离地垂直上升。反之，同时减小四个电机的输出功率，四旋翼无人机则垂直下降，直至平衡落地，实现了沿 z 轴的垂直运动。当外界扰动量为零时，即螺旋桨产生的升力等于四旋翼无人机的自重时，四旋翼无人机便保持悬停状态。保证四个螺旋桨转速同步增加或减小是垂直运动的关键。

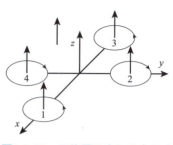

图2-2-37　四旋翼无人机垂直运动

（2）俯仰运动（前后运动）

如图2-2-38所示，电机1的转速上升，电机3的转速下降，电机2和电机4的转速保持不变。为了不因为螺旋桨转速的改变引起四旋翼无人机整体扭矩与总拉力改变，螺旋桨1与螺旋桨3转速变量的大小应相等。由于螺旋桨1的升力上升，螺旋桨3的升力下降，产生的不平衡力矩使机身绕 y 轴旋转，旋转方向如图2-2-39所示。四旋翼无人机首先发生一定程度的倾斜，从而使螺旋桨升力产生水平分量，可以实现四旋翼无人机抬头，向后飞。同理，当电机1的转速下降，电机3的转速上升，机身便绕 y 轴向另一个方向旋转，无人机低头，向前飞。如此，便实现了对四旋翼无人机的俯仰运动及前后运动控制。

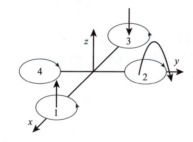

图2-2-38　四旋翼无人机俯仰运动

图2-2-39　旋转方向示意图

（3）滚转运动（左右运动）

与俯仰运动的原理相同，如图2-2-40所示，改变电机2和电机4的转速，保持电机1和电机3的转速不变，则可使机身绕 x 轴旋转（正向和反向），实现四旋翼无人机的滚转运动。同时，四旋翼无人机首先发生一定程度的倾斜，从而使螺旋桨升力产生水平分量，因此可以实现四旋翼无人机的侧向飞运动。例如，电机4的转速上升，电机2的转速下降，电机1和电机3的转速保持不变，无人机左滚，向左运动。

（4）偏航运动

四旋翼无人机偏航运动可以借助螺旋桨产生的反扭矩来实现。螺旋桨转动过程中，由于空气阻力作用，会形成与转动方向相反的反扭矩，为了克服反扭矩影响，可使四个螺旋桨中的两个正转，两个反转，且对角线上的各个螺旋桨转动方向相同。反扭矩的大小与螺旋桨转速有关，当四个电机转速相同时，四个螺旋桨产生的反扭矩相互平衡，四旋翼无人机不发生转动。当四个电机转速不完全相同时，不平衡的反扭矩会引起四旋翼无人机转动。如图2-2-41所示，当电机1和电机3的转速上升，电机2和电机4的转速下降时，螺旋桨1和螺旋桨3对机身的反扭矩大于螺旋桨2和螺旋桨4对机身的反扭矩，机身便在富余反扭矩的作用下绕z轴转动，实现四旋翼无人机向右偏航运动，转向与电机1、电机3的转向相反。

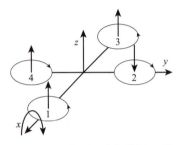

图2-2-40　旋翼无人机滚转运动

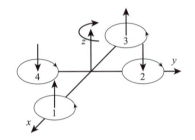

图2-2-41　四旋翼无人机偏航运动

三、垂直起降固定翼无人机的结构与飞行原理

1. 定义和分类

垂直起降固定翼无人机，顾名思义，就是不需要滑跑就可以完成起飞和降落的固定翼无人机。垂直起降固定翼无人机因其续航时间长、作业效率高、活动半径大等特点，广泛应用于交通监管、油田管道巡检、测绘、森林巡检等行业，应用前景非常广阔。

根据布局形式，垂直起降固定翼无人机主要分为三类：尾座式、复合翼和倾转旋翼。

（1）尾座式

尾座式无人机是一种以尾部翅膀为主要结构的无人机，如图2-2-42所示。与传统的固定翼无人机和旋翼无人机不同，它的稳定性来自尾部翅膀的设计，而不是机身的支撑。

尾座式无人机具有快速起飞、小巧轻便、操控灵活、可靠性高等特点。其结构独特，仅需要一小块平地或者在手持的情况下进行起降和悬停，适宜于进行短距离飞行。

（2）复合翼

复合翼无人机是在固定翼无人机的基础上加装一套多轴的旋翼系统与前拉马达，形成复合翼的垂直起降无人机，如图2-2-43所示。复合翼无人机的优势在于结构简单、维护便利、成本相对低、有效载荷大、爬升率高、续航时间长、高原性能好。随着可靠性进一步提升、成本进一步降低，复合翼将成为垂直起降主流方式，是未来发展趋势。

图2-2-42　尾座式无人机

图2-2-43　复合翼无人机

(3)倾转旋翼

倾转旋翼无人机是在固定翼上安装一套可以旋转的机翼,如图2-2-44所示。根据旋转的模式不同,飞机具有不同的飞行特性。当倾转机翼处于垂直状态时,飞机可悬停、侧飞、后飞、垂直起降等。当倾转机翼处于水平状态时,飞机即相当于固定翼飞机,能做高速远程飞行。

2. 复合翼无人机飞行模式与结构组成

复合翼无人机同时具备了多旋翼无人机和固定翼无人机的优点,使固定翼无人机摆脱了对于场地的要求,实现了垂直起降。除此之外,利用多旋翼的垂直升降能力,可以实现固定翼无人机的垂直爬升避障和原地迫降,大大提高了无人机的飞行安全性。复合翼无人机的组成如图2-2-45所示。

图2-2-44 倾转旋翼无人机

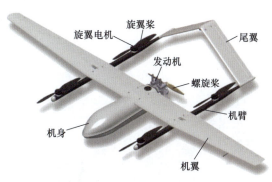

图2-2-45 复合翼无人机组成

(1)飞行模式

复合翼无人机完成一次飞行任务会经历五个过程:垂直爬升阶段、旋翼-固定翼过渡阶段、巡航阶段、固定翼-旋翼过渡阶段和缓速下降阶段,其飞行过程如图2-2-46所示。

图2-2-46 复合翼无人机的飞行模式

根据复合翼无人机的五个飞行过程可以看出,它的飞行状态可以分为三大类:垂直起降阶段、过渡阶段以及固定翼巡航阶段,各飞行状态的特点为:

①垂直起降阶段以多旋翼为主,多个旋翼提供无人机所需的全部升力,具有多旋翼无人机的主要特性。

②固定翼巡航阶段是以固定翼为主,由机翼提供全部升力,具有固定翼无人机的主要特性。

③过渡阶段的特性比较复杂,是复合翼无人机独有的特性,此时无人机的升力由多个旋翼和机翼共同提供,共同参与无人机的控制。

(2)结构组成

复合翼无人机是由多旋翼系统和固定翼系统两种系统组成,通过相关结构将两个系统结合在一起,如图2-2-47所示,通过飞控计算机实现两个系统的协调控制。

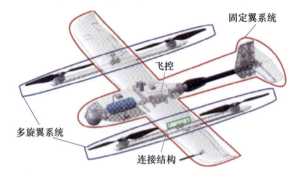

图2-2-47 复合翼无人机系统

①多旋翼系统。

根据各部分在工作中的作用,将多旋翼系统(见图2-2-48)分为机体结构、动力装置和飞控三部分。

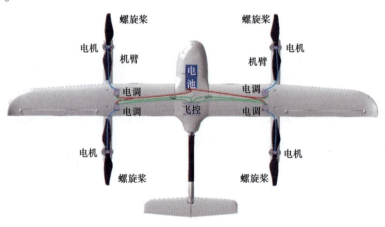

图2-2-48 多旋翼系统组成

多旋翼系统在复合翼工作过程中发挥着至关重要的作用,其主要作用包括:多旋翼系统主要保障了复合翼无人机在起降阶段的飞行工作;通常情况下,多旋翼系统的载重能力决定了复合翼无人机的最大起飞重量;多旋翼系统的可靠性决定复合翼无人机在起降阶段的安全性;多旋翼系统在复合翼无人机的迫降和固定翼飞行阶段的尾旋改出中都发挥着重要作用。

a. 机体结构。多旋翼系统的机体结构主要指的是机臂。机臂是连接多旋翼系统和固定翼系统的结构,在复合翼无人机整机承载过程中,机臂是无人机在起降阶段主要的承力点,因此机臂需要很高的强度和可靠性。机臂也经常作为尾翼的尾撑使用。

b. 动力装置。由于燃油发动机的响应速度慢,不适合作为多旋翼系统的动力装置,因此目前主流的多旋翼系统的动力驱动方式是以电池驱动电机,电机带动螺旋桨产生拉力。

多旋翼系统的动力装置组成包括电池、电子调速器（电调）、电机、螺旋桨，如图2-2-49所示。

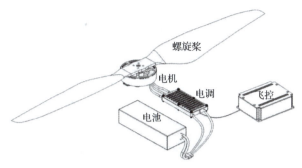

图2-2-49　旋翼系统的动力系统

②固定翼系统。

复合翼无人机的固定翼系统主要运行在巡航作业阶段。固定翼系统与多旋翼系统相比，其优点在于：可靠性高、气动效率高、飞行稳定性好、操控简单、平台振动小。固定翼系统主要由机体结构、航电系统、推进系统和任务载荷组成。固定翼系统组成如图2-2-50所示。

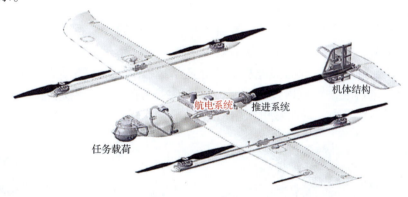

图2-2-50　固定翼系统组成

a. 机体结构。复合翼无人机中常见的布局形式有常规布局、V尾布局、飞翼布局和鸭翼布局。这些布局形式主要是气动方面的不同，机体结构的形式基本类似，即蒙皮骨架的结构形式。

机体结构是无人机的受力和传力部件，因此，在需要满足一定的结构强度和刚度的前提下尽可能降低结构重量。机体结构部件包括机翼、机身、尾翼，如图2-2-51所示。

图2-2-51　机体结构

b. 航电系统。航电系统是固定翼系统的控制系统，是整个固定翼系统的核心部分，包含飞控计算机、舵机、气压计、GPS、磁罗盘、空速管等部件，如图2-2-52所示。无人机航电系统作为无人机系统中重要的组成部分，承担着无人机飞行控制、导航、数据通信管理、执行相关任务等工作。

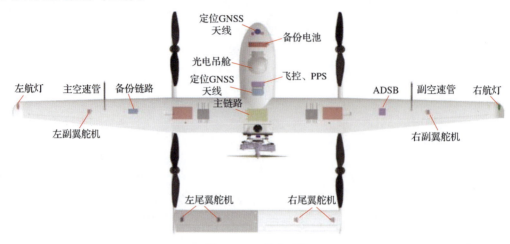

图2-2-52　航电系统

航电系统一般包括飞行控制系统、导航系统、空中交通管制系统等，对于目前绝大多数工业级、消费级无人机产品来说，空中交通管制系统通常不安装。

c. 推进系统。固定翼系统的推进系统是指复合翼无人机的平飞动力总成，包含电源系统或燃油系统、电机或发动机以及螺旋桨，如图2-2-53所示。平飞所需推力是由螺旋桨的拉力提供的，螺旋桨是由发动机或电机驱动的。

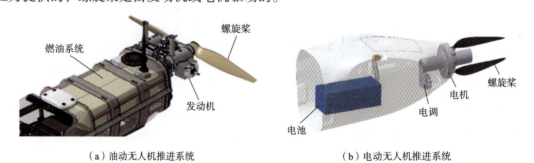

（a）油动无人机推进系统　　　　　　（b）电动无人机推进系统

图2-2-53　推进系统

d. 任务载荷。任务载荷是为了某项飞行任务，无人机搭载的设备。复合翼无人机常集成的载荷有测绘相机、激光雷达、光电吊舱、多光谱相机等。

任务实施

步骤一　信息收集与自主学习

1. 学生自由组队，每组3~5人，并明确各成员的任务分工。
2. 利用学校无人机实训室资源，观察并记录多旋翼、固定翼和垂直起降固定翼无人机的实物。

模块二 认知无人机的组成与基本工作原理

3. 利用网络资源，收集相关无人机的图片、参数、技术文档等。
4. 自主学习，了解各种无人机的结构、工作原理、应用场景等。

✅ **步骤二　综述报告撰写**

1. 将收集到的资料进行分类整理，筛选出有价值的信息。
2. 概述无人机技术的背景、发展现状和趋势。
3. 分别介绍多旋翼、固定翼和垂直起降固定翼无人机的结构、工作原理、参数等。
4. 每组准备一个PPT或报告文档，进行小组间的分享和交流。

✅ **步骤三　实训设备验证与讨论**

1. 预约实训室使用时间，准备必要的实训设备和工具。
2. 实际操作多旋翼、固定翼和垂直起降固定翼无人机，观察其结构和工作过程。
3. 记录实验数据，如飞行速度、稳定性、操控性等。
4. 分析实验结果。

✅ **步骤四　总结与反馈**

1. 根据实训操作和讨论结果，撰写总结报告，总结本次实践任务的收获和体会。
2. 组织一次班级或小组会议，各组展示总结报告，分享学习经验和心得。
3. 对本次实践任务进行反思，找出不足之处，提出改进建议。

任务评价

整个任务完成之后，让我们来检测一下完成的效果吧，具体的测评细则见表2-2-1。

表2-2-1　任务完成情况的测评细则

评价内容	分值	评价细则	量化分值	得分
信息收集与 自主学习	28分	1. 资料收集的完整性、准确性	7分	
		2. 合理利用多种资源进行信息收集	7分	
		3. 自主学习的深度和广度	7分	
		4. 展现出强烈的求知欲	7分	
项目具体实施 与成效	52分	1. 报告结构清晰、内容丰富、逻辑性强	13分	
		2. 实训设备操作的熟练程度与规范性	13分	
		3. 分享交流时讨论积极、深入	13分	
		4. 提出有价值的观点和建议	13分	
职业素养与 职业规范	20分	1. 具备较强的团队合作精神	4分	
		2. 认真负责、积极参与	4分	
		3. 遵守实训规定和安全操作规程	4分	
		4. 工作态度和纪律性符合要求	4分	
		5. 具备较强的安全意识	4分	
总计		100分		

巩固练习

1. 简述固定翼无人机的组成部分和各部分作用？
2. 影响固定翼无人机的纵向稳定性有哪些？
3. 简述四旋翼无人机的前后、左右、上下和左右旋转时，各个螺旋桨转速有哪些变化。
4. 简述复合翼无人机的优势。

任务拓展

随着国家智慧城市的全面推进，物联网、云计算、5G网络等前沿技术将深度融入城市发展的各个领域，显著提升城市的智能化水平。

《智慧城市试点指标体系》覆盖保障基础设施、智慧建设与宜居、管理与服务、产业与经济四大领域。其中，强调完善网络基础设施、构建公共平台与数据库，并提出无线网络覆盖、基础数据库建设和信息安全等要求。智慧建设与宜居侧重数字化管理、建筑节能、垃圾分类等，打造舒适环境。智慧产业与经济则强调产业规划、升级与新兴产业发展。当前，数字地球理念推动资源高效利用，无人机遥感技术因高效获取数据在智慧城市中发挥重要作用，助力城市向更高效、智能发展。

任务要求

1. 结合复合翼无人机的特点，通过网络查阅等手段搜集复合翼无人机在智慧城市建设中的应用场景都有哪些。
2. 每个应用场景分别用到了复合翼无人机的哪些技术？

任务三　了解无人机的感知系统

任务目标

知识目标：

1. 了解常用的传感器。
2. 了解获取处理数据的方法。

技能目标：

1. 掌握各种传感器的主要功能。
2. 了解各种传感器的优缺点。
3. 了解各种传感器的工作原理。

素质目标：

1. 培养学生团队合作意识和能力。
2. 提升学生自主学习的能力。

🌸 任务描述

人类依赖自身的感觉器官来捕捉外界信息，但在深入研究自然现象、探索科学规律及开展生产活动时，这些器官的功能显然有所局限。随着新技术革命的浪潮席卷全球，我们已迈入信息时代，其中，获取准确、可靠的数据成为至关重要的任务。为了应对这一挑战，传感器应运而生，成为我们连接自然与生产领域信息的桥梁和关键工具，它们被誉为"电五官"，极大地延伸了人类的感知能力。

如果将飞控系统比作无人机的"大脑"，那传感器就相当于无人机的"五官"。无人机利用这些传感器采集飞行姿态等动态信息并输送给飞控计算机，经飞控计算机处理后输出给执行机构，进而由执行机构控制无人机的飞行姿态和稳定。因此，飞控系统要精准地完成控制任务，离不开传感器反馈的信息。

任务要求

1. 分组讨论：无人机上常使用的传感器有哪些？各有什么作用？
2. 结合现有设备组装一架无人机，并为此选择合适的传感器。
3. 结合实际生产任务，选择合适的摄影设备。

🧭 知识链接

一、常用的传感器

1. 陀螺仪

无人机自动飞行的关键元素是一个稳定的姿态和飞行角度。在这方面，陀螺仪在无人机控制系统中起着关键作用。它不仅可以测量和检测无人机的旋转运动，还可以通过调整舵面的位置来帮助无人机保持前进方向和航向的稳定性，从而保持其在空中的平衡和稳定性。

根据陀螺仪的工作原理，可以分为机械陀螺仪、激光陀螺仪、光纤陀螺仪、微机械陀螺仪。

（1）机械陀螺仪

机械陀螺仪指的是采用自转转子转动或载体的振动产生陀螺力矩来测量角运动的陀螺仪，如图2-3-1所示。

无人机领域（特别是军用无人机）使用的陀螺仪主要是机械式，具体包括方向陀螺仪、速率陀螺仪、垂直陀螺仪和陀螺罗盘等。

图2-3-1　机械陀螺仪

方向陀螺仪是一台同时测量无人机的纵向、横向、航向三个自由度的设备，也称三自由度陀螺仪，通过测量陀螺的旋转角速度和角度，来确定物体的旋转状态。当物体发生旋转时，三个陀螺会在其各自的轴向上产生一个定向的旋转运动，这个运动被称为"陀螺的进动"。

垂直陀螺仪是在方向陀螺仪的基础上进行改良，装置于无人机机体内部，用于时刻指示水平参考平面和垂直参考平面的仪器设备。垂直陀螺仪和方向陀螺仪同时作用，才可以更完整地实时显示无人机空中运行姿态。

速率陀螺仪则是单纯性二自由度机械式陀螺，主要用来测量载体的角速度及角加速度。

陀螺罗盘是依靠陀螺指向效应时刻寻找正北方向的设备，其本质上仍是一台三自由度陀螺仪。其外环轴垂直向下设置，转子轴则保持水平方向，正端指向正北方向。在支点下方有一个不平衡小锤固结于内环，构成偏心重力陀螺仪。随着机体运动，当转子轴偏离正北方向时，偏心重力陀螺就随之产生一个修正力矩，推动转子轴恢复到正北方向，从而实现一直对着正北方向的功能。

当方向陀螺仪、垂直陀螺仪、速率陀螺仪、陀螺罗盘共同作用时，就可以实时测量飞行器空中姿态、速率变化等情况，如果能够结合起飞时的初始数据，就可以完整地绘制飞行器空中飞行轨迹，这一点对于飞行控制，尤其是自动飞行控制至关重要。

（2）激光陀螺仪

激光陀螺仪利用激光光程差测量角位移，如图2-3-2所示。封闭空腔内设置高精度等边三角形（或四边形），顶点配置反射镜，激光发生器发射两条相同但方向不同的激光。静止时，光束返回时间相同；运动时，两束激光波长和频率因方向不同而变化，产生干涉条纹。条纹数量与转动角速度成正比，解码后可得测量数据。为提高精度，空腔采用热膨胀系数小的材料制造。

（3）光纤陀螺仪

光纤陀螺，也称光纤角速度传感器。光纤陀螺和环形激光陀螺一样，具有无机械活动部件、无预热时间、不敏感加速度、动态范围宽、数字输出、体积小等优点。

光纤陀螺仪（见图2-3-3）的工作原理是基于塞格尼克效应，在完全闭合的光学环路中，当两束光从同一点向两个相反方向出发，并最后回到原点时，如果整个光学环路静止，那么两束光应该没有任何差异；反之，如果光学环路和外界惯性空间之间是旋转状态，那么这两束光波就会产生差异，具体而言就是光束的相位差和角速度成正比关系。

图2-3-2　一种国产激光陀螺仪

图2-3-3　光纤陀螺仪

相对于机械陀螺仪，光纤陀螺仪没有旋转部件和摩擦部件，因此寿命长，动态范围大，启动快，结构简单，尺寸小，重量轻。相对于激光陀螺仪，光纤陀螺仪没有闭锁问题，而且成本低、价格便宜。

（4）微机械陀螺仪

微机械陀螺仪简称MEMS，如图2-3-4所示，是一种新型的多学科交叉技术，涉及机械、电子、化学、物理、光学、生物、材料等多学科。

图2-3-4 微机械陀螺仪

MEMS工作原理基于"科里奥利力",质点径向运动受切向力,与旋转速度成正比。MEMS由两电容板构成,第一个是类似"梳子"的驱动部分,第二个由固定传感器电容组成。驱动部分靠电容施加振荡电压引发径向运动,传感器电容接收"科里奥利力"下电容变化,换算得到运动角速度。

以上几种常见的陀螺仪的特点与应用领域见表2-3-1。

表2-3-1 常见陀螺仪的特点与应用领域

种类	精度	应用领域	特点
机械陀螺仪	高精度	固定翼无人机	快速启动能力差,可靠性不高。此外,机械陀螺仪的整个设备重量和体积也比较大
激光陀螺仪	超高精度	应用于高端的有人机领域和航天领域;中、大型高端军用无人机,民用无人机领域很少见	精度最高、启动速度快、抗冲击效果好、重量轻、寿命长,但是生产加工工艺要求严格,成本较高
光纤陀螺仪	中低精度范畴	主要集中在中小型军用级产品上,少量工业级无人机产品也会应用	生产工艺相对简化,相比于激光陀螺仪,成本价格也大幅下降
微机械陀螺仪	最低精度水平	有人机领域极其少见;在无人机中用于消费级无人机和部分工业级无人机	工艺简单,适合大规模生产,生产成本低

2. 加速度计

加速度计也称加速度传感器,是一种可以测量飞行器在某一方向上的线加速度的传感器。通常情况下,飞行器需要采集三个自由度方向上的加速度值,因此每个方向都需要设置加速度计。现在的飞行器上通常安装三轴加速度计(见图2-3-5)。

加速度计一般由质量块、阻尼器、弹性元件、敏感元件和适调电路等部分组成。传感器在加速过程中,对质量块所受惯性力的测量,利用牛顿第二定律获得加速度值。根据传感器敏感元件的不同,常见的加速度传感器包括电容式、电感式、应变式、压阻式、压电式等。

图2-3-5 三轴加速度计

3. 高度表

气压计是一种根据托里拆利的实验原理制成的一种利用外界大气气压来测定无人机飞

行高度的传感器。根据大气压与海拔高度之间的关系，地球上的大气压强随着海拔的升高而降低，海拔高度在3 000 m以下，海拔高度每升高12 m，大气压强就减小1 mmHg，约为133 Pa，如图2-3-6所示。实际上，测量高度的气压计是压阻式压力传感器，无人机利用这种气压计测量出来的飞行高度是气压高度，也就是相对于标准海平面的高度值，并不是无人机此时距离地面的高度值。目前，国内的气压参考标准海平面都是以山东省青岛市附近海域的全年平均海平面为基准的。因此，如果气压高度表显示的数值为1 000 m，那么物理含义就是相对于青岛海平面的高度值。

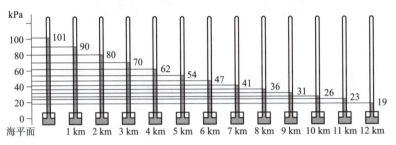

图2-3-6　气压与海拔高度关系图

对于无人机的低空飞行，气压高度的波动对飞控影响比较大，会造成无人机出现"忽高忽低"的晃动现象。为了解决这一问题，就促使我们采用新的高度测量技术，传统航空工程领域多使用无线电高度表、激光高度表等高精度的测高仪器，而在无人机领域，以无线电高度表为主，其工作原理如图2-3-7所示。

无线电高度表是一种以地面（或海面）作为反射面的一种测高雷达，其测量的高度为无人机到地面的真实高度。工作时，无线电发射器通过向地面发射无线电波，当此无线电波接触地面（或海面）并反射回接收器时，记录这一过程耗时时间，由于电磁波在空气中传播的速度约等于光速，且发射波是全向扩散的，因此，完全可以忽略飞行器在空中的位移量对高度测量的影响。高度值实际就等于无线电波在空气中传输速度与耗时乘积的一半。它能在各种气候条件下精确测量飞机离地面（或海面）的相对高度，是现代飞机上必要的导航设备之一。

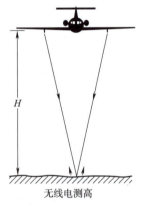

图2-3-7　无线电高度表工作原理图

无线电高度表测量的飞机高度是无人机距离地面的相对高度，这一点和气压高度表有着本质不同。无线电高度表的测量精度比较高，不受天气、地形、地面建筑物等的干扰，测量误差可以达到厘米级，整体性能可靠性比较高。

此外，精度更高的激光高度表原理与无线电高度表类似，其通过向地面发射一个很窄的激光光速，通过接收地面的反射光来测量实时高度，由于激光能量集中，抗其他电磁波干扰能力强，因此，激光高度表精度极高，通常能达到毫米级水准。但是这种高度表成本较高，主要应用于特殊飞行器或者航天飞行器中，在无人机领域极其少见。

4. 超声波传感器

无人机上广泛使用的超声波传感器是一种用来识别与障碍物之间距离的装置，如

图2-3-8所示。超声波传感器是将超声波信号转换成其他能量信号（通常是电信号）的传感器，由超声波发射器、接收器、控制部分和电源组成。其工作原理与无线电高度表、激光高度表类似。通过超声波发射器向某一方向发射超声波，当超声波在空气中传播，遇到障碍物就会立刻返回来，超声波在空气中的传播速度为340 m/s，通过计时器记录的超声波传播时间就可计算出发射点距离障碍物的距离。

5. 光流传感器

光流传感器是一种基于光学原理的传感器，如图2-3-9所示，它可以通过感知光线的变化来实现精准位置定位。从硬件上来看，它本身就是一台高清摄像机。通常情况下，光流传感器会通过摄像头对周围环境进行拍摄，然后通过图像处理算法计算出图像中物体的运动轨迹和速度信息，从而获取物体的位置信息。光流传感器一般需要配合其他惯性测量单元（如加速度计、陀螺仪等）一起使用，以提高位置测量的精度和稳定度。通过光流传感器、视觉里程计和声波传感器三者同时工作，就如同形成了一个小型惯性导航系统，可以不依赖其他定位系统为无人机提供定位、导航的作用。因此，在高端的多旋翼无人机中采用这一套系统时，就可以在突然丧失定位信号、中断地面遥控信号等意外情况下，立即启动光流导航定位功能，能够让无人机继续执行任务或者安全返航，从而提高了无人机产品的可靠性。

图2-3-8 超声波传感器

图2-3-9 光流传感器

6. 空速管

无人机上的空速管是用来测量飞行速度的关键装置。它通过感受气流的总压（全压）和静压，并将测得的压力数据传送给大气数据计算机和飞行仪表，从而确定飞机的飞行速度。

空速管测量出来的速度并非是无人机相对于地面的速度，而是相对于大气的速度，所以称为空速。如果有风，飞机相对地面的速度（称地速）还应加上风速（顺风飞行）或减去风速（逆风飞行）。另外空速管测速原理利用到动压，而动压和大气密度有关。同样的相对气流速度，如果大气密度低，动压便小，空速表中的膜盒变形就小。因此，现代的空速表上都有两根指针，一根比较细，一根比较粗。粗的指针是指示空速，而细的一根指示的是经过各种修正的相当于地面大气压力时的空速，称为真实空速。

在对无人机进行维修保养时需要特别注意，必须使用专门的保护罩封闭空速管，防止空气中的杂质、异物等渗入空速管内部，造成气压管道堵塞，导致无法正常测量气压。当然，飞行前必须将这种保护罩摘除，否则就会阻碍空速管正常工作。因此，这种保护罩一般都是采用最为醒目的红色，有的还会在保护罩上留有带有文字的警示条，如图2-3-10所示，避免地勤机务工作的失误。

7. 舵机

舵机是一种位置或者角度的伺服驱动器，是在自动驾驶仪中操纵飞机舵面（操纵面）转动的一种执行部件，如图2-3-11所示，在无人机领域应用非常广泛。

图2-3-10　空速管

图2-3-11　舵机

根据工作原理不同，舵机通常分为液压式和电动式两种。传统有人机上曾经普遍使用液压式，液压式舵机系统体积大、重量重，还需要额外配置液压油、气，占据了飞行器上宝贵的重量分配和体积空间。无人机一般使用的是电动式舵机，又称伺服马达，是一种具有闭环控制系统的机电结构。舵机主要是由外壳、电路板、无核心马达、齿轮与位置检测器所构成。

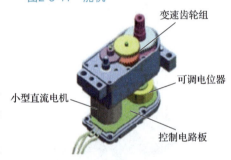

图2-3-12　电动舵机的结构

常见的电动舵机结构比较简单，外部包括上壳、中壳、下壳，内部包括控制电路板、变速齿轮组、可调电位器、小型直流电机，如图2-3-12所示。

二、获取处理数据的方法

无人机作业数据的获取和处理对于它的作业成果至关重要，其中，以光学摄影设备作为载荷获取作业数据的应用最为广泛。

在成像领域，使用不同性质的电磁波照射目标物体并接收其反射波，通过对反射波的计算就可以转换成人类可以识别的静止图像或者动态视频。在无人机领域，通常会搭载各种专用设备来捕捉这种信号。根据光源波长的不同，相机可分为可见光照相机和红外线照相机。

捕捉自然光成像的设备有光学相机，如现在广泛使用的数码相机、单反相机等，在这种平面图像的基础上，还发展出了更为立体的VR成像设备。此外，还有专门捕捉夜晚星空提供的微弱可见光的微光成像相机。

捕捉红外线的设备有热成像仪，主要接收目标体发射出的红外热信号，从而能够在夜晚，甚至隔墙都能对目标进行监控。

（1）普通光学相机

普通光学相机的成像原理和早期的机械式相机类似，只是将原来的胶卷感光换成了感光电子元器件，并加入了图像解码模块，从而实现将光学感光图像转换成标准的电子图片，其成像原理如图2-3-13所示。

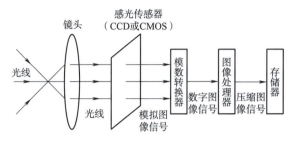

图2-3-13　数码相机的成像原理

目前数码相机有单反相机、卡片相机、长焦相机、微单相机等种类，而在消费级和工业级无人机领域中，主要使用卡片相机和一种改进版本的单反相机。这些相机的主要参数有传感器、ISO、像素、分辨率、工作模式、曝光模式、存储格式等，如图2-3-14所示。

视频●
普通光学相机

①传感器。

传感器是数码相机的感光元器件，如图2-3-15所示，将光信号转换成电信号，目前主要有两种类型：CCD和CMOS。CCD（charge-coupled device，电荷耦合元件）设置一系列微小感光元件矩阵并通过与之配套的二极管进行信号转换。与CCD对应的是CMOS（complementary metal oxide semiconductor，互补金属氧化物半导体），这种半导体技术之所以被应用到数码相机领域，主要得益于其本身的制造工艺。由于采用微电子集成加工工艺，因此CMOS的制造成本要比CCD低，有利于大规模快速生产。两者成像技术的差异较大，并不能简单地依靠一个性能参数来进行评价，需要综合考量。

图2-3-14　无人机领域中使用的数码相机　　　　图2-3-15　数码相机中的传感器

②ISO。

ISO称为感光度，用于衡量数码相机对光线的灵敏度或者感知程度，由国际标准化组织（英文简称也是ISO）制定了全球统一标准，目前最低值为ISO 6，最高值为ISO 25600。数值越高则表示感光度越高，相机拍摄品质越好。大多数数码相机的感光度都可以在一定范围内调节，目前很多高端的无人机机载相机感光度都能达到比较高的级别。图2-3-16所示为感光三要素示意图。

③像素。

数码图片是用一个大型矩阵来显示图片的，其中每一个矩阵点就是一个基本像素点，每个像素点的颜色彼此不同，从而能够展现出丰富的画面。像素点越多，表现的图片清晰度就会越高。

④分辨率。

分辨率包括图像分辨率和视频分辨率，实际上是对像素的一种具体使用分配方法，分辨率越高图像细节显示得越好，但是需要的存储空间就越大，以常见的5 280×2 970分辨率为例，就需要5 280×2 970 = 15 681 600 B（即1 500万像素），约15.7 MB的空间，如果以每秒28帧频率拍摄视频，则每一秒就需要439 MB空间。图2-3-17所示为相机分辨率测试图。

图2-3-16　感光三要素

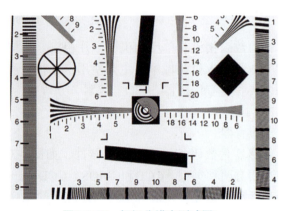

图2-3-17　相机分辨率测试图

帧频（frame rate）是指每秒放映或显示的帧或图像的数量。帧频主要用于电影、电视或视频的同步音频和图像中。帧频是指每秒播放多少帧动画，最多每秒120帧。

⑤存储格式。

目前图像存储格式以JPG、JPEG和PNG格式居多，视频方面存储格式以MP4、MOV等居多，如果需要其他格式需要自行进行格式转换。

⑥曝光模式。

数码相机提供了很多种使用模式，如程序自动曝光、手动曝光、快门优先曝光、光圈优先曝光等。自动曝光基本不用人工介入，程序自己调节这些参数。手动曝光则比较考验操作人员的摄影技术。快门优先曝光也是自动曝光的一种，不同之处在于快门时间可以人工调整。光圈优先曝光类似，人工调节光圈大小，其余的由程序完成。需要注意的是，只有高级相机才会同时具备快门优先曝光和光圈优先曝光两种功能。图2-3-18所示为尼康D5100曝光模式示意图。

图2-3-18　尼康D5100曝光模式示意图

和地面普通人使用相机进行拍摄不一样的是，无人机机载相机往往处于气流振动、发动机振动等较为复杂的工作环境。因此，为了更好地发挥机载相机性能，一般都要配置与之配套的云台支架，如图2-3-19所示。这种支架一般安置在多旋翼无人机中央机身的下方位置，通过螺钉与机体紧固，并提供减震功能，此外还配置伺服电机，从而能够为机载相机提供水平方向和垂直方向的自由运动，不过有部分产品只提供了垂直方向的调节功能。除了挂载相机，有些云台还可以挂载其他机载设备。

 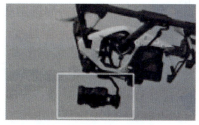 

图2-3-19　云台相机

（2）微光影像设备

普通的光学相机根据其工作原理只能在可见光比较强的白天工作，而在阴天或者能见度比较低的时候通常需要使用额外补充光源，比如闪光灯提供的瞬间补光，这样才能确保正常使用。但是在夜晚，已经没有任何阳光照射，四周一片漆黑，这样的环境中就无法正常使用普通的数码相机进行有效拍摄。对于这种环境，微光摄像机出现了。

微光摄像机捕捉的是夜晚星空中月光、其他星体发出的光、大气层折射的光照射到物体所产生的反射光，这种反射光的强度和亮度都非常微弱，不易识别和成像。为此，基础物理学中的光电效应被引入进来。

光电效应下，光线照射金属表面瞬间产生电子溢出，数量受光束特性影响。望远镜改造引入像增强器，设光纤面板和电信号放大通道，增强微弱反射光。光照射入口光纤面板释放电子，在通道中增强后撞击出口光纤面板，转为强光子发出，经目镜成像，实现黑暗目标观察，如图2-3-20所示。

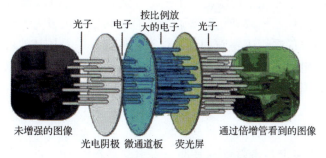

图2-3-20　微光影像设备成像原理图

机载微光夜视仪的主要性能参数有分辨率、最大夜视距离、目标分辨能力、最低照度、存储格式、重量、功耗等。

①最大夜视距离是指在1/4月光照射条件下最远观察距离，这个指标和观察目标的大小有关，对于人体这样的典型目标，目前大多数民用产品的探测距离在3 000 m以下，少数军用级产品会更高。

②最低照度指的是该设备所能够正常工作的最低光照环境,目前还没有一个统一的行业标准。实际中往往采用F值来进行表示,如0.005Lux@FL.5。F值即镜头的光圈参数,等于镜头的焦距/光圈直径。所以,F值越小,光圈直径越大,接收光线的数量就越多。微光夜视设备的光圈一般都比较大,F值在2.8以下。Lux是光照强度单位,一般普通家庭或者教室的日间正常光照强度在300 Lux。0.005Lux@F1.5表示在1.5光圈大小时,该设备可以在0.005 Lux的黑暗条件下正常工作。需要注意的是,这种性能进行横向比较时必须要以F值作为前提,否则就失去了判断优劣的意义。

（3）红外成像设备

无论是普通光学相机还是微光夜视设备,其得到的图像都是物体所发射可见光的像,但对于一些特殊应用行业的使用要求,并不满足能够24 h提供可视化影像,而是要能够提供更为深入的分析图像。比如对于电力系统,希望能够实时判断电气设备故障出现在哪里,而不是简简单单地拍照。在这种需求背景下,红外热成像摄像设备就被引入无人机机载设备中。可见光图像和红外图像的区别如图2-3-21所示。

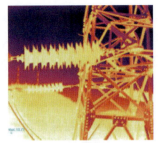

（a）可见光图像　　　　　　（b）红外图像

图2-3-21　可见光图像和红外图像的区别

在自然界中,所有物体的温度都高于绝对温度(开尔文温标),因此都会在表面向外界产生红外线的辐射,物体自身温度的高低会对其所辐射红外线强度产生影响。因此,只要接收到这种红外线信号并且依据温度大小进行区别分析,就可以得到更为丰富的图像。

红外热成像设备的功能模块架构和普通可见光数码摄像机较为类似,其中最主要的区别之处在于,红外热成像采用了特殊的红外镜头,将红外信号从其他可见光、微光等信号中过滤出来,经过光电信号转换、放大和图像软件的解码之后,就可以在液晶显示器上清晰地显示出目标体周围的红外影像。红外成像设备成像原理如图2-3-22所示。

（4）其他成像设备

①VR成像设备。

VR 360°全景影像设备本身并不复杂,很多都是在一个平面内圆周方向采用多台普通可见光的摄影设备组合而成,从而构成一个能够360°全方位同时拍摄画面的能力,如图2-3-23所示。但是由于镜头角度的问题,各个相邻相机之间会有一部分画面是重合的。因此,在拍摄完成之后对于全部相机拍摄的素材需要进行细致的后处理,以便将每一帧的画面修复成为一个完整的360°画面,从而实现流畅的播放效果。观看者可以使用专用的VR眼镜进行观看,从而具有"身临其境"般的体验感受。

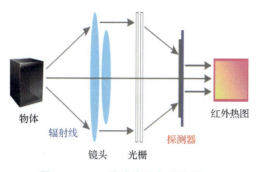

图2-3-22 红外成像设备成像原理

图2-3-23 VR 360°全景影像

②倾斜航测设备。

这种航测设备本身也就是普通的光学相机,只不过采用倾斜式的工作方式,对地面目标进行多角度、全方位的光学摄影。与之配套的后处理软件算法需要利用这些倾斜拍摄的素材对目标体的表面几何信息进行计算并加以还原,从而取得目标体的几何尺寸。这种技术还原得到的测量精度与拍摄距离、能见度、天气等有关,大体上距离越近,精度越高,反之,则越差。因此,采用这种方式对地面进行航测,往往需要近距离飞行,为了确保飞行轨迹稳定,通常情况下,需要采用自动航迹规划方式进行飞行。图2-3-24所示为倾斜影像和正射影像。

图2-3-24 倾斜影像和正射影像

在目前的民用无人机平台中,采用这种倾斜航测设备主要以尺寸较大的工业级多旋翼为主,如赛尔PSDK 102S五镜头倾斜摄影相机,如图2-3-25所示,其配载的倾斜航测设备采用了4个倾斜式摄像头,构成了360°范围的全向航测能力,并且单独配置了一台垂直方向的摄像头,从而能够配合倾斜摄像。

③合成孔径雷达成像设备。

普通光学相机、微光夜视设备、红外热成像设备等光学成像设备无论彼此之间功能差异如何,在工作原理上都表现出一个共同的特性——"被动式",即都是通过被动地捕捉目标物体

图2-3-25 赛尔PSDK 102S 五镜头倾斜摄影相机

表面所反射的某种光波来形成一个特定的成像。正是这种被动式的原理特性,使得这一类成像设备对于工作环境有着较高的依赖性,比如距离、烟雾、云层、表面覆盖物等,这些不利因素都会明显降低拍摄成像的质量。针对这种情况,一种全新的主动式成像技术出现了,这就是合成孔径雷达成像(synthetic aperture radar,SAR)。

合成孔径雷达成像技术原理相比于之前的光学成像设备要复杂很多。假设一根天线在

空中向地面一个目标发射定向无线电波，这个电波遇到目标就会被反射回来，被该天线接收。当此天线在空中保持一个稳定的运动轨迹，就会不断地发射电磁波并接收反射波，这就如同在天空中张开了一个非常大的孔径天线，称之为合成孔径。依靠这种合成孔径雷达就可以从不同角度持续照射扫描目标表面以获得完整的几何信息，当无数各自载有部分目标信息的反射波被天线所接收时，由于这种电磁波本身物理特性具有多普勒效应，因此，需要使用专门的算法进行分析。合成孔径雷达工作的几何关系如图2-3-26所示。

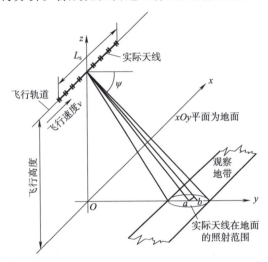

图2-3-26 合成孔径雷达工作的几何关系图

合成孔径雷达优势在于：
a. 主动式照射，适应各种环境和天气；
b. 捕捉目标细节特征能力比较强，分辨率高，可三维成像，超越光学倾斜摄影；
c. 作用距离远，能清晰成像远处目标，如外太空对地面硬币成像，具备"千里眼"能力。

由于工作原理的特殊性，合成孔径雷达一般需要对目标进行倾斜式的扫描照射。因此在各种机载平台上，最常见的搭载方式就是在机身的一侧进行安装，且还需要面向地面保持一定的倾斜角。此外，还有在机头位置面向前方地面进行前视倾斜安装，这种安装特点也是从外表上辨别合成孔径雷达的一种方法。

光学图像和合成孔径雷达图像对比图如图2-3-27所示。

图2-3-27 光学图像和合成孔径雷达图像对比

任务实施

✅ 步骤一　分组与信息收集
1. 团队成员进行分工，收集并整理无人机上常使用的传感器资料。
2. 列出各种传感器的名称、功能及其在无人机中的应用。
3. 通过自主学习，深入理解各种传感器的工作原理及适用场景。

✅ 步骤二　传感器选择与应用分析
1. 团队结合项目需求和无人机性能参数，分析选择哪些传感器最为合适。
2. 讨论并确定传感器的安装位置和布局，以确保数据收集的准确性和全面性。

✅ 步骤三　无人机组装与传感器集成
1. 根据所选传感器，采购或准备相应的硬件设备。
2. 团队成员共同组装无人机，确保所有部件安装正确、牢固。
3. 在无人机上集成传感器，并进行必要的调试和测试，确保传感器能够正常工作并准确传输数据。

✅ 步骤四　摄影设备选择与测试
1. 结合实际生产任务，选择合适的摄影设备，包括摄像头、云台等。
2. 安装并调试摄影设备，确保其与无人机系统兼容并稳定工作。
3. 进行实际飞行测试，检查摄影设备的拍摄效果和数据传输稳定性。

任务评价

整个任务完成之后，让我们来检测一下完成的效果吧，具体的测评细则见表2-3-2。

表2-3-2　任务完成情况的测评细则

评价内容	分值	评价细则	量化分值	得分
信息收集与自主学习	28分	1. 提交的传感器资料是否完整、准确	7分	
		2. 是否能够准确描述各种传感器的工作原理和适用场景	7分	
		3. 是否展示了有效的自主学习和团队协作能力	7分	
		4. 是否对所选传感器进行了充分的分析和比较	7分	
项目具体实施与成效	52分	1. 是否按照设计要求成功组装无人机并集成传感器	13分	
		2. 传感器在无人机上是否安装正确、工作稳定	13分	
		3. 无人机飞行测试是否达到预期效果，传感器数据是否准确可靠	13分	
		4. 摄影设备是否与无人机系统兼容，拍摄效果是否满足任务需求	13分	
职业素养与职业规范	20分	1. 团队成员是否遵守了项目时间表和进度要求	4分	
		2. 是否展示了积极的工作态度和专业精神	4分	
		3. 是否遵循了安全操作规范，未发生安全事故	4分	
		4. 项目文档和资料是否齐全、规范	4分	
		5. 是否对遇到的问题进行了有效的分析和解决	4分	
总计		100分		

无人机概论

巩固练习

1. 无人机上常用的传感器有哪些？各有什么作用？
2. 简述MEMS的工作原理。
3. 简述曝光三要素指哪三个要素，分别是如何影响摄影摄像的。

任务拓展

在农业、房地产和电影摄影等许多应用中，无人机已经成为一种不可或缺的工具。尽管无人机已经获得了广泛采用，但它们仍然具备更巨大的应用潜力。比如，无人机还可以用于交付、检测、搜索和救援、监控、测绘等应用领域。

无人机应用的基础是传感器技术。无人机受益于广泛的传感器，仅用于其自身的飞行和导航。它们的辅助功能取决于各种传感器，包括摄像机、运动探测器、热传感器等等。

任务要求

选择一款市面上主流的无人机，通过网络查阅等手段搜集此无人机中应用到了哪些传感器。

模块三
如何安全使用无人机

随着无人机技术的应用领域日益广泛，也伴随着一系列安全和责任问题。在享受无人机带来的便捷与乐趣之余，我们必须牢记，安全使用无人机是首要之务。这不仅关乎个人和他人的安全，也涉及法律法规的遵守和社会伦理的维护。在此学习模块中，大家将深入了解如何安全使用无人机，通过"了解无人机的法律与伦理问题"、"了解无人机飞行性能与航空气象"、"熟悉无人机的操纵"以及"无人机的故障诊断和维护"这四个任务，为大家提供一套全面的安全使用指南，以确保每一次飞行都能平安、顺利。

无人机概论

任务一　了解无人机的法律与伦理问题

任务目标

知识目标：

1. 了解飞行管理相关规定。
2. 了解相关法律和规章。
3. 了解隐私和安全问题。
4. 了解道德与伦理问题。

技能目标：

1. 能够分析总结《无人驾驶航空器飞行管理暂行条例》重点内容。
2. 能够进行无人机飞行活动申请。
3. 能够根据法律法规要求，合规地进行无人机飞行操作，避免违法行为。

素质目标：

1. 培养法律与伦理意识：树立遵守法律法规和伦理规范的意识，自觉遵守无人机飞行的相关规定。

2. 锤炼责任担当精神：增强对无人机使用中可能产生的后果的责任感，勇于承担相应的法律责任。

3. 促进综合素质提升：通过学习与实践，提高个人综合素质，包括法律素养、伦理判断能力和实际操作能力等。

任务描述

亲爱的探险家们，欢迎加入"无人机飞行法律与伦理探险"之旅！在这场探险中，你们将扮演无人机飞行员，穿越法律的森林，探索伦理的迷宫，发现飞行的真谛。你们需要深入研究无人机的法律法规，理解飞行的伦理要求，并在模拟的飞行场景中巧妙运用这些知识。你们的任务是，制定一套完整的飞行方案，确保无人机在遵守法律与伦理的前提下，安全、高效地完成任务。准备好了吗？拿起你们的法律地图和伦理指南针，开始这场刺激而又富有挑战的探险吧！

任务要求

1. 深入研究无人机的法律法规，掌握飞行许可、隐私保护、安全规范等核心内容。
2. 理解无人机飞行中的伦理问题，如隐私保护、安全风险、环保责任等，并提出合理的解决策略。
3. 设计一个无人机飞行的模拟场景，制定飞行方案，确保在遵守法律与伦理的前提下完成任务。

通过"无人机飞行法律与伦理探险"的实践项目，期望你们能够在深入了解无人机法律与伦理的基础上，培养自主学习、团队协作、问题解决等职业素养，为将来成为优秀的无人机飞行员打下坚实的基础。加油，探险家们！

知识链接

一、飞行管理

无人机飞行管理涉及对无人机飞行活动的全面监控和协调，确保无人机在飞行过程中的安全、高效和合规性。

无人机飞行管理包括飞行计划管理、飞行监控与控制、法规遵守与合规性、数据处理与分析等方面。

1. 飞行计划管理

无人机飞行前首先要制定飞行计划。这包括确定飞行路线、飞行高度、速度、预计的飞行时间以及起降点。这些计划需要基于无人机的性能、任务需求、天气状况和当地法规等因素来制定。飞行计划需要确保无人机在合法、安全和有效的范围内进行飞行，避免与其他飞行器或障碍物发生碰撞。

飞行前，确定无人机的飞行区域是否涉及管制空域。根据航空器飞行规则和性能要求、空域环境等要素，空域被划分为A、B、C、D、E、G、W等七类，见表3-1-1。其中，A、B、C、D、E类为管制空域，G、W类为非管制空域，见表3-1-1。这些分类有助于更好地管理和利用空域资源，确保航空器的安全和顺畅运行。空域的划分是根据不同的需求和条件进行的，旨在确保航空器的安全和高效运行，同时满足军事、民用等领域的需求。

表3-1-1 空域划分

空域类别	描　　述	示　　例
A类空域	需要空中交通管制服务以及配备有空中交通管制通信和导航设备的空域	大型机场的繁忙起降区域
B类空域	需要空中交通管制服务，但不一定配备有空中交通管制通信和导航设备的空域	较小机场的起降区域
C类空域	用于通用航空活动的空域，可能包括一些飞行学校和训练区域	通用航空活动区域
D类空域	特定的空中区域，例如军事训练区、禁飞区等	军事训练区、禁飞区
E类空域	特定的空域，例如临时禁飞区、特殊活动区等	临时禁飞区、特殊活动区
G类空域	通用航空活动较为频繁的区域，通常会有一些基本的飞行规则和限制	通用航空活动频繁区域
W类空域	较为偏远或者人烟稀少的地区，航空活动较少，不需要空中交通管制服务	偏远地区、人烟稀少区域

若需要在管控的空域进行飞行，需要提前进行空域申请和飞行前报备。无人机飞行前的报备参考流程如下：

①获得飞行任务以及任务委托书。

②提前七天携带相关文件材料在飞行实施地所在部队司令部办理审批手续。

③携带相应文件材料在民航（所在地）监管局运输处、空管处办理相关手续。

④携带获批复印件以及相应的文件材料在民航（所在地）空管分局管制运行部办理相

关手续。

⑤与民航（所在地）空管分局签定飞行管制保障协议（或召开飞行协调会）。

⑥实施日前一天15时前向当地空管部门提交飞行计划，如不在机场管制范围内，可直接向民航（所在地）空管分局管制运行部区域管制室提交。

⑦在飞行实施前1 h提出申请。

⑧区域管制室向飞行实施地所在部队司令部航空管制中心提交飞行申请。

⑨飞行实施地所在部队司令部航空管制中心给予调配意见。

此外，申报的资料可能包括飞行目的、飞行区域经纬度坐标、飞行时间、飞高、操控员身份证及驾照、无人机资料及实名认证等。属于企业行为的还需提供企业资质证明、任务证明等。以上流程可能因地区和具体情况而有所不同，在实际操作前咨询当地相关部门或专业机构，以确保报备流程的正确性和合规性。

2. 飞行监控与控制

无人机飞行管理需要对无人机的飞行状态进行实时监控，包括位置、高度、速度、姿态等。通过实时数据传输和控制系统，可以对无人机进行精确控制，确保无人机按照预定的飞行计划执行，并及时调整飞行策略以应对突发情况。

实时监控是无人机飞行管理的基石。通过遥控或地面站监测，可以持续获取无人机的位置、高度、速度和姿态等关键信息。这些信息对于了解无人机的实时状态至关重要，有助于操作员或自动驾驶系统做出准确的决策。例如，当执行自动航线的无人机偏离预定航线时，监控系统可以立即检测到这种偏差，并触发相应的纠正措施，如图3-1-1所示。

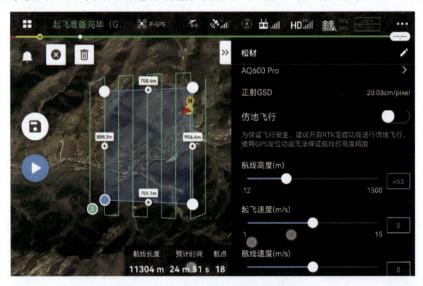

图3-1-1　无人机执行自动测绘航线

实时数据传输是无人机与地面控制站或操作员之间沟通的桥梁。这种数据传输通常通过无线链路实现，需要确保数据的实时性、准确性和可靠性。通过高效的数据传输系统，操作员可以远程监控无人机的状态，并根据需要调整飞行参数或发送控制指令。同时，这种数据传输也为无人机之间的协同飞行提供了可能，使得多架无人机能够协同完成任务。

精确控制是无人机飞行管理的核心任务。通过先进的控制系统和算法，可以对无人机的飞行轨迹、速度和姿态进行精确控制。这种控制需要考虑到多种因素，如气流、地形、障碍物等。在复杂环境下，控制系统需要具备高度的自适应性和鲁棒性，以确保无人机能够按照预定的飞行计划执行，并在遇到突发情况时做出合理的应对。

3. 法规遵守与合规性

无人机飞行为何要出台法律法规？

飞行限制是无人机飞行法规的重要组成部分。这些限制通常基于保护国家安全、维护公共秩序和保障人民生命财产安全的考虑。例如，某些敏感区域，如军事基地、政府机构和重要基础设施附近，可能被划定为禁飞区，无人机在这些区域内飞行是严格禁止的。此外，人口密集的城市区域和特定的自然保护区也可能受到飞行限制。

其次，禁飞区是另一个重要的法规内容。禁飞区通常指的是由于安全、环境或其他重要因素而不允许无人机飞行的特定区域。这些区域可能包括机场、航空器起降区域、自然保护区、野生动物栖息地等。无人机在禁飞区内飞行可能会干扰航空交通，破坏生态环境，甚至引发安全事故。

此外，飞行许可制度也是无人机法规中重要环节。在许多国家和地区，无人机操作员需要在飞行前获得相应的飞行许可。这通常需要操作员提交飞行计划、无人机型号、操作员资质等相关信息，并经过相关部门的审核和批准。飞行许可的目的是确保无人机的飞行符合国家和地方的安全、环保和航空交通管理要求。

对于无人机操作员来说，了解并遵守这些法规是至关重要的。遵守法规可以避免违法飞行和受到处罚。如果无人机操作员违反飞行限制、禁飞区或未经许可擅自飞行，可能会面临罚款、没收设备，甚至刑事责任等法律后果。遵守法规有助于维护无人机行业的健康发展。只有当无人机操作员都遵循相同的规则和标准时，才能确保整个行业的安全和可持续性。

因此，无人机飞行必须遵守国家和地方的法规，包括飞行限制、禁飞区、飞行许可等。操作员需要了解并遵守这些法规，以避免违法飞行和受到处罚。

4. 数据处理与分析

无人机飞行管理中，数据处理与分析扮演着至关重要的角色。通过对飞行数据的深入分析和挖掘，不仅可以全面了解无人机的性能表现，还能为飞行计划的优化提供有力支持，从而提升无人机的作业效果。

（1）数据收集与处理

无人机飞行管理涉及的数据种类繁多，包括飞行轨迹、高度、速度、姿态、气象条件、能源消耗等。这些数据需要通过高性能的数据采集系统实时获取，并经过预处理、清洗和整理，以便进行后续的分析。数据的准确性和完整性对于分析结果的可靠性至关重要。

（2）性能评估

通过对飞行数据的分析，可以对无人机的性能进行全面评估。这包括无人机的稳定性、操控性、载荷能力、续航能力等方面。性能评估有助于了解无人机的优缺点，为后续的优化和改进提供指导。

（3）飞行效率分析

飞行效率是衡量无人机作业效果的重要指标。通过对飞行数据的分析，可以评估无人机的作业效率，如单位时间内完成的作业量、作业质量等。这有助于发现飞行过程中的瓶颈和问题，从而针对性地提出改进措施，提高无人机的作业效率。

（4）能源消耗分析

能源消耗是无人机飞行成本的重要组成部分。通过对飞行数据的分析，可以了解无人机在不同飞行状态下的能源消耗情况，如起飞、巡航、降落等阶段的能耗。这有助于制定合理的飞行计划，降低能源消耗，从而降低飞行成本。

（5）飞行计划优化

基于数据分析结果，可以对飞行计划进行优化。通过调整飞行路线、飞行高度、飞行速度等参数，可以实现无人机的节能减排、提高作业效率等目标。同时，还可以根据作业需求和环境条件，制订更加合理的飞行计划，确保无人机能够高效、安全地完成作业任务。

（6）未来展望

随着人工智能、大数据等技术的不断发展，无人机飞行管理的数据处理与分析能力将进一步提升。未来，我们可以期待更加智能化的飞行管理系统，能够实现对无人机飞行数据的实时分析、预测和决策支持。这将使无人机在各个领域的应用更加广泛、深入，为人类的生产和生活带来更多便利和效益。

二、《无人驾驶航空器飞行管理暂行条例》解读

视频

国务院审议通过《无人驾驶航空器飞行管理暂行条例（草案）》简报

国务院、中央军委颁布的《无人驾驶航空器飞行管理暂行条例》（国务院、中央军事委员会第761号令）（以下简称"《条例》"）自2024年1月1日起施行。

该条例是为了规范无人驾驶航空器飞行以及有关活动，促进无人驾驶航空器产业健康有序发展，维护航空安全、公共安全、国家安全而制定的条例。

《条例》贯彻总体国家安全观，统筹发展和安全，坚持底线思维和系统观念，以维护航空安全、公共安全、国家安全为核心，以完善无人驾驶航空器监管规则为重点，对无人驾驶航空器从设计生产到运行使用进行全链条管理，着力构建科学、规范、高效的无人驾驶航空器飞行及相关活动管理制度体系，为防范化解无人驾驶航空器安全风险、助推相关产业持续健康发展提供有力法治保障。

《条例》共6章63条。主要按照分类管理思路，加强对无人驾驶航空器设计、生产、维修、组装等的适航管理和质量管控，建立产品识别码和所有者实名登记制度，明确使用单位和操控人员资质要求；严格飞行活动管理，划设无人驾驶航空器飞行管制空域和适飞空域，建立飞行活动申请制度，明确飞行活动规范；强化监督管理和应急处置，健全一体化综合监管服务平台，落实应急处置责任，完善应急处置措施。

另外，根据该条例，无人驾驶航空器按照性能指标分为微型、轻型、小型、中型和大型。无人驾驶航空器飞行管理工作应坚持和加强党的领导，坚持总体国家安全观，坚持安全第一、服务发展、分类管理、协同监管的原则。国家空中交通管理领导机构统一领导全国无人驾驶航空器飞行管理工作，各级空中交通管理机构按照职责分工负责本责任区内无人驾驶航空器飞行管理工作。

国家鼓励无人驾驶航空器科研创新及其成果的推广应用，促进无人驾驶航空器与大数据、人工智能等新技术融合创新。县级以上人民政府及其有关部门应当为无人驾驶航空器科研创新及其成果的推广应用提供支持。

无人驾驶航空器有关行业协会应当通过制定、实施团体标准等方式加强行业自律，宣传无人驾驶航空器管理法律法规及有关知识，增强有关单位和人员依法开展无人驾驶航空器飞行以及有关活动的意识。

请注意，这只是无人机相关法规的一部分，具体法规可能会因地区、国家以及无人机的具体使用情况而有所不同。在使用无人机时，应始终确保遵守当地的法律法规，并遵循制造商的使用说明和建议。

1.《条例》重点内容

（1）《条例》内容概述

①按照分类管理的思路，加强对于无人机设计、生产、维修、组装等环节的适航与质量管控；

②建立产品识别码和所有者实名登记制度，明确使用单位和操控人员资质要求；

文本

无人驾驶航空器飞行管理暂行条例（全文）

③明确监督管理体制，监管责任细分至各级地方政府；

④严格飞行活动管理，划设无人机飞行管制空域和适飞空域，建立飞行活动申请制度，明确飞行活动规范；

⑤强化监督管理和应急处置，健全一体化综合监管服务平台，落实应急处置责任，完善应急处置措施等。

（2）实名登记

申请人需备资格为：①中华人民共和国公民（以下简称自然人）；②依照中华人民共和国法律设立的法人。

为依法加强和规范公安机关无人驾驶航空器安全管理工作，无人机持有人须认真学习《条例》，同时登录民用无人驾驶航空器综合管理平台进行实名登记，如图3-1-2所示。如实填报持有者姓名、有效证件号码、联系方式、产品型号、产品序号、使用目的等。

图3-1-2 民用无人驾驶航空器综合管理平台登录界面

视频 驾驶航空器实名登记操作

（3）实名登记标志展示

登记完成后，在无人机不易损伤、不需要借助任何其他工具就能查看的部件上采用耐久性方法粘贴2厘米乘2厘米的包含登记号和唯一识别二维码的不干胶粘贴牌，并保证不做涂改、伪造（该二维码在民用登记系统登记完成后系统产生，自行制作）。

（4）派出所登记备案

以上登记完成后，无人机持有人须携带身份证原件、无人机及二维码前往属地派出所进行登记备案。

2. 管理要求

（1）各类航空器的管理要求

微型、轻型、小型民用无人驾驶航空器系统的设计、生产、进口、飞行和维修活动无须取得适航许可，但应当符合产品质量法律法规有关规定以及有关强制性国家标准，并执行缺陷产品召回制度。

从事中型、大型民用无人驾驶航空器系统的设计、生产、进口、飞行和维修活动则须依法申请取得相关适航许可。

（2）无人驾驶航空器操控员管理要求

无民事行为能力人（如8岁以下未成年人）：仅可操控微型民用无人驾驶航空器，且需完全民事行为能力人现场指导。

限制民事行为能力人（如8岁以上未成年人）：仅可操控微型、轻型民用无人驾驶航空器，操控轻型需完全民事行为能力人现场指导。

完全民事行为能力人：可操控微型、轻型民用无人驾驶航空器；具备操控执照可操控小型、中型、大型；具备操作证书可操控常规农用无人驾驶航空器。

操控员执照要求：具备完全民事行为能力；接受安全操控培训并考核合格；无影响操控行为疾病史、无吸毒记录；近5年内无故意犯罪刑事处罚的记录。

（3）运营合格证

以下情况需要取得运营合格证：使用轻型、小型、中型、大型民用无人驾驶航空器从事飞行活动的单位，应向民用航空管理部门申请。

以下情况不需要取得运营合格证：使用微型民用无人驾驶航空器从事飞行活动；常规农用无人驾驶航空器作业飞行活动（即使用最大起飞重量不超过150 kg的农用无人驾驶航空器；在农林牧渔区域上方的适飞空域内从事农林牧渔作业飞行活动）。

（4）运营合格证基本条件

具有所需的管理机构、管理人员和操控人员；具有所需的无人驾驶航空器及有关设施、设备；具有所需的管理制度、操作规程、运营能力；从事经营性活动的单位应当为营利法人。

（5）需要投保责任保险的情况

使用民用无人驾驶航空器从事经营性飞行活动，以及使用小型、中型、大型民用无人驾驶航空器从事非经营性飞行活动，应当依法投保责任保险。

3. 规范空域划设和飞行活动

划设无人驾驶航空器管制空域，管制空域的具体范围由各级空中交通管理机构按照国家空中交通管理领导机构的规定确定，并由设区的市级以上人民政府公布。

在管制空域内的飞行活动均应经空中交通管理机构批准。管制空域范围以外的空域为微型、轻型、小型无人驾驶航空器的适飞空域。

《条例》规定，管制空域以外的空域为微型、轻型、小型无人驾驶航空器适飞空域。未经空中交通管理机构批准不得在管制空域内实施飞行活动。

真高120 m以上空域，空中禁区、空中限制区以及周边空域，军用航空超低空飞行空域，以及下列区域上方的空域应当划设为管制空域：

①机场以及周边一定范围的区域；
②国界线、实际控制线、边境线向我方一侧一定范围的区域；
③军事禁区、军事管理区、监管场所等涉密单位以及周边一定范围的区域；
④重要军工设施保护区域、核设施控制区域、易燃易爆等危险品的生产和仓储区域，以及可燃重要物资的大型仓储区域；
⑤发电厂、变电站、加油（气）站、供水厂、公共交通枢纽、航电枢纽、重大水利设施、港口、高速公路、铁路电气化线路等公共基础设施以及周边一定范围的区域和饮用水水源保护区；
⑥射电天文台、卫星测控（导航）站、航空无线电导航台、雷达站等需要电磁环境特殊保护的设施以及周边一定范围的区域；
⑦重要革命纪念地、重要不可移动文物以及周边一定范围的区域；
⑧国家空中交通管理领导机构规定的其他区域。

4.《条例》明确了空域管理机构

管制空域划分机构：各级空中交通管理机构。
管制空域公布机构：设区的市级以上人民政府。
航行情报发布机构：民用航空管理部门。

管制空域的具体范围由各级空中交通管理机构按照国家空中交通管理领导机构的规定确定，由设区的市级以上人民政府公布，民用航空管理部门和承担相应职责的单位发布航行情报。未经空中交通管理机构批准，不得在管制空域内实施无人驾驶航空器飞行活动。

5.《条例》对于飞行活动的规范

（1）飞行活动申请要求

组织无人驾驶航空器飞行活动的单位或者个人应当在拟飞行前1日12时前向空中交通管理机构提出飞行活动申请。空中交通管理机构应当在飞行前1日21时前作出批准或者不予批准的决定。按照国家空中交通管理领导机构的规定在固定空域内实施常态飞行活动的，可以提出长期飞行活动申请，经批准后实施，并应当在拟飞行前1日12时前将飞行计划报空中交通管理机构备案，飞行活动申请一览表见表3-1-2。

表3-1-2 飞行活动申请一览表

受理机构	空中交通管理机构
申请时间	前1日12时前
审批时间	前1日21时前
报告时间	起飞1小时前
固定常态飞行	申请长期/前1日12时前备案
紧急任务飞行	起飞30分钟前申请
特别紧急任务	随时申请

（2）飞行活动申请内容

《条例》规定，如需要在无人机适飞区域以外的地方飞行，需要申请报备，报备内容一般有以下方面：

①组织飞行活动的单位或者个人、操控人员信息以及有关资质证书；
②无人驾驶航空器的类型、数量、主要性能指标和登记管理信息；
③飞行任务性质和飞行方式，执行国家规定的特殊通用航空飞行任务的还应当提供有效的任务批准文件；
④起飞、降落和备降机场（场地）；
⑤通信联络方法；
⑥预计飞行开始、结束时刻；
⑦飞行航线、高度、速度和空域范围，进出空域方法；
⑧指挥控制链路无线电频率以及占用带宽；
⑨通信、导航和被监视能力；
⑩安装二次雷达应答机或者有关自动监视设备的，应当注明代码申请；
⑪应急处置程序；
⑫特殊飞行保障需求；
⑬国家空中交通管理领导机构规定的与空域使用和飞行安全有关的其他必要信息。

（3）无须申请情况

下列情况下，无须申请飞行申请：

①微型、轻型、小型无人驾驶航空器在适飞空域内的飞行活动；
②常规农用无人驾驶航空器作业飞行活动；
③警察、海关、应急管理部门辖有的无人驾驶航空器，在其驻地、地面（水面）训练场、靶场等上方不超过真高120 m的空域内的飞行活动，经空中交通管理机构确认后方可起飞；
④民用无人驾驶航空器在民用运输机场管制地带内执行巡检、勘察、校验等飞行任务；但是，需定期报空中交通管理机构备案，并在计划起飞1小时前经空中交通管理机构确认后方可起飞。

值得注意的是，以下情况仍要提出飞行活动申请：

①通过通信基站或者互联网进行无人驾驶航空器中继飞行；

②运载危险品或者投放物品（常规农用无人驾驶航空器作业飞行活动除外）；
③飞越集会人群上空；
④在移动的交通工具上操控无人驾驶航空器。
⑤实施分布式操作或者集群飞行。

6.《条例》明确了法律责任

购买无人机需要实名登记、注册无人机驾驶人应按照要求获取相关资质，管控空域未经允许不得进入，利用无人机违法犯罪公安机关将依法予以处罚。

根据《条例》，对于未经实名登记实施飞行活动，未经空中交通管理机构批准，在管制空域内实施无人机飞行活动等违法违规行为，公安机关按照《条例》相应规定依法处罚，没收飞行器具，涉嫌犯罪的依法追究刑事责任。

第四十七条，违反本条例规定，民用无人驾驶航空器未经实名登记实施飞行活动的，由公安机关责令改正，可以处200元以下的罚款；情节严重的，处2 000元以上2万元以下的罚款。

第四十八条，违反本条例规定，民用无人驾驶航空器未依法投保责任保险的，由民用航空管理部门责令改正，处2 000元以上2万元以下的罚款；情节严重的，责令从事飞行活动的单位停业整顿直至吊销其运营合格证。

第五十条，无民事行为能力人、限制民事行为能力人违反本条例规定操控民用无人驾驶航空器飞行的，由公安机关对其监护人处500元以上5 000元以下的罚款；情节严重的，没收实施违规飞行的无人驾驶航空器。

违反本条例规定，未取得操控员执照操控民用无人驾驶航空器飞行的，由民用航空管理部门处5 000元以上5万元以下的罚款；情节严重的，处1万元以上10万元以下的罚款。

违反本条例规定，超出操控员执照载明范围操控民用无人驾驶航空器飞行的，由民用航空管理部门处2 000元以上2万元以下的罚款，并处暂扣操控员执照6个月至12个月；情节严重的，吊销其操控员执照，2年内不受理其操控员执照申请。

违反本条例规定，未取得操作证书从事常规农用无人驾驶航空器作业飞行活动的，由县级以上地方人民政府农业农村主管部门责令停止作业，并处1 000元以上1万元以下的罚款。

第五十一条，组织飞行活动的单位或者个人违反本条例第三十二条、第三十三条规定的，由民用航空管理部门责令改正，可以处1万元以下的罚款；拒不改正的，处1万元以上5万元以下的罚款，并处暂扣运营合格证、操控员执照1个月至3个月；情节严重的，由空中交通管理机构责令停止飞行6个月至12个月，由民用航空管理部门处5万元以上10万元以下的罚款，并可以吊销相应许可证件，2年内不受理其相应许可申请。

三、其他法规

除了《条例》，无人机领域还存在其他一些相关的法律、部门规章、政府公告/规范性文件、国家标准和地方性政策/条例/办法，限于篇幅，本教材只列出一些具有代表性文件的名称，不做具体解读，读者可以通过各种信息化渠道轻松获取对应的具体文字材料，有需求时，可自行学习。

1. 相关法律

《中华人民共和国民用航空法》，该法律是为了维护国家的领空主权和民用航空权利，保障民用航空活动安全和有秩序地进行，保护民用航空活动当事人各方的合法权益，促进民用航空事业的发展而制定的法律。

2. 部门规章

（1）《民用无人驾驶航空器运行安全管理规则》

该规则涉及无人机的操控员管理、登记管理、适航管理、空中交通管理、运行管理、法律责任等。

（2）《国家空域基础分类方法》

该规则的出台是为充分利用国家空域资源，规范空域划设和管理使用，对于促进低空经济的发展有战略性意义。

（3）《民用微轻小型无人驾驶航空器运行识别最低性能要求（试行）》

该规则填补了微、轻、小型无人驾驶航空器监视领域的空白。

（4）《特定类无人机试运行管理规程（暂行）》

该规程是中国民航局在2019年2月13日发布的一个规章制度，主要的用途是管理、审查、监督无人机工作。

（5）《民用无人驾驶航空器实名制登记管理规定》

该规范是中国民航局发布的规范，针对民用无人机拥有者实施实名制登记管理的规定。

（6）《民用无人驾驶航空器生产管理若干规定》

为了规范民用无人驾驶航空器生产活动，促进民用无人驾驶航空器产业健康有序发展，维护航空安全、公共安全、国家安全，根据《无人驾驶航空器飞行管理暂行条例》以及相关法律、行政法规制定的规定。2023年12月19日，《民用无人驾驶航空器生产管理若干规定》发布，2024年1月1日起施行。

（7）《民用无人驾驶航空器无线电管理暂行办法》

2023年12月，工业和信息化部印发《民用无人驾驶航空器无线电管理暂行办法》。进一步明确将民用无人驾驶航空器通信系统无线电发射设备型号核准、无线电频率使用、无线电台设置使用纳入无线电管理范畴，使管理政策与上位法有效衔接。

（8）《民用无人驾驶航空器系统适航安全评定指南》

为支持和服务好无人机产业发展，解决《条例》生效前部分存量无人驾驶航空器的适航管理问题，规范无人机无线电管理，民航局适航司下发了《民用无人驾驶航空器系统适航安全评定指南》，自2024年2月5日起生效。

3. 政府公告/规范性文件

（1）《轻小型无人机运行规定（试行）》

该规定规范低空、慢速、微轻小型无人机的运行。

（2）《民用无人机驾驶员管理规定》

该规定是针对民用无人机驾驶员的规范管理。

（3）《民用无人驾驶航空法规标准体系构建指南V1.0》

该指南提出了通用基础要求，以及人员、民用无人驾驶航空器系统、空中交通管理、起降场、通信导航监视、环保、经营等方面的管理要求和技术要求。

（4）《民用无人驾驶航空发展路线图V1.0（征求意见稿）》

为进一步明确民用无人驾驶航空发展定位、目标与路径，促进我国无人驾驶航空高质量发展。中国民用航空局提出了"先载货，后载客；先通用，后运输；先隔离，后融合"的发展路径，设定了一系列无人驾驶航空产业运营和管理的发展目标。

（5）《关于促进民用无人驾驶航空发展的指导意见（征求意见稿）》

为促进无人驾驶航空健康发展，提升民用无人驾驶航空管理与服务质量，民航局空管行业管理办公室作为民用无人驾驶航空器管理领导小组办公室组织编写了《促进民用无人驾驶航空发展的指导意见（征求意见稿）》，以民航局名义下发。

4. 国家标准

（1）《无人驾驶航空器系统术语》

《无人驾驶航空器系统术语》是2020年5月1日实施的一项中国国家标准。

（2）《民用无人驾驶航空器系统分类及分级》

《民用无人驾驶航空器系统分类及分级》是2018年12月1日实施的一项中国国家标准。

（3）《民用无人机地理围栏数据技术规范》

《民用无人机地理围栏数据技术规范》是2024年3月1日开始实施的一项中国国家标准。

（4）《基于区块链的民用无人驾驶航空器飞行数据存证技术要求》

本文件规定了基于区块链技术的民用无人驾驶航空器飞行数据存证的一般要求，并规定了民用无人驾驶航空器飞行数据存证的区块链技术应用基本要求，以及存证模型、存证相关方、技术规则与过程、存证数据及格式等的要求。

（5）《民用无人驾驶航空器系统物流运行通用要求 第1部分：海岛场景》

该行业标准于2023年11月1日正式实施，规定了应用于海岛场景从事物流的民用无人驾驶航空器系统运行的通用要求，包括运营人要求和运行要求，涵盖了运营人、运行程序和手册、无人驾驶航空器系统、运行环境和起降场地、运行控制、通信保障、导航和无线电要求等内容，适用于在中国境内使用小中大型民用无人驾驶航空器系统开展海岛场景的超视距物流运行。

（6）《民用无人驾驶航空器实名登记数据交换接口规范》

本文件规定了民用无人驾驶航空器信息系统与民用无人驾驶航空器综合管理（UOM）平台进行实名登记状态验证的通信协议要求、传输要求、接口定义和编码规则。适用于各类民用无人驾驶航空器信息系统与UOM平台之间的数据交换与集成。

（7）《民用无人驾驶航空器系统安全要求》

该要求是《条例》的配套支撑标准，可以有效指导研制单位设计生产、规范检测机构

合规检测和保障使用者安全使用。

（8）《快递包装重金属与特定物质限量》《快递服务》《快递循环包装箱》三项快递业国家标准

这几项国家标准于2024年4月1日正式实施，涉及无人机等智能收投服务终端相关要求。

5. 地方性政策、条例、办法

（1）《深圳经济特区低空经济产业促进条例》

《深圳经济特区低空经济产业促进条例》是2023年12月29日深圳市第七届人民代表大会常务委员会第二十三次会议通过的条例，自2024年2月1日起施行。

（2）《山东省无人机产业高质量发展实施方案》

2023年11月24日，《山东省无人机产业高质量发展实施方案（2023—2025年）》（征求意见稿）发布，是为抢抓无人机发展密集创新和高速增长的战略机遇，大力发展低空经济，结合工作实际，由山东省工业和信息化厅起草的文件。

（3）《重庆市民用无人驾驶航空器公共安全管理办法》

《重庆市民用无人驾驶航空器公共安全管理办法》是重庆市人民政府发布的办法，自2024年2月1日起施行。

四、隐私和安全问题

无人机隐私和安全问题涉及多个方面，需要政府、制造商和操作员共同努力来加强监管和防范措施。通过制定严格的法规、提高公众安全意识、采用先进技术手段等方式，可以有效降低无人机带来的潜在风险，保障公共安全和个人权益。

1. 非法操作与威胁

无人机非法操作是指未经授权或违反相关法规进行飞行活动。这种行为可能涉及非法进入禁飞区、侵犯他人隐私、携带危险物品等，对公共安全构成严重威胁。为了防止非法操作，需要强化无人机监管措施，提高公众对无人机法规的认知度，同时加强执法力度。

2. 碰撞与空中风险

无人机在飞行过程中可能与其他飞行器、建筑物或地形发生碰撞，导致空中风险。为了减少碰撞事故，无人机操作员应严格遵守飞行规则，保持与其他飞行器的安全距离，同时利用避障技术和定位系统进行风险预测和规避。

3. 数据安全与泄露

无人机搭载的摄像头、传感器等设备可收集大量个人和敏感信息，如人脸、车牌、房屋结构等。这些数据若未经妥善保护，可能发生泄露或被恶意利用。因此，无人机制造商和操作员应采取加密技术、数据隔离等措施，确保数据安全。

4. 地面意外与伤害

无人机在飞行过程中可能掉落、失控或撞击地面，造成意外伤害。为了降低地面意外风险，无人机操作员应在合适的时间和地点进行飞行，避免在人群密集或敏感区域操作。同时，无人机应配备必要的应急装置，以减少伤害的可能性。

5. 航班干扰与航空安全

无人机可能与商业航班发生干扰，如飞行路线冲突、信号干扰等，对航空安全造成潜在威胁。为了防范航班干扰，相关部门应建立完善的无人机监测系统，及时发现和处置潜在风险。同时，无人机操作员应遵守航空规则，避免与商业航班发生冲突。

6. 国家安全泄密风险

无人机在军事、政治等敏感领域的应用可能涉及国家安全。未经授权的无人机活动可能导致机密信息泄露或军事设施暴露。因此，相关部门应加强对无人机活动的监控和审查，确保国家安全不受威胁。

7. 隐私侵犯与恶意利用

无人机具有强大的侦察和拍摄能力，可能被用于侵犯他人隐私或进行恶意利用。例如，无人机可能被用于偷拍、窥探等非法行为，侵犯公民个人权益。为了防止隐私侵犯和恶意利用，应制定严格的法规限制无人机在隐私领域的使用，并对违法行为进行严厉打击。

8. 图像传输与控制风险

无人机在飞行过程中通过图像传输技术将实时画面传输给操作员。然而，这些图像传输可能受到干扰或截获，导致信息泄露或控制失效。为了降低图像传输与控制风险，应采取加密技术、身份验证等措施确保数据传输的安全性和完整性。同时，操作员应定期对无人机进行安全检查和更新，以防止潜在的安全漏洞。

五、道德与伦理问题

无人机领域的道德和伦理问题涉及多个方面，需要政府、企业和社会各界共同努力，加强监管和规范使用行为，确保无人机技术的健康发展并最大程度地保护人们的合法权益。

1. 隐私侵犯风险

随着无人机技术的普及和功能的增强，越来越多的无人机被用于航拍、监控等领域。然而，这种技术进步也带来了隐私侵犯的风险。无人机能够在不经过许可的情况下飞越私人领地，捕捉并传播个人或家庭的隐私信息，造成个人隐私权的严重侵犯。因此，在无人机使用过程中，必须遵守隐私保护的原则，避免对他人隐私造成侵害。

2. 安全风险问题

无人机的飞行安全直接关系到公共安全。如果无人机操作不当或失控，可能导致航空事故，造成人员伤亡和财产损失。此外，无人机还可能被用于非法运输、走私、恐怖袭击等违法活动，给社会安全带来严重威胁。因此，必须严格监管无人机的使用，确保飞行安全。

3. 歧视与偏见问题

在无人机应用中，如果存在对特定群体或个体的歧视和偏见，就可能造成不公正和不平等的后果。例如，在监控应用中，如果无人机被用于针对特定人群的监控和追踪，就可能侵犯这些人的合法权益。因此，必须避免在无人机应用中出现歧视和偏见的问题，确保

公正和平等。

4. 环保责任问题

无人机在使用过程中可能对环境造成一定的影响，如噪声污染、空气污染等。因此，无人机制造商和使用者应当承担相应的环保责任，采取有效措施减少对环境的负面影响。同时，应当鼓励研发和推广环保型无人机，推动无人机产业的绿色发展。

5. 反制技术滥用

无人机反制技术是一种能够有效应对无人机威胁的手段。然而，如果反制技术被滥用，就可能对无人机使用者的合法权益造成侵害。例如，未经许可对无人机进行干扰或摧毁，可能侵犯无人机使用者的财产权和个人安全。因此，必须规范反制技术的使用，避免滥用行为的发生。

6. 法律合规问题

无人机领域的法律和监管框架正在逐步完善中，但仍然存在许多空白和模糊地带。因此，在使用无人机时，必须严格遵守相关法律法规，确保行为的合法性。同时，政府和企业应当加强合作，完善法律法规体系，为无人机产业的健康发展提供有力的法律保障。

7. 人权与尊严问题

无人机的使用可能涉及对个人自由和尊严的干预。例如，在公共场所使用无人机进行监控和追踪，可能使个人感到不安和被侵犯。因此，在使用无人机时，应当尊重个人权利和尊严，避免对个人自由和隐私造成不必要的干扰。

8. 心理健康影响

无人机的普及和使用可能给人们的心理健康带来一定的影响。例如，频繁接触无人机拍摄的画面可能导致人们对隐私和安全的担忧增加，产生焦虑和压力等负面情绪。因此，应当关注无人机对人们心理健康的影响，并采取相应措施减轻其负面影响。

任务实施

步骤一　信息收集与自主学习

1. 搜集国内关于无人机飞行的法律法规，进行整理与学习。
2. 研究无人机飞行中的伦理问题，理解其背后的原则与要求。
3. 通过在线课程、专业书籍等途径，深化对无人机法律与伦理的认识。

步骤二　项目具体实施

1. 设计一个无人机飞行的模拟场景，如城市巡航、环境保护等。
2. 根据法律法规和伦理要求，制定飞行方案，包括飞行路线、飞行高度、飞行时间等。
3. 在模拟环境中进行飞行测试，确保方案的可行性与安全性。

步骤三　总结与反思

1. 分析飞行测试中的数据与结果，总结经验与教训。

2. 反思在项目实施过程中遇到的问题与困难，提出改进策略。

任务评价

整个任务完成之后，让我们来检测一下完成的效果吧，具体的测评细则见表3-1-3。

表3-1-3　任务完成情况的测评细则

评价内容	分值	评价细则	量化分值	得分
信息收集与自主学习	30分	1. 法律法规收集的完整性与准确性	10分	
		2. 对伦理问题的深入理解与掌握	10分	
		3. 自主学习成果的质量与深度	10分	
项目具体实施与成效	50分	1. 模拟场景设计的合理性与创新性	15分	
		2. 飞行方案的合规性与安全性	20分	
		3. 飞行测试的效果与数据分析	15分	
职业素养与职业规范	20分	1. 在项目实施中展现的责任感与担当精神	10分	
		2. 对法律与伦理规范的遵守与执行	5分	
		3. 合理安排时间，高效完成任务	5分	
总计		100分		

巩固练习

1. 偏远地区、人烟稀少区域属于哪一类空域？
2. 简述出台无人机法律法规的原因和作用。
3. 无人机飞行数据处理与分析有哪些项目？
4. 空域被划分为几类？哪些类为管制空域？哪些类为非管制空域？
5. 管制空域范围以外的空域为哪些航空器的适飞空域？
6. 哪些空域应当划设为管制空域？
7. 无人机相关国家标准有哪些？

任务拓展

亲爱的同学们，我们即将召开一场别开生面、充满智慧的班级座谈会。本次座谈会的主题是深入学习探讨《无人驾驶航空器飞行管理暂行条例》。在这个充满科技魅力的时代，无人机已经飞入我们的生活，而如何确保它们飞得安全、合法，正是我们要探讨的重要课题。希望大家能带着好奇心和求知欲，积极参与，共同为无人机飞行的规范与管理献计献策！

任务要求

1. 条例解读：邀请老师或专家对《无人驾驶航空器飞行管理暂行条例》进行详细解读，用生动的案例帮助大家理解条例的精髓。
2. 知识掌握：确保每位同学都能深刻理解《无人驾驶航空器飞行管理暂行条例》的主要内容和精神实质。

任务二　了解无人机飞行性能与航空气象

任务目标

知识目标：
1. 理解无人机的飞行性能相关知识；
2. 掌握无人机的主要性能指标，如最大飞行速度、最大航程、续航时间等；
3. 熟悉无人机在飞行过程中受到的各种气象因素影响。

技能目标：
1. 能够根据给定的气象条件，评估无人机的飞行性能与安全性；
2. 学会查阅并解读航空气象报告，了解飞行区域的天气状况；
3. 掌握无人机在不利气象条件下的飞行应对策略。

素质目标：
1. 培养学生的安全意识，强化飞行中遵循气象规定和飞行规则的重要性；
2. 提升学生的分析能力和判断能力，能够在复杂的气象条件下做出合理的飞行决策；
3. 引导学生关注无人机技术和航空气象的最新动态，形成持续学习的习惯。

任务描述

想象一下，你身穿一身黑色的风衣，头戴侦探帽，手持一份神秘的地图，踏入了这个充满未知与奇幻的世界。不过，你可不是一位普通的侦探，而是一位无人机"气象侦探"！你的任务是深入探索不同航空气象条件下的无人机飞行性能数据，就像追踪无人机的"足迹"，一步步解开气象对飞行影响的"密码"。

在这片广阔的天空中，无人机探险队正跃跃欲试，准备挑战各种极端天气。而作为气象侦探的你，则是他们最可靠的"后盾"。你需要收集各种气象数据，分析它们对无人机飞行性能的影响，然后为探险队提供准确的气象情报，确保他们能够安全地完成任务。

在这个奇幻之旅中，你将与各种奇妙的气象现象不期而遇。有时，你会遭遇狂风暴雨，看着无人机在风雨中摇摇欲坠，你会紧张地捏紧手中的数据分析仪；有时，你会遇见阳光明媚的好天气，无人机会在这片碧空如洗的天幕下自由翱翔，你的心情也会随之变得轻松愉悦。

当然，作为一名合格的气象侦探，你不仅要收集数据，还要学会分析它们背后的故事。你需要研究不同气象条件下的无人机飞行性能数据，找出它们之间的规律，预测未来的天气变化，为探险队提供准确的气象预报。

在这个过程中，你将不断提升自己的侦探技能，成为一名真正的无人机"气象侦探"。你的每一次发现，都将为无人机探险队带来宝贵的帮助，让他们能够在各种极端天气中安全飞行，完成各种惊险刺激的任务。

模块三　如何安全使用无人机

任务要求

1. 收集并整理不同航空气象条件下的无人机飞行性能数据。
2. 分析数据，了解不同气象因素对无人机飞行性能的影响。
3. 撰写一份详细的气象情报报告，为无人机飞行提供建议。
4. 培养团队合作精神，与同伴分享你的发现和学习成果。

现在就开始你的奇幻之旅吧！拿起你的数据分析仪，踏上这趟充满未知与奇幻的旅程，成为一名无人机"气象侦探"，为无人机探险队提供宝贵的气象情报！

知识链接

一、无人机的飞行性能

无人机的飞行性能直接决定了其任务执行能力和作战效能，因此，对于无人机飞行性能的研究和探讨具有重要意义。在此，我们将从无人机的飞行速度、飞行高度、稳定性、操控性、续航能力、抗风能力等方面，对无人机的飞行性能进行深度解析。

1. 无人机的飞行速度

无人机的最大飞行速度是指其在无风或微风条件下能够达到的最大速度。这一指标反映了无人机的机动性和响应能力。速度越快，无人机在完成任务时的效率就越高。然而，在追求最大飞行速度的同时，也需要确保无人机的稳定性和安全性，越快的速度意味着越难以驾驭。

飞行速度由无人机设计时决定。根据无人机用途进行设定，例如，在多旋翼这一类型的机种中，速度最快的应当是穿越机，穿越机本身的定位就是竞速，穿越机的最高时速可达到120~230 km/h。2017年由无人机竞速联赛（DRL）工程团队打造的DRL RacerX是目前世界上最快的穿越机，其时速可达289 km/h，创造了四旋翼无人机速度最快的吉尼斯世界纪录，而最快飞行记录一直在被刷新，2023年一位穿越机爱好者组装的竞速无人机时速达397 km/h，如图3-2-1所示。

图3-2-1　竞速无人机和最快飞行记录界面

固定翼无人机的飞行速度通常更快。例如，由诺斯洛普·格鲁门所生产制造的无人飞机RQ-4A全球鹰无人机，如图3-2-2所示，最大飞行速度为740 km/h，巡航速度为635 km/h。

图3-2-2　RQ-4A "全球鹰"无人机

一些民用无人机为了追求飞行的安全和稳定性，通常设定限制飞行速度，例如大疆的Mavic 3 Pro航拍版（见图3-2-3）最快飞行速度为67 km/h，即18.61 m/s。而同一机型的Mavic 3多光谱版，根据用途的不同，设定的最快速度也各不相同：15 m/s（普通挡），前飞：21 m/s，侧飞：20 m/s，后飞：19 m/s（运动挡）。

图3-2-3　大疆Mavic 3 Pro航拍版无人机

2. 飞行高度

无人机的最大飞行高度是指在标准大气条件下能够达到的最大高度。高度的增加可以扩大无人机的视野和探测范围，使其能够获取更广阔的信息。然而，高度的增加也可能带来定位精度、操控半径和抗风能力等方面的挑战。同时，最重要的是空域限制问题。

无人机本身的飞行高度会受到多种因素的影响，以任务需求为例，无人机在进行不同任务时，需要的飞行高度也不同。比如，进行精细的农作物生长监测时，需要较低的飞行高度以获取高分辨率的图像；而进行大范围的地质勘查时，可能需要较高的飞行高度以覆盖更广泛的区域。大气条件也会影响飞行高度，如云层高度、大气透明度和光照强度等，这些都会影响无人机的飞行高度。在多云或雾天条件下，飞行高度可能需要降低，以避免云层或雾层对无人机搭载设备的干扰。无人机及其搭载的设备的技术性能也会限制其飞行高度。例如，电池容量、推进系统的效率、相机的光谱和空间分辨率等因素都需要考虑在内。此外，飞行高度的变化还会导致不同角度的太阳辐射和地面反射的变化，进一步影响数据质量。飞行高度也受飞行环境影响，气压、温度、湿度等环境因素也会对无人机的飞行高度产生影响。

而最重要的一个因素：法规限制。各国和地区对无人机的飞行高度都有明确的法规限制，这些限制通常基于安全考虑，如避免与民用或商用航班的潜在冲突。

根据我国的《民用无人驾驶航空器系统驾驶员管理暂行规定》，在"7公斤以下、高度120米以下、500米范围内可视飞行"等标准下的无人机驾驶员无须拿证。这意味着，在一般情况下，民用无人机的最高飞行高度被限制在120 m以下。图3-2-4所示为航拍版无人机120 m高度提示界面。

图3-2-4　航拍版无人机120 m高度提示

然而，军用无人机和某些特殊设计的无人机能够飞得更高。例如，军用无人机可以飞到8 000 m以上，甚至更高。此外，根据任务的不同，无人机还可以被分类为超低空无人机、低空无人机、中空无人机、高空无人机和超高空无人机。

无人机飞行高度也受到国家法规和飞行限制的影响，超过一定高度可能需要备案或获得特殊许可。因此，在实际操作中，需要遵守相关规定和限制。

无人机的最大飞行高度因其类型和用途而异。一般来说，民用无人机的飞行高度通常在500 m以下。以大疆航拍无人机为例，当飞行高度大于120 m时将出现高度提示，最大飞行高度限制在500 m内。而大疆行业版的Mavic 3飞行高度限制开放到6 000 m。

3. 稳定性

无人机的稳定性是无人机性能的重要方面，主要涉及无人机在飞行中的稳定性控制。无人机的稳定性受到多种因素的影响，包括飞行环境和飞行技巧、陀螺作用原理、飞控系统PID控制原理以及动力系统等。

飞行环境，如风速、风向、温度等，以及飞行技巧，如起飞、降落、悬停等，都会对无人机的稳定性产生影响。在复杂或恶劣的飞行环境下，操控者需要掌握一定的飞行技巧，以确保无人机的稳定。

陀螺作用原理也对无人机的稳定性起到关键作用。在机身进行翻滚、俯仰、偏航等动作时，由于旋转的陀螺特性，会对机身产生对称的作用力，达到抵消机身相应惯性作用的效果，从而保持稳定。

飞控系统是无人机的大脑，负责处理各种传感器数据，并控制无人机的飞行姿态和运动。一个优秀的飞控系统应该能够快速、准确地响应各种飞行指令，并在遇到干扰时及时调整，保持无人机的稳定。而飞控的PID控制算法是飞行控制的核心。PID控制原理是指利用无人机上的传感器将偏差与目标相比较并产生一个控制信号的反馈过程来达到控制无人机的状态，飞控的好坏差异通常由PID控制算法来体现。

飞控通常分为开源飞控和商业飞控。开源飞控即开放原理图和开放源代码的飞行控制系统，此类飞控最大的特点就是价格低廉，且自由开放，开源飞控提供了完整的代码，用户可以根据自身需求对源代码进行修改和定制，可开发程度高。开源飞控的缺点有三个方面：一是功能不全，开源飞控的功能可能因特殊场景而不全面，需要用户自己编程实现其所需的特殊功能。二是可靠性差，开源飞控对硬件设备的兼容性不够稳定，可能出现兼容问题或技术问题，需要用户自己解决。三是技术门槛高，开源飞控需要用户自己搭建和调试，需要较高的技术门槛和较长的学习时间。最常见的飞控为PIX开源飞控，如图3-2-5所示。

商业飞控是由专业厂家生产，并具有稳定的性能和完善的功能。其优点为：高性能，商业飞控的性能比开源飞控更稳定且更能满足对无人机飞行的高性能要求；多功能，商业飞控具备多种功能，比如定位、遥控、飞行控制、姿态稳定等都更为完善。

无人机的动力系统，包括电池、电机和螺旋桨等对飞行稳定性也有很大的影响。电池的稳定供电、电机的平稳运转以及螺旋桨的平衡转动都对无人机的稳定性有直接关联。使用放电倍率高、放电稳定的电池，以及动平衡好的电机与螺旋桨，将很大程度改善飞行稳定性。缺点为价钱昂贵、不开源、可行性差。商业飞控的价格较高，往往需要付出高昂的成本，而且商业飞控芯片、模块等不易更新，需要额外的成本。并且因为不开源的因素，商业飞控的高集成度和封闭性使得其可定制性差，不易满足特定飞行场景下的需求。典型代表为大疆A3飞控，如图3-2-6所示。

图3-2-5　PIX 2.4.8开源飞控　　　　　　　图3-2-6　大疆A3飞控

4. 操控性

无人机的操控性是指无人机在飞行过程中，通过遥控器或自主控制系统对其进行操作的灵活性和准确性。这主要包括无人机的起飞、悬停、转向、升降、前进、后退、侧飞等基本动作的响应和执行能力。

无人机机体的设计是影响操控性的核心要素。机体的稳定性、螺旋桨的布局和尺寸、以及整体的重量分配，都直接决定了无人机在空中的行为表现。一个设计精良的无人机能够提供更好的操控响应和稳定性。

在多旋翼无人机中，不同轴距的操控性拥有不同的操控响应，轴距较长时，飞行较为稳定，操控响应较慢。反之轴距较短时，飞行较为波动，操控响应较快。

在固定翼中，不同的舵面大小有着不同的操控性，当舵面大小固定时，越快的飞行速度也有着越大的舵面操控响应。而不同的展弦比，也有着不同的操控性。展弦比是指翼展长度与平均气动弦长的比值。无人机在设计时需要根据任务需求选择展弦比，展弦比示意图如图3-2-7所示。大展弦比表明机翼比较长且窄，小展弦比则表明机翼比较短且宽。展弦比越大的固定翼通常飞行速度低，稳定性好，展弦比越小的固定翼飞行速度快，稳定性低，操控响应也相对较快。

无人机的智能化程度，也决定着无人机的操控性。如通过自主导航、障碍物识别、自动避障等技术，使无人机能够更自主地完

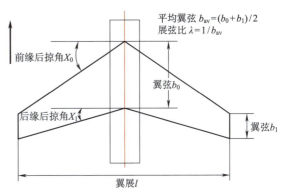

图3-2-7　展弦比图示

成飞行任务。更优质的无人机导航飞控系统能提供更便捷的操控。例如，通过地面设定飞行航点，让无人机进行自主任务航线飞行，如图3-2-8所示。在完成航线规划后，还可以直观地进行3D航线查看，如图3-2-9所示。

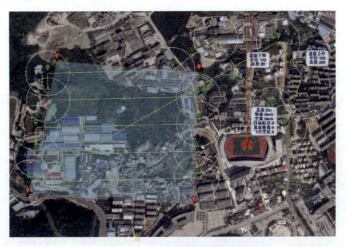

图3-2-8　航线规划自动飞行

图3-2-9　航线3D检查

无人机的传感器和电池状态也是影响操控性的重要因素。传感器能够感知周围环境并提供给无人机控制系统，帮助无人机进行导航和避障。而电池的状态则直接关系到无人机

的飞行时间和续航能力。一个健康的电池可以提供更长的飞行时间，而传感器的工作状态则决定了无人机能否准确地感知周围环境，从而进行精确操控。

无人机传感器在飞行中扮演着至关重要的角色。这些传感器通常包括陀螺仪、加速度计、GPS和视觉传感器等，它们能够精准地感知无人机周围的环境、气流、地形以及障碍物等信息，在飞行前要进行检查，若有异常时需要进行传感器校准。当无人机需要进行定位、导航、悬停或避障时，这些传感器会提供必要的数据支持。如果传感器出现故障或偏差，无人机的操控性将受到严重影响，可能会出现飞行不稳定、导航偏离或避障失效等问题，甚至可能导致无人机失控。为了确保无人机传感器的准确性和可靠性，需要定期进行校准和维护。此外，在飞行前，还应该对传感器进行全面检查，确保其能够正常工作并适应当前的飞行环境。例如，在高温、高湿或沙尘暴等恶劣环境下，传感器的性能和精度可能会受到影响，因此需要采取相应的措施来保护传感器并提高其适应性。图3-2-10所示为大疆Mavic 3前视觉传感器，图3-2-11所示为大疆Mavic 3前视觉传感器校准界面。

图3-2-10　大疆Mavic 3前视觉传感器

图3-2-11　大疆Mavic 3传感器校准

无人机电池的性能、电量和电压稳定性直接决定了无人机的飞行时间和飞行表现。如果电池放电倍率不足或性能下降，无人机的飞行性能将受到影响。因为在无人机中，所有的操作都是依靠稳定的电力供应，尤其是在多旋翼无人机中，每一个操作都意味着有不同的电机转速调整，这将会出现较大的电流改变，若是电池无法稳定供电，可能会出现飞行不稳定、飞行距离缩短或飞行时间缩短等问题。更为严重的是，如果电池出现故障或短路等问题，可能会引发火灾或爆炸等危险情况，对人员和设备造成重大损失。

综上所述，无人机的操控性受到无人机机体的设计、无人机的智能化程度、无人机的传感器和电池状态等多个因素的影响。为了确保无人机的安全飞行和稳定操控，飞行需要充分了解这些参数，综合考虑所有飞行因素，并根据实际情况做出相应的调整和优化。

5. 续航能力

无人机的续航能力主要取决于其电池类型和容量、电机效率、重量优化以及飞行环境等因素。一般来说，大多数消费级无人机采用锂聚合物电池，其续航能力通常在20~30 min。这是因为无人机需要尽可能减轻起飞重量，所以无法携带较重的大容量电池。当无人机电池电量耗尽后，需要更换电池或进行充电。续航、载重一直是伴随电动无人机的一个先天短板，也是制约它发展的一个方面，由于续航和载重的发展，其应用场景变少、应用成本增大、效率降低。常见的各类锂聚合物电池如图3-2-12所示。

图3-2-12　各类锂聚合物电池

无人机的续航也会受到环境、风力大小、爬升速度、飞行速度等因素的影响。例如，在海边或风力较大的环境下，飞行时长可能会远低于标称续航。

轻量化、模块化和高效化成为提升续航能力的关键。

设计师们通过采用先进的材料和结构，实现了无人机的轻量化、模块化和高效化。这些设计上的优化不仅降低了无人机的起飞重量，还提高了其能源利用效率，从而延长了无人机的续航时间。

飞行控制算法的优化同样为无人机的续航能力带来了显著的提升。

通过智能化、自适应的飞行控制算法，无人机能够自动调整飞行模式和参数，以最优的方式利用能源，从而实现更长的续航时间。这种智能化的飞行控制策略，不仅提高了无人机的续航能力，还增强了其在复杂环境中的适应性和稳定性。

不过，也有一些行业级中型或大型无人机，采用油电混动等动力系统，其续航时间可以达到6小时甚至更长。2018年1月19日，天津中航通携行业级无人机油电混合无人机欧灵（owling），在天津大学八里台工业园进行了7小时续航挑战，创下电动多旋翼无人机续航最长时间的世界纪录，远远大于上月媒体报道的西班牙无人机4小时的最长续航时间。欧灵携带10.5L油，飞行437分钟，在7小时飞行中欧灵无人机姿态平稳，电压稳定。

深圳智航通过不断研究和开发，以轻量化（复合结构）、标准化设计使无人机系统布局变得更为合理，不断提升无人机续航能力，其推出的V500H混合动力无人机，配合流线型大展弦比机翼及翼身融合布局，可达超过10h续航能力，飞行姿态平稳，电压稳定。

为提高技术壁垒差异化竞争，克服续航和载重短板，在过去的几年里，一些无人机企业发布过其他几种解决方案，但都不尽如人意，由于技术的局限性不能满足市场需求。

（1）氢燃料电池方案

氢燃料电池主要是解决无人机续航时间短的问题，它虽然能将无人机的续航时间提高，但本身仍然处于早期阶段，在一些汽车厂商中也研发出了氢燃料电池汽车，但仍然是实验室的产品，受限于综合成本高，以及氢气的安全问题，离批量商业化还有相当距离。图3-2-13所示为一款氢燃料电池无人机。

图3-2-13　氢燃料电池无人机

（2）多轴油动直驱变距方案

多轴油动直驱变距方案中（见图3-2-14），直接将电机替代为航模发动机，以此来解决续航跟载重小的问题，并通过变距的方式解决油动发动机响应速度慢的问题。但此方案由于发动机个数众多、震动大，对机体强度有较高要求，导致的结果是尺寸大，运输不方便。其次，由于其发动机个数有4个或6个，维修保养麻烦、成本昂贵、出现故障的概率高。再加上每一个动力轴都有变距结构，大大增加了多轴无人机动力系统的复杂性，使得维护难度大大增加。

图3-2-14　多轴油动直驱变距方案

（3）垂直起降固定翼方案

垂直起降固定翼方案主要解决的是起飞降落受跑道限制的问题，但其在解决更长续航及载重问题上仍不算是长足的进步。垂直起降固定翼无人机（见图3-2-15）在执行飞行任务时，可以切换至固定翼姿态，这种姿态使得无人机能够拥有更长的续航时间。因此，垂直起降固定翼无人机可以进行大范围的航测作业，这在很大程度上提高了无人机的续航能力。在此方案中，优化方式是将多旋翼转化为固定翼，但其起降阶段仍采用多旋翼形式，受限于多旋翼载荷能力，对任务载重提升不大。

众多方案中，油电混动优势凸显，图3-2-16所示为一款油电混动发动机。在对无人机载重小、续航时间短方面，油电混动解决方案优势凸显，其既保留了稳定可靠的动力电机来提升整个系统的安全稳定性，也同时保障了电池电能的持续供应。相比于氢燃料电池，油电混动能量密度以及技术成熟度远高于氢燃料电池，其应用更加广泛。相比于多轴油动直驱/变距方案，油电混动既保留了电动无人机的安全、可靠、易维护性，又通过燃油发电的方式源源不断地为动力电机供电，很完美地解决了电动无人机载重小和续航时间短的短板，让电动无人机有了无限可能。油电混动方案与垂直起降方案更多的是结合，其结合后更能将固定翼的优势发挥到极致。

图3-2-15　垂直起降固定翼无人机

图3-2-16　油电混动发动机

随着无人机续航能力的不断提升,我们可以预见,其在各个领域的应用将更加广泛和深入。在环保监测领域,无人机可以持续飞行更长时间,对污染源进行持续监测和追踪;在农业领域,无人机可以长时间执行农作物巡查和精准施肥等任务;在灾害救援领域,无人机可以持续飞行更长时间,为灾区提供及时的空中支援和信息传递。

6. 抗风能力

无人机的抗风能力是指无人机在特定风速下仍能保持稳定的飞行状态,而不受到风力的过大影响。无人机的抗风能力通常被分为不同的等级,从等级0到等级5,每个等级对应着不同的风速范围。等级0的无人机没有抗风能力,只能在无风或微风环境下飞行。等级1的无人机可以抵抗5级以下风速,以此类推,等级5的无人机可以抵抗25级以上风速。不同的无人机在设计之初就进行了抗风能力测试,例如大疆Mavic 3,其参数见表3-2-1。

表3-2-1 大疆Mavic 3无人机参数

参数	数值
避障能力	全方向感知避障
避障系统	APAS 5.0
图传系统	DJI OcuSync 3.0+,图传距离最远15 km,画面1080P 60fps
最长飞行时间	43 min
最长悬停时间	37 min
最大续航里程	28 km
最大上升速度	8 m/s
最大下降速度	6 m/s
最大水平飞行速度	21 m/s
最大抗风速度	12 m/s
最大起飞海拔高度	6 000 m
机载内存	8 GB(可用空间约7.2 GB)

无人机的抗风能力与多个因素有关,包括无人机的重量和体积、电机输出马力、软件系统的定位精准度和飞控算法的精确度等。一般来说,体积越大、重量越大的无人机越能抵抗风力,因为它们的惯性更大,风力对它们的影响更小。同时,电机输出马力越足,无人机的抗风能力也越好。此外,软件系统的定位精准度和飞控算法的精确度也能直接影响无人机的稳定程度,从而影响其抗风能力。

不同类型的无人机抗风能力也不相同。相较而言,固定翼无人机的抗风能力优于多旋翼,大重量无人机抗风能力优于轻重量无人机。

然而,需要注意的是,无人机的抗风等级并非越高越好。高抗风等级的无人机通常会更加笨重,这可能会影响其操作性和便携性。因此,在选择无人机时,需要根据实际需求和使用环境来选择合适的抗风等级,以保证无人机的性能和安全。

二、航空气象

航空气象是涉及航空和气象学的交叉学科,是专门为航空服务的应用气象学科,主要研究气象要素和天气现象对航空技术装备和飞行活动的影响。它致力于提供有效的气象保障，以确保飞行安全并顺利完成飞行任务。

航空气象勤务则是将航空气象学的研究成果应用于航空气象保障中，包括组织以预报为主的有效的气象保障，以及航空气候统计和区划、航空气象资料的整理编制、存贮和检索等内容。气象与航空的关系密切，因为气象直接影响飞行。例如，高速飞机的出现和远程乃至全球飞行的成功，对航空天气预报的时效要求更高，需要获取全球范围的气象情报。为了满足这些需求，航空气象开始采用先进技术，如建立地面气象雷达站，并通过气象卫星开展全球数字天气预报业务，图3-2-17所示为典型的太阳能自动气象站。

影响航空气象的因素大致分为五个方面，分别是大气成分与结构、气象要素、气象资料及其来源与服务设施、飞行气象保障等。

图3-2-17　太阳能自动气象站

1. 大气成分与结构

（1）大气成分

大气是由多种气体混合组成的气体，还包括浮悬其中的液态和固态杂质。这些成分和结构共同决定了大气的物理和化学性质，以及其对地球环境和生物的影响，而飞行器需要在大气层中飞行，这意味着大气对航空也有最直接的影响。

大气的主要成分包括氮气、氧气和氩气，它们合占大气总体积的99.96%，如图3-2-18所示。其中，氮气是大气中最主要的成分，约占大气总体积的78%。氧气是地球生物呼吸和能量生成所必需的气体，约占大气总体积的21%。氩气则是一种惰性气体，对大气化学性质的影响较小。大气成分的作用也不尽相同，每种大气成分都有其特定的作用。例如，氮气是地球大气中最主要的成分，对维持地球的生物圈稳定具有重要作用；氧气是生物呼吸和能量生成所必需的气体；水蒸气则影响气候和天气变化，形成云、雨、雪等天气现象等。

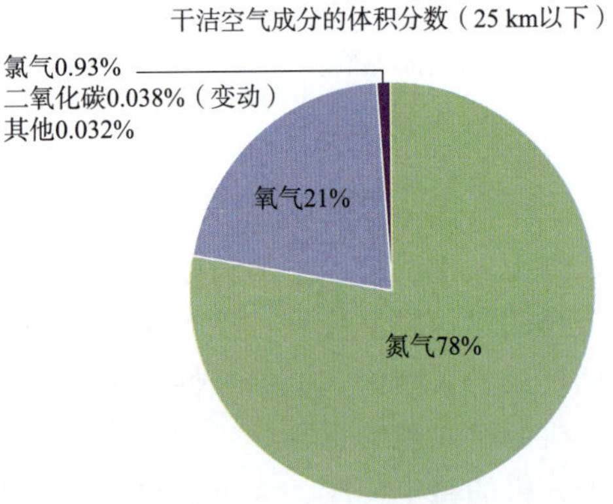

除了这些主要成分外，大气中还含有一些微量气体，如二氧化碳、甲烷、臭氧等。这些气体虽然

图3-2-18　大气成分分析

含量较低，但对大气环境和地球气候具有重要的影响。例如，二氧化碳是一种温室气体，能够吸收和发射红外能量，导致地球表面温度升高；甲烷则是一种强烈的温室气体，其温室效应比二氧化碳还要强。

除了气体成分外，大气中还包含液态和固态杂质，如微生物、细菌、水滴、冰晶、尘埃、气溶胶等。这些杂质对大气的物理和化学性质具有重要的影响，能够影响大气的光学性质、云的形成和降水过程等。

大气成分并非一成不变，它们会受到自然和人为因素的影响而发生变化。例如，火山喷发、森林火灾等自然事件会改变大气成分；人类活动，如燃烧化石燃料、森林砍伐等也会导致大气成分的变化。

在大气结构上，可以分为几个不同的层次，如图3-2-19所示。最底层是对流层，它是地球大气层中最接近地面的一层，也是天气现象的主要发生地。对流层之上的平流层，气温随高度增加而增加，大气稳定，适合飞机飞行。再往上是中间层和外层，这些层次的大气密度较低，对地球环境的影响较小。

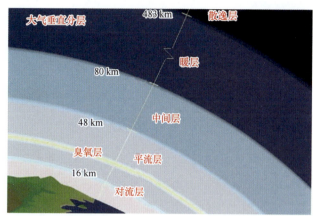

图3-2-19　大气层垂直结构分布

①对流层：位于大气的最低层，从地球表面开始向高空伸展。平均厚度约为12 km，其厚度在地球两极上空为8 km，在赤道上空为17 km，是大气中最稠密的一层，集中了约75%的大气质量和90%以上的水汽质量，温度随高度的增加而降低。

②平流层：距地表约10~50 km处的大气层，位于对流层之上，逸散层之下，是地球大气层里上热下冷的一层。

③中间层：自平流层顶到85 km之间的大气层。该层温度垂直递减率很大，对流运动强盛，中间层顶附近的温度约为190 K。

④热层：也称暖层，位于中间层之上及散逸层之下，其顶部离地面约800 km。热层的空气受太阳短波辐射而处于高度电离的状态，电离层便存在于本层之中，而极光也是在热层顶部发生的。

⑤散逸层：也称外层，距离地表800 km至3 000 km，是地球大气的最外层，散逸层空气极为稀薄，其密度几乎与太空密度相同，温度随高度增加略有增加。

（2）大气对无人机飞行性能的影响

无人机通常使用燃料燃烧或电动机来产生推力，而这些过程都会受到大气成分的影响。例如，高海拔地区的大气含氧量较低，可能会影响无人机的发动机性能，降低其推力输出。无人机能够飞行的原理便在于空气流动产生的压强差，不论是固定翼的机翼，还是螺旋桨的转动，都是空气压强差产生的托举力，升力产生的基本原理如图3-2-20所示。

大气中的颗粒物、气溶胶和污染物等也会对无人机的性能产生影响。这些物质可能会附着在无人机的表面，影响其热传导和散热性能，甚至可能导致无人机表面的腐蚀和磨损。此外，颗粒物和气溶胶还可能影响无人机的传感器和光学设备的性能，降低其精度和可靠性。大气中的温度和压力等气象条件也会对无人机的性能产生影响。例如，高温和低压环境可能会降低无人机的升力，增加其飞行难度和危险性。同时，风速、风向和气流等气象因素也会影响无人机的飞行轨迹和稳定性。

无人机主要使用于低空，在不同飞行层，有着不同的航空、航天器。

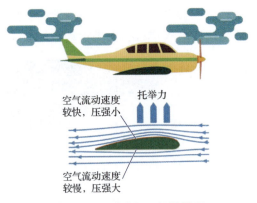

图3-2-20 无人机飞行的原理

不同的大气层密度和成分会对无人机的升力和阻力产生直接影响。在高空，空气稀薄，无人机产生的升力会减小，从而可能影响飞行高度和稳定性。此外，大气中的水分、灰尘和其他污染物也可能对无人机的传感器和动力系统造成损害，进而影响飞行性能。随着高度的增加，大气温度逐渐降低，可能导致无人机机体材料的收缩和变形，影响其结构稳定性。

（3）结冰对无人机飞行性能的影响

更高的飞行高度还意味着机翼结冰的风险（见图3-2-21）。载人航空中，关于飞机结冰的研究可以追溯到上个世纪初期，在20世纪30年代，人们发明了最初的飞机除冰装置。在1948年，Preston和Blackman完成了首次飞机结冰试验，结果表明，结冰使飞行阻力增加了81%，飞行员感觉整个飞机都要失控了。随着新的飞机设计需求以及新性能的要求，飞机结冰适航只会变得更加严格。

图3-2-21 翼面结冰的无人机

飞机结冰会导致升力面的流线体外形变为非流线体外形，从而引发漩涡分离，如图3-2-22所示。在机翼前缘的冰将显著影响原本的气动性能，造成升力的大幅降低、阻力的大幅增加以及力矩的非线性变化。结冰还特别影响飞机的失速特性，带冰后飞机的失速攻角提前，最大升力系数也出现较大损失，这使得飞行的红线被大大拉低了。

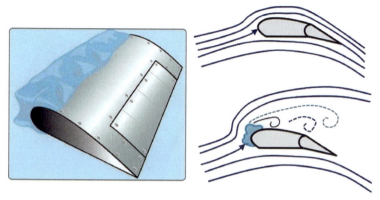

图3-2-22 翼面结冰导致的气动布局变化

（4）电磁干扰与雷电对无人机飞行性能的影响

大气中的电磁干扰和雷电活动也可能对无人机的电子系统造成损害。强电磁干扰可能导致无人机的导航系统和传感器失灵，而雷电活动则可能引发无人机机体的电磁感应和电流传导，对其电子设备和结构造成损坏。

（5）应对措施

为了应对这些挑战，无人机设计和制造过程中需要采取一系列措施。通过优化无人机的天线设计和布局，提高通信信号的传输质量和稳定性。其次，采用先进的导航技术，如卫星导航、惯性导航等，以提高无人机的定位精度和抗干扰能力。此外，还可以通过加强无人机的防雷击设计，降低雷电活动对无人机的影响。

2. 气象要素

气象要素作为大气科学研究的核心内容，是我们理解天气、气候以及环境变化的关键，气象要素的分类包括主要要素和次要要素。主要要素包括气温、气压、湿度、降水、风速和风向，次要要素则涵盖云量、能见度、霜冻等。

气象要素的应用广泛，不仅仅是航空领域，还涉及天气预报、气候预测、环境评估、资源利用等多个领域。通过对气温、湿度、风速等要素的分析，我们可以预测未来的天气变化，进而对飞行做出合理的规划。

（1）主要气象要素对无人机飞行性能的影响

①气温与气压对无人机飞行性能的影响。

气温和气压对飞行的影响是多方面的。首先，气温高低会影响甚至直接改变大气压强，若是固定翼滑跑起飞，将直接影响飞机滑跑距离。当气温升高时，空气密度变小，这会导致飞机发动机的推力或螺旋桨拉力减小，飞机增速变慢。同时，飞机的升力也会减小，要求飞机的离地速度增大，飞机起飞的滑跑距离会变长。相反，当气温降低时，空气密度增大，飞机增速变快，飞机升力增大，起飞的滑跑距离会相应缩短。飞机着陆时的滑跑距离也会受到类似的影响。

无人机导航飞控系统的传感器中包含气压传感器，如图3-2-23所示。利用大气压对飞机当前高度进行判定，而高度判定误差较大时，将是飞行安全的重大隐患。气温的变化还将影响飞机的空速表和高度表的示值，从而对飞行安全产生影响。极端的气温条件，如过高或过低的温度，可能会对飞机的结构和性能产生影响，从而影响飞行安全。

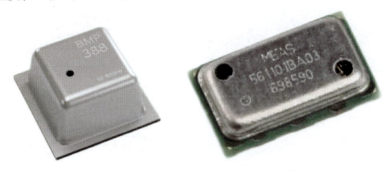

图3-2-23　无人机飞控常用气压传感器

②湿度与降水对无人机飞行性能的影响。

图3-2-24所示为一架在雨水中运行的无人机。湿度和降水对无人机飞行的影响不容忽视。首先，湿度过高可能导致无人机部件的腐蚀，特别是金属部分。在潮湿环境中，金属表面容易形成水膜，这会加速金属的氧化和腐蚀过程。无人机的电机和螺丝等关键部件可能会因此受损，进而影响飞行的稳定性和安全性。

图3-2-24　雨水中运行的无人机

其次，降水对无人机的影响更加直接和显著。雨水可能导致无人机的电子元件短路，损坏电路板和其他关键组件。此外，降水还可能影响无人机的传感器和摄像头，导致数据不准确或拍摄效果不佳。在极端情况下，强降雨甚至可能导致无人机失控或坠毁。

除了对无人机硬件的影响外，湿度和降水还可能对无人机的飞行控制和导航系统造成干扰。在潮湿或降水条件下，无人机的信号传输可能受到干扰，导致控制信号不稳定或丢失。这可能导致无人机失去控制，增加飞行风险。因此，飞行前需要密切关注天气状况，避免在湿度过高或降水较大的条件下进行飞行。

③风速与风向对无人机飞行性能的影响。

强风可能导致无人机失去稳定性，使其难以保持稳定飞行姿态。这可能会导致无人机在飞行中偏离预定路径，增加碰撞风险。此外，风力还可能影响无人机上的载荷，如摄像头或传感器，导致图像质量下降或功能异常。在强风下，无人机电池耗电也可能会加速，从而缩短无人机在空中的停留时间。

起降场所的风速大小和风向也会影响无人机的起飞和降落。如果风速过大,无人机在起飞和降落时容易飞偏,特别是在峡谷和高原地区。此外,强风还可能影响无人机的定位精度,导致无人机在返航时定位不准。

(2)次要气象要素对无人机飞行性能的影响

①云量对无人机飞行性能的影响。

图3-2-25所示为一架穿越云层的无人机。云层的厚度和高度会对无人机的视觉系统和导航设备产生干扰,从而影响无人机的飞行效果和安全性。在云量较大的情况下,无人机的摄像头和传感器可能无法准确捕捉到地面上的目标或障碍物,这增加了无人机在飞行中发生碰撞的风险。云量还会对无人机的数据传输产生干扰。无人机在飞行过程中,需要不断将采集的数据传输回地面控制站。然而,云层中的水滴和冰晶会对无线电信号产生散射和吸收作用,导致信号衰减和失真。这可能会使无人机的数据传输质量下降,影响地面控制站对无人机的实时监控和指挥。

图3-2-25 穿越云层的无人机

②能见度对无人机飞行性能的影响。

能见度对无人机的影响主要体现在影响无人机的导航和观察能力。当能见度过低时,无人机的摄像头或传感器可能无法准确捕捉和识别目标,从而影响其导航和飞行控制。此外,低能见度还可能导致无人机无法及时发现障碍物或地面情况,增加了飞行中的风险。

③霜冻对无人机飞行性能的影响。

霜冻的气象条件下,无人机在飞行时,其表面可能会出现结霜现象。这种结霜是由水汽在低温的机身表面凝华形成的,类似于地面结霜。一旦机身表面增温后,这些霜即可消失。此外,在霜冻条件下,无人机的桨叶可能会结冰。结冰会破坏桨叶原有的气动外形,降低旋翼的飞行效率,严重影响无人机的安全飞行,并可能产生安全隐患。当桨叶结冰时,可能会出现屏幕界面提示电机动力饱和或者触发自动降落,严重时可能因为动力不足导致坠机事故。霜冻气象下还可能使电池效能降低,冬季锂电池的续航时间变短是不可避免的,因为温度过低会使电池的效能和活性大幅度降低,从而影响无人机的正常工作。

综上所述,在无人机飞行过程中,特别是在复杂或低能见度的环境下,飞行员需要更加谨慎,并依赖于其他导航和感知设备,如雷达、红外传感器等,以确保无人机的安全和准确飞行。同时,飞行员还需要根据天气和能见度情况,合理规划飞行路线和高度,以避免不必要的风险和危险。

3. 气象资料及其来源与服务设施

气象资料是与气象业务、科研和服务相关的所有有关数据的总和，其来源和服务设施主要有气象台站观测、卫星遥感数据以及其他来源三个方面。

（1）气象台站观测

气象台站观测包括地面气象观测站、高空气象观测站等，是观测和记录天气现象、气象要素和气象变化的重要设施。这些气象台站通常配备有各种气象仪器和设备，定期观测并记录各种气象要素，如温度、湿度、风速、风向、气压等。

（2）卫星遥感数据

图3-2-26所示为卫星云图。通过国家发射的气象观测卫星，可以获得精确的气象信息。气象观测卫星上搭载了先进的遥感仪器，以获取地球表面的各种气象现象和参数。通过卫星遥感数据，我们可以获取到关于温度、湿度、风速、风向等关键气象要素的空间分布和时间变化。这些数据可以帮助我们分析天气系统的形成和演变过程，预测未来天气趋势，以及评估气候变化对飞行安全的影响。

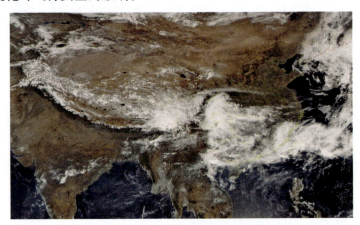

图3-2-26 卫星云图

（3）其他来源

其他来源包括船舶、浮标等海洋气象观测设备，以及自动气象站、农业气象观测站、飞机观测、探空气球等提供的观测数据，图3-2-27所示为船舶气象观测设备。

4. 飞行气象保障

无人机飞行气象保障是指为确保无人机在飞行过程中的安全，提供及时、准确的气象数据和信息，以便对飞行环境和气象条件进行预判和应对。这包括提供实时的天气实况、逐小时预报信息、飞行航线确定、目标区气象预报以及飞机起降气象保障等。通过气象资料及其来源与服务设施获取的气象信

图3-2-27 船舶气象观测设备

息，可以确保无人机的飞行安全。气象保障工作常见为气象实时监测、风险评估、应急预案、飞行计划调整等。

（1）实时监测

在无人机飞行过程中，通过气象传感器或地面气象站等设备，实时监测飞行区域的气象条件，确保无人机能够及时调整飞行策略，避免遇到危险天气。气象是一直在变化的，为保障无人机飞航安全，需要实时观测气象情况。如果天气突变或恶化，应立即暂停飞行并迅速将无人机降落到安全区域。

（2）风险评估

根据获取的气象信息，分析气象条件对无人机飞行的影响，例如，强风可能导致无人机失控，低能见度可能影响飞行员的视觉判断，降水可能导致无人机电子设备短路等。在了解了可能的气象条件后，需要制定一个适当的飞行计划，包括起飞和降落的时间、飞行路线、高度和速度等。这个计划需要考虑到气象条件的变化和无人机的性能限制。

（3）应急预案

制定针对各种可能的气象风险的应急预案，包括遇到恶劣天气时的紧急避让、备降等措施，确保无人机在遇到突发情况时能够迅速应对。气象应急包括在飞行前进行准备和在飞行过程中的应急响应：当遇到突发气象条件时，如大风、雷电等，飞行人员应立即采取应对措施，如调整飞行高度、速度、方向等。紧急情况下的通信与协调，建立有效的通信机制，确保飞行人员与指挥中心之间的信息传递畅通无阻，在紧急情况下，指挥中心应迅速做出决策。

（4）飞行计划调整

飞行计划调整是指根据所得的气象条件，结合所需的飞行计划做出合理调整。为避免气象影响，可根据航路气象进行适当改变，比如修改导航点、飞行路线等，对危险气象区域进行必要的规避。如高风暴潜在区、雷暴区等。此外，应根据实时天气状况对飞行计划进行动态调整。

任务实施

步骤一　数据收集

1. 收集历史航空气象数据和无人机飞行性能数据。
2. 整理数据，确保信息的准确性和完整性。

步骤二　数据分析

1. 使用数据分析工具，比较不同气象条件下的无人机飞行性能。
2. 分析气象因素，如风速、风向、温度、湿度等对无人机飞行的影响。

步骤三　数据整理

1. 将分析结果整理成图表和文字报告。
2. 标注关键信息和重要发现，使报告易于理解和使用。

无人机概论

✅ **步骤四 数据分享**

1. 在团队会议中分享你的气象情报报告。
2. 与团队成员讨论不同气象条件下的飞行策略和注意事项。

任务评价

整个任务完成之后，让我们来检测一下完成的效果吧，具体的测评细则见表3-2-2。

表3-2-2 任务完成情况的测评细则

评价内容	分值	评价细则	量化分值	得分
信息收集与自主学习	28分	1. 能主动收集完整、准确的航空气象和无人机飞行性能数据	7分	
		2. 数据来源可靠，收集方法科学有效	7分	
		3. 进行深入的分析和学习	7分	
		4. 展现出强烈的求知欲	7分	
项目具体实施与成效	52分	1. 分析报告内容详实、逻辑清晰	12分	
		2. 能准确分析不同气象条件下的无人机飞行性能	10分	
		3. 能够结合实际情况，提出创新性的解决方案	10分	
		4. 在数据收集和分析过程中采用了新颖的方法或技术	10分	
		5. 提出合理的飞行建议	10分	
职业素养与职业规范	20分	1. 在项目实施中展现的责任感与担当精神	4分	
		2. 对法律与伦理规范的遵守与执行	4分	
		3. 能够合理安排时间，高效完成任务	4分	
		4. 能够有效倾听他人的意见，通过沟通达成共识	4分	
		5. 在任务执行过程中始终坚守职业道德，不参与任何不诚信或违法行为	4分	
总计		100分		

巩固练习

1. 什么是无人机的飞行速度？在多旋翼无人机中，哪种机型飞行速度最快？
2. 民用无人机的最高飞行高度一般被限制在多少？
3. 影响无人机飞行稳定性的因素有哪些？
4. 固定翼无人机的展弦比是如何定义的？展弦比对操纵性的影响是什么？
5. 无人机的续航能力主要取决于哪些因素？
6. 无人机的抗风能力与哪些因素有关？
7. 航空气象的研究用途是什么？航空气象勤务包括哪些方面的内容？
8. 大气对无人机飞行性能的影响有哪些？
9. 气象要素包含哪些方面的内容？
10. 常见的气象保障工作有哪些？

任务拓展

亲爱的同学们，你们是否曾在无风的晴朗日子里驾驶无人机，感受着它如鸟儿般自由翱翔的快感？又或者，在风雨交加的日子里，你担心过无人机是否能够安全起飞、稳定飞行吗？今天，我们就要围绕无人机飞行性能与航空气象的关系，开展一场激烈的辩论赛，看看谁能在这场智慧的较量中脱颖而出！

任务要求

本次辩论赛的主题为"无人机飞行性能与航空气象的相互影响"。要求参赛双方围绕这一主题，从各自的观点出发，进行深入的探讨和辩论。正方观点："航空气象对无人机飞行性能有决定性影响"；反方观点："无人机飞行性能主要取决于其自身设计和技术水平，航空气象影响有限"。

任务三　熟悉无人机的操纵

任务目标

知识目标：
1. 掌握无人机飞行安全的基本原则和关键要素。
2. 理解无人机飞行操纵理论。
3. 熟悉无人机首次飞行的步骤和注意事项。
4. 了解飞行前的准备工作、飞行中的监控以及飞行后的评估与维护。

技能目标：
1. 能够理解并掌握飞行训练的具体内容。
2. 熟练掌握无人机的操纵理论技巧，包括起飞、悬停、转向、降落等基本操作。
3. 能够口述无人机首飞步骤。

素质目标：
1. 培养安全意识，严格遵守无人机飞行的安全规范。
2. 增强团队协作和沟通能力。
3. 培养创新精神和探索意识，不断探索无人机飞行的新技术、新方法。

任务描述

任务名称：无人机飞行探索之旅——知识与乐趣的双重冒险。

这不是一次普通的飞行任务，而是一次融合了知识与乐趣的双重冒险。在这个过程中，你将深入挖掘无人机的飞行安全、操纵理论以及首次飞行的关键要点。

首先，你需要通过广泛的信息收集来了解无人机的基本原理和操作规则。在这个信息时代，知识就在指尖，你只需通过计算机、书籍、专业网站等渠道，就能掌握无人机的各种知识。从飞行原理到安全准则，从操纵技巧到维护保养，你需要——掌握，为接下来的飞行探索做好充分的准备。

接下来,制定一个详细的飞行计划是至关重要的。这个计划将引导你一步步走进无人机的世界,帮助你更好地理解无人机的操纵理论。你需要仔细考虑每一个飞行环节,包括起飞、悬停、转向、降落等,都要精心规划。这个过程就像是在解一道复杂的谜题,你需要用智慧和耐心来寻找答案。

然后,你将迎来最令人兴奋的环节——模拟飞行。通过模拟软件或在线模拟器,你可以亲自体验操控无人机的感觉。在这个过程中,你可以尝试应用所学的飞行操纵理论,感受无人机在空中的灵动与自由。模拟飞行不仅可以让你更直观地了解无人机的操作技巧,还能帮助你在真实的飞行中更加从容应对各种情况。

最后,当你完成模拟飞行后,别忘了进行反思和总结。这是一次宝贵的学习机会,你可以通过回顾自己的飞行体验,思考其中的得失和收获。同时,你还可以向同行请教、讨论,吸收更多的知识和经验。这次探索之旅不仅让你更深入地了解了无人机的飞行安全、操纵理论和首次飞行的要点,还让你体验到了科技的魅力和乐趣。

任务要求

1. 全面了解无人机的飞行安全准则。
2. 掌握无人机飞行操纵的基本理论。
3. 通过模拟飞行,体验无人机的首次飞行过程。
4. 提交一份详细的飞行探索报告,总结学习成果。

知识链接

一、无人机的飞行安全

一系列的无人机伤人事件再次引发了大家对无人机安全问题的热议。无人机安全,是绕不过的话题。那无人机怎么飞,才能更安全?

无人机飞行安全是指无人机在运行过程中,不出现由于运行失当或外来原因而造成无人机上的机载设备、传感器或无人机飞行平台的损坏的事件。事实上,由于无人机的设计、制造与维护难免有缺陷,其运行环境如起降场地、运行空域、助航系统、气象情况等复杂多变,操控员也难免出现失误,导致飞行过程中出现安全事故。因此,在飞行之前应该做足检查,在飞行过程中要密切关注飞行动态,飞行过后要检查、保养无人机,避免事故的发生。

1. 飞行环境的影响

影响飞行安全的环境因素如下:

①风速:建议飞行风速在4级(5.5~7.9 m/s)以下,遇到楼层或者峡谷等注意突风现象。通常起飞重量越大,抗风性越好。

②雨雪:市面上多数无人机设备无防水功能,故雨雪形成的水滴会造成飞行器电子电路部分短路或漏电的情况,其次机械结构部分零件为铁或钢等金属材料,进水后会腐蚀或生锈,影响机械运动正常运行。

③大雾:主要影响操纵人员的视线和镜头画面,难以判断实际安全距离。

④空气密度:大气层空气密度随着海拔高度的增加,空气密度减小。在空气密度较低

的环境中飞行，飞行器的转速增加，电流增大，进而减少续航时间。

⑤大气温度：飞行环境温度非常重要，过高的温度主要不利于电机、电池和电调等散热，大多数无人机采用风冷自然散热。温度环境与飞行器运行温度温差越小，散热越慢。

较大的灰尘或者细沙会卡住电机，避免在此类环境下飞行。

注意观察飞行区域周边电磁干扰源情况，现在主流的无人机无线电遥控设备采用2.4 G频段，由于目前家用的无线路由均采用2.4 G频段，发射功率虽然不高，但城市区的数量大，难免会干扰遥控器的无线操控，导致失控。

2. 飞行检查

无人机在飞行过程中发生的意外事故很大一部分是因为前期的检查工作不够仔细。无人机的任何一个小问题都有可能导致飞行过程中出现事故，轻则财产损失，重则伤及他人。因此，在飞行前一定要做好检查工作。

（1）通电前的检查

①针对机械部分的检查。

a. 检查螺旋桨是否完好，表面是否有污渍和裂纹，安装是否紧固，螺旋桨正反桨是否安装正确，转动螺旋桨看是否有干涉；

b. 检查电机安装是否牢固，螺丝有无松动，转动电机是否有卡滞现象，电机线圈内部是否洁净，电机轴有无明显的弯曲、卡顿；

c. 检查机架是否牢固，螺丝有无松动；

d. 检查云台舵机转动是否顺畅，有无干涉。云台、相机安装是否牢固，相机镜头有无污渍。

②针对电子元器件的检查。

a. 检查各插头连接是否紧固，插头与电线焊接部分是否虚焊、有松动；

b. 检查各电线外皮是否完好，有无剐蹭脱皮现象；

c. 检查电子设备是否安装牢固，应保证电子设备清洁、完整，并做好防护；

d. 检查磁罗盘、IMU指向是否正确；

e. 检查电池有无破损、胀气、漏液现象，测量电压是否足够；

f. 检查遥控器模式是否正确，电量是否充足，开关是否完好。先开遥控器，再给无人机通电。

（2）通电后的检查

通电后的检查包括以下四个方面：

①电调提示音是否正确；

②电源开启后，相机和云台工作是否正常；

③各电子设备有无不正常发热现象；

④各指示灯是否正常。

3. 预飞行操作

预飞行操作按以下顺序进行：

①轻微推动油门，观察各个旋翼工作是否正常，微小型无人机可以举起无人机晃动（注意做好防护措施），看无人机是否有自稳趋势；

②进行前后左右飞行、自旋，观察无人机飞行是否正常，检查遥控器舵量是否正确，各工作模式是否正确，云台是否正常工作；

③进行一个矩形航线飞行，进行几个大机动飞行，观察无人机工作是否正常。

总之，多旋翼无人机飞行速度快，如果发生失控、坠落等意外情况，后果不堪设想。因此无人机在飞行前要做缜密的飞行前准备，还要密切留意无人机在飞行中的各种状态，同时还要按时对无人机进行维护保养。

4. 飞行中的注意事项

无人机在飞行中，要注意以下事项：

①操控员应时刻清楚无人机的姿态、飞行时间、位置及其状态；

②确保无人机和人员处于安全距离，否则进行调整或降落；

③确保无人机电量足够其返航及安全降落；

④若远距离或超视距操控，监控人员密切监视地面控制站中无人机飞行高度、飞行速度、电池电压、卫星数量等信息，并及时告知操控员电池电压、飞行高度等信息或其他意外情况；

⑤若出现飞行中丢失卫星导致无人机失控现象发生时，切换飞行模式重新获得无人机操控权，尽快降落；

⑥无人机远距离丢失其姿态信息时，应保持冷静，可通过轻微调整摇杆观察其移动方向，重新清楚其姿态；

⑦自动返航是一项保障功能，由于其返航成功与否涉及因素较多，不能确保万无一失，一般不主动使用，只作为无人机安全的额外保障；

⑧若无人机发生较大故障，要首先确保人员安全。

5. 飞行结束后的操作事项

飞行结束后，要做好以下工作：

①无人机降落后，确保遥控器已锁定，先切断接收端的各类电源，再切断发射端的电源；

②检查电量、无人机和机载设备；

③相关设备放置得当。

6. 外场飞行注意事项

外场飞行时，需要注意的事项如下：

①进入外场，确认选用的遥控设备的频率是否同正在附近使用的其他无人机设备的频率冲突；

②在无人机起飞前，仔细查看说明书，确认遥控器各频道功能，检查电机、副翼、方向舵、升降舵是否正常；

③飞行前，确认螺旋桨安装紧固，并且除操作人员外，其他无关人员不得进入起飞半径10 m以内的区域；

④不要将已经具备起飞动力的无人机机头对准自己或他人；

⑤不要在小范围内同时起飞两架以上的无人机，应保持一定的安全距离；

⑥光照太强时，应佩戴太阳镜，避免光照直射眼睛；

⑦当无人机起飞或降落时，不要迎面对着无人机，更不要采取空中手接无人机的

方式；

⑧当无人机着地后，要等它的螺旋桨停止旋转后再靠近，靠近前应该注意采取以下措施：

a. 电动无人机，立即关闭动力电源开关；

b. 汽油发动机无人机，要立即切断发动机油路开关；

c. 采用遥控器控制的，要首先关闭遥控接收机的电源开关，再关闭发射机的电源开关以及油路开关。

⑨旁观者观摩飞行时，应该提醒他们远离准备起飞和正在飞行、降落中的无人机。

7. 无人机安全飞行须知

无人机到底怎么飞？怎样做到合法合规地安全飞行？下面这份日常无人机飞行安全"八须知"就能解答你的疑问。

（1）实名登记、购买无人机保险

根据《无人驾驶航空器飞行管理暂行条例》（2024年1月1日起施行）规定，民用无人驾驶航空器所有者应当依法进行实名登记，不分类型和重量，都应当在飞行前为所属无人机进行实名注册登记。对违反本条例规定，民用无人驾驶航空器未经实名登记实施飞行活动的，由公安机关责令改正，可以处200元以下的罚款；情节严重的，处2 000元以上2万元以下的罚款。开展飞行活动前，向民航部门申请无人机实名登记，如实填报个人身份、移动电话、产品型号等信息，获取并在无人机上粘贴登记二维码。

对于无人机在飞行过程中存在的安全隐患，无人机保险可以提供安全保障。保险作为一种风险转移工具，可以帮助我们在面临未知时，承担意外事件造成的经济损失。

无人机保险是保险公司针对无人机及配套设备推出的保险产品，无人机在飞行过程中发生意外事故造成的损失，可以由无人机保险来承担，无人机保险的保障范围如图3-3-1所示。在无人机新规施行之后对于从事经营性飞行活动的操控员和单位，必须要为无人机投保责任险。无论是娱乐还是商业飞行，无人机保险可以有效解决无人机飞行过程中存在的安全风险。万一发生事故，无人机保险可以为意外提供保障。在一系列要求措施和法规监管下，可以最大限度解决无人机在不同飞行场景中的安全隐患，维护航空安全和公共安全，促进行业健康发展。

图3-3-1　无人机保险的保障范围

（2）勿超越限制高度飞行

按照机型类别，在政府公告的适飞空域飞行，微型无人机飞行高度不超过50 m，轻型无人机不超过120 m（勿以建筑物顶高为基准变相增高）。超限以外飞行需取得空域审批许可。未经申请批准的无人机飞行，在任何地方都不能超过120 m。

（3）勿在禁飞和管制区域飞行

严格遵守"电子围栏"限飞提示，勿靠近机场、核电站、市委市政府等地标，减少从人员聚集区经过，确保飞行区域符合相关法规规定，服从现场安保人员管理。

（4）勿侵犯他人隐私飞行

未经许可，无人机不得进入他人住宅、办公场所等非开放区域，不得利用无人机从事窥探偷拍、录音录像等侵犯他人隐私活动，避免噪声干扰。

（5）勿低于安全距离飞行

无人机飞行过程中，注意与附近人员、树木、电线、空飘物、建筑区等保持安全距离，避免造成人、财、物损伤。

（6）勿使用自制、改装无人机飞行

无人机飞行需实时向综合监管平台报备飞行动态，实现对飞行过程的可追溯与全覆盖，勿使用自制、改装等未上传飞行数据的无人机飞行。

（7）勿在不适宜天气飞行

按照无人机本身的抗风能力规范使用，勿在大风、雨雾、冰雹天气飞行，避免造成意外损伤。夜间飞行应开启警示灯并确保无人机状态良好。

（8）勿在饮酒后操控飞行

饮酒后或受到酒精类饮料、麻醉剂以及其他药物影响时，勿操控无人机飞行。

无人机飞行活动应遵守《中华人民共和国治安管理处罚法》《无人驾驶航空器飞行管理暂行条例》《地方政府对无人机管理暂行办法》等法律法规规定。对涉嫌违规飞行且不听从安保人员劝阻，构成违法违规行为的，公安机关将依法给予行政处罚，构成犯罪的，依法追究刑事责任。

典型事故案例：

视频
揭阳无人机事件警情通报

2024年3月24日，一名网友在短视频平台发布操控无人机闯入广东揭阳潮汕机场红色禁飞区域的航拍录屏，其发布的视频题为"什么叫法律？我双手插兜，不知道什么叫对手一起看大飞机"。视频作者还在评论区发言，称"要不是飞机飞太快，我早就撞上去了""没想到吧，有种来抓我呀"等。

经查，田某出于网络炫耀、涨粉目的，在明知机场设有禁飞区的情况下，于3月22日下午操纵无人机，非法闯入揭阳潮汕机场禁飞区域，对机场及航班起降过程进行航拍。事后，田某已被公安机关依法刑事拘留。

二、无人机飞行操纵

1. 操纵方式

（1）遥控方式

遥控方式是指通过数据链路实现对无人机的飞行控制操作，这种技术与无人机飞行操作员的操作方式最为贴近传统飞行员的飞行控制方式。特别是对于操控模式接近有人机的无人机来说，遥控是操控员必须熟练掌握的技术。一般包括舵面遥控、姿态遥控和指令控制三种方式。

①舵面遥控。

舵面遥控控制方式是由控制器的操纵杆直接控制无人机的舵机，遥控无人机飞行。这是无人机最简单和最原始的控制方式，多应用于微型战术无人机的操纵上。这种控制方式一般是通过目视对无人机进行操纵。

②姿态遥控。

姿态遥控是指在无人机具有姿态稳定控制机构的基础上，通过操纵杆控制无人机的俯仰和滚转，从而连续控制无人机运动。要求设计的操纵杆适应飞行员的操纵感觉，并且具有边界限制。一般是目视操作无人机或通过仪表远程操纵无人机的机动飞行。

③指令控制。

指令控制是指通过上行链路发送控制指令，机载计算机接收到指令后按预定的控制模式执行。这种方式必须在机载自动驾驶仪或机载飞行管理与控制系统自动控制的基础上实施。

（2）自主控制

自主控制飞行是指不需要人工参与的飞行控制。这种方式下，通过全权限的机载飞行管理与控制系统完成从起飞、控制飞行、执行任务到返航着陆全过程的自动控制。自主控制时无人机处于自动驾驶状态，基本不需要人工干预，此时操控员的主要任务就是监控飞机，查看各系统是否运行正常，是否按照预设航路飞行。自主控制是无人机最为常态的飞行模式。

（3）组合控制

在自主飞行的基础上，通过操纵杆在无人机的控制外回路施加一定的偏移量，尤其是在自动起飞着陆过程中，对导航偏差和外界干扰进行人工干预的一种控制模式。组合控制介于自主和遥控之间，既要求熟知该模式下的操纵特点，又要求掌握该模式下的控制技法，该种控制模式可以理解为"更为人性化的自主控制"或是"更为轻松的遥控飞行"，人的干预通常是通过模拟量来完成，杆量的大小、时机需要通过大量的训练和实操去掌握。

2. 基本飞行训练

多旋翼无人机因其飞行操控方法简单、入门容易等特点，是目前商业级无人机最为普遍的一种机型。无人机在空中飞行，其操控的自由度较地面运动的设备来说要多，并且由于其高速旋转的螺旋桨存在一定的危险性，所以对于一个刚接触无人机的人来说，有必要系统地学习无人机的操控方法，减少设备和人员损伤。

无人机的操控主要由遥控器的左右两个摇杆来完成，每个摇杆均有上、下、左、右四个方向运动，分别控制不同的飞行动作。但不同遥控器之间的控制方式略有不同，包括美国手、日本手和中国手，操控员可以根据自己的操控习惯来对遥控器进行选择或改装，实现三种控制方式的任意一种。图3-3-2所示是日本手与美国手的区别。

遥控器（美国手）左摇杆为油门/方向舵摇杆。其中，上下位置为油门摇杆，控制无人机的上升或下降。左右位置为方向舵摇杆，控制无人机左转或右转。右摇杆为升降舵/副翼舵摇杆，其中上下位置为升降舵摇杆，控制无人机沿机头方向前进或后退。左右位置为副翼摇杆，控制无人机左侧或右侧偏航飞行。

图3-3-2　遥控器的区别

（1）起飞/升高训练

视频
无人机是如何飞行的

操控之前，需先找准无人机机头和机尾的位置，然后将无人机机头位置对准前方，机尾位置对准操控员。这样，无人机的机头方向就和人的站立方向一致。然后，离无人机一个安全距离，约3 m远，解锁飞控，缓慢推动油门，等待无人机起飞。其中，推动油门动作一定要缓慢，即使已经推动一点距离，电机还没有启动，也要控制好速度，这样可以防止由于油门过大而无法控制无人机。在无人机起飞时，可能会往某个方向偏移，此时要控制相应的遥杆使无人机不要飞远，在可控范围内，保证人员和设备的安全，起飞后不能保持油门不变，而是无人机到达一定高度后开始降低油门，并不停地调整油门大小，使无人机在一定高度内徘徊。无人机起飞训练示意图如图3-3-3所示。

（2）降落/降低训练

降落时，同样需要注意操控顺序。降低油门，使无人机缓慢地接近地面，离地面5~10 cm处稍稍推动油门，降低下降速度，然后再次降低油门，直至无人机触地（触地后不得推动油门），油门降到最低，锁定飞控（上锁的方式根据飞控的设置来决定，通常和解锁的方式相反）。相对于起飞来说，降落是一个更为复杂的过程，需要反复练习。无人机降落训练示意图如图3-3-4所示。

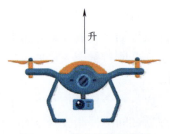

图3-3-3　起飞训练示意图　　　　图3-3-4　降落训练示意图

（3）航向控制训练

无人机起飞，缓慢推动油门至50%左右，当无人机高度处于视线上方30°角（约2 m

处),保持无人机处于悬停状态。操纵方向舵摇杆,练习旋转无人机方向。当方向舵摇杆向左推动时,无人机则沿逆时针方向旋转。当方向舵摇杆向右推动时,无人机则沿顺时针方向旋转。需要注意的是,不同无人机在操纵方向舵摇杆时,无人机转动方向可能有所不同,需根据实际情况来完成操控训练。无人机航向训练示意图如图3-3-5所示。

(4)定高移动训练

无人机起飞,慢推动油门至50%左右,当无人机高度处于视线上方30°角(约2 m处),保持无人机处于悬停状态。通过副翼摇杆,操纵无人机向左、右位置移动。当副翼摇杆向右推动时,无人机向右横滚飞行。当副翼摇杆向左推动时,无人机则向左横滚飞行。需要注意的是,不同的无人机在操纵副翼摇杆时,无人机横滚方向可能有所不同,需根据实际情况来完成操控训练。然后再通过升降杆,操纵无人机向前、后位置移动。当升降杆向上推动时,无人机向前方飞行。当升降杆向后推动时,无人机则向后方飞行。无人机定高移动训练示意图如图3-3-6所示。

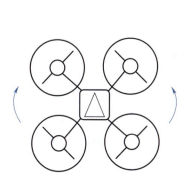

图3-3-5 航向训练示意图

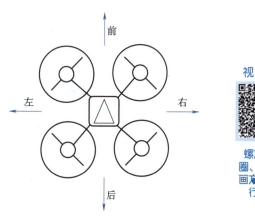

图3-3-6 定高移动训练示意图

(5)四位悬停训练

四位悬停即表示机头的不同朝向,机头朝正前方是对尾悬停,机头朝左是对左悬停,机头正对操控员是对头悬停,机头朝右是对右悬停。

操纵无人机起飞,缓慢推动油门至50%左右,当无人机高度处于视线上方30°角(约2 m处),保持无人机处于悬停状态。保持高度的同时控制偏航方向的稳定,使机尾正对着操控员。保持无人机在参照物中心点上方悬停,位置偏差不超过半个机身位置。无人机四位悬停训练示意图如图3-3-7所示。

图3-3-7 四位悬停训练示意图

(6)360°自旋训练

360°自旋是指操纵无人机保持高度不变的前提下,操纵无人机顺时针或逆时针方向匀速并慢速旋转动作,如图3-3-8所示。

无人机起飞,缓慢推动油门至50%,当无人机高度处于视线上方30°角(约2 m处)时,进行360°的偏航旋转。在此过程中,注意匀速且不宜过快,要控制转完一周的时间大于6秒,且旋转过程中不能停顿。飞行中注意油门、偏航和升降舵的控制舵量,要控制所有方

171

向的偏差不超过半个机身位置，训练时需根据实际情况来完成操控训练。

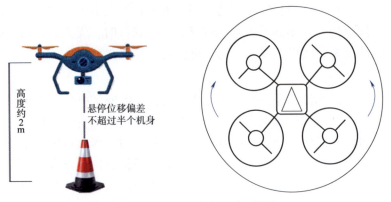

图3-3-8　360°自旋训练示意图

（7）水平8字航线训练

水平8字航线是指操纵无人机沿7个参照物作"8字"的航线飞行训练，训练过程中要求保持匀速，每两个点之间的航线为圆弧形，航线如图3-3-9所示。

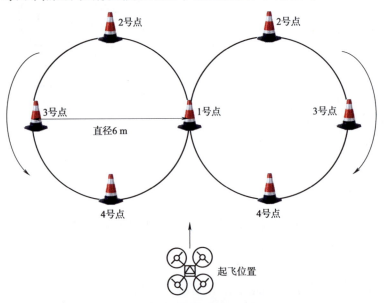

图3-3-9　水平8字航线飞行示意图

无人机起飞，缓慢推动油门至50%左右，操纵无人机到达与视线平齐的高度时，处于悬停状态。向上轻微推动升降舵摇杆，无人机向正前方直线飞行到中心点位置，完成第一段直线飞行，进入正式水平8字航线飞行。同时推动升降舵摇杆和向左或向右打偏航摇杆，使无人机向左或向右前方以走圆弧的路线飞行到2号点上方，飞行过程中尽量保持路线圆滑，左右距离偏差不超过半个机身位置，还要保持飞行速度匀速，不要时快时慢。

3. 地面站飞行训练

地面站是超视距驾驶员最后一个考试科目，主要分为航线规划、航线执行与重规划、紧急返航三个部分，是所有科目的重点及难点之一。

考试员实施实践考试中，在考试飞行前准备阶段，由考试员从题库中随机选取航线，考试员可依据现场实际条件决定航线的方位以及航线参数中的各项数值。学员知晓题目并示意无异议后开始计时，6分钟内学员应完全依据题目完成航线的规划、检查与上传，无人机进入随时可起飞状态。

进入飞行实施阶段，无人机按照规划的航线执行飞行任务之后，按照考试员指令完成：

①在操作时间限制内修改航线并执行修改后航线；
②在操作时间限制内地面站应急返航操作；
③在操作时间限制内模拟位置信息丢失，姿态模式应急返航操作。

（1）地面站软件

地面站软件是地面站的重要组成部分。驾驶员通过地面站系统提供的计算机、鼠标、键盘、按钮等硬件来与地面站软件进行交互。可以在任务开始前预先规划航线，飞行过程中对飞行器进行实时监控和干预，任务完成后对飞行信息进行回放分析等。

多旋翼地面站软件主要有如下三大功能：

①显示与修改飞行数据、状态。

对飞行器发回来的数据信息进行实时采集、显示和保存，一般通过数字、模拟仪表等手段。显示内容有多旋翼姿态、高度、速度、电机状态、电池状态、GPS信息等，还具备通过数据链发送各种遥控指令来实现干预飞行器飞行的功能。

②关键数据、状态告警。

提供关键数据、状态的告警功能。告警方式包括视觉告警和听觉告警。视觉告警主要包括指示灯告警、颜色告警和文字告警等。听觉告警主要包括语音告警和音调告警等。告警内容有电量报警、航程报警、链路报警等。

③地理信息、任务规划与航迹显示。

地理信息可视化是地面站软件功能的一个重要组成部分，包含多层信息内容，可根据实际需要选择若干层面予以显示。主要有图形用户界面、开窗缩放功能、窗口自动漫游、多种显示方式选择、比例尺控制、符号、注记、色彩控制等。

任务规划主要是依据地形信息和执行任务环境条件信息，综合考虑多旋翼的性能、续航时间、耗电量以及飞行空域等约束条件，为其规划出一条或多条自出发点到目标点的最优或次优航迹，保证高效、圆满地完成飞行任务，并安全降落回收。

在电子地图上提供飞行过程的规划航迹与实际航迹供驾驶员判断与决策。遇到特殊情况时，驾驶员可以重规划航线或通过地面站软件控制飞行器切换控制模式或返航。

（2）地面站训练样题

样题1：

样题1航线示意图如图3-3-10所示。

航线要求：

①任务航线为等边三角形，起飞点正前方规划如图3-3-10所示任务航线（起飞点距离航线距离不作要求）。

②航线边长50 m，航线相对地面高度40 m，水平速度5 m/s，垂直速度2 m/s，转弯模

式为停止转弯，各点停留10 s。

③航线闭合不循环，②点开始执行。

样题2：

样题2航线示意图如图3-3-11所示。

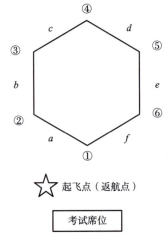

图3-3-10　样题1航线示意图　　　　图3-3-11　样题2航线示意图

航线要求：

①任务航线为等边六边形，起飞点正前方规划如图3-3-11所示任务航线（起飞点距离航线距离不作要求）。

②航线边长50 m，航线相对地面高度60 m，水平速度9 m/s，垂直速度2 m/s，转弯模式为停止转弯，各点停留5 s。

③航线闭合循环，③点开始执行。

样题3：

样题3航线示意图如图3-3-12所示。

航线要求：

①任务航线为六条扫描航线，起飞点正前方规划如图3-3-12所示任务航线（起飞点距离航线距离不作要求）。

②扫描航线长100 m，间隔5 m，航线相对地面高度60 m，水平速度9 m/s，垂直速度2 m/s，转弯模式为停止转弯，各点停留5 s。

③航线不循环，①点开始执行。

样题4：

样题4航线示意图如图3-3-13所示。

航线要求：

①任务航线为直角梯形，起飞点正前方规划如图3-3-13所示任务航线（距离不作要求）。

②a、b航线长50 m，c、d长度不做要求，航线相对地面高度60 m，水平速度5 m/s，垂直速度1.5 m/s，转弯模式为停止转弯，各点停留7 s。

③航线不循环，①点开始执行。

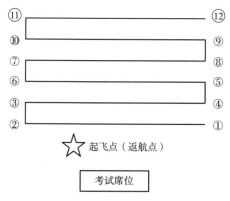
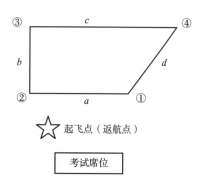

图3-3-12　样题3航线示意图

图3-3-13　样题4航线示意图

4. 飞行模拟考试系统

飞行模拟考试系统是迪飞科技为了满足民航局考试所推出的新一代产品，飞行模拟考试系统硬件设备如图3-3-14所示，飞行模拟考试系统主界面如图3-3-15所示。为了模拟中国航空器拥有者及驾驶员协会举办的民用无人机驾驶员合格证考试场景，通过多旋翼无人机系统上的GPS，结合基站的RTK进行差分定位，再将飞行的航向、高度、速度、经纬等数据使用飞行模拟考试系统显示出来。在模拟考试系统中实现了对无人机飞行情况的自动评分功能，以友好、精准的直观方式，全面协助无人机培训的管理和教学过程，是缩短培训周期和提高考试通过率的有力保障。

图3-3-14　飞行模拟考试系统硬件设备

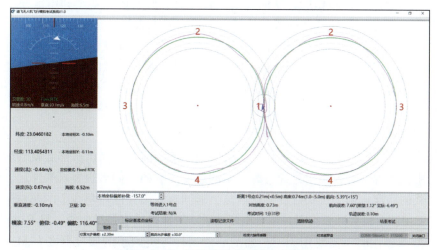

图3-3-15　飞行模拟考试系统主界面

该系统不仅能实现对无人机实时位置、高度以及航向偏差的数值计算和显示，还能够对无人机各项状态数据进行实时显示。

三、无人机的首次飞行

1. 首飞测试

无人机组装调试完成并经过严密的检查后并不能说明无人机已经可以安全飞行了，在真实的飞行过程中，飞行器有可能出现一些平常不容易出现的问题，需要通过较长的飞行时间来磨合，对电机、电调、焊接的线路、电池和接收机都有一定的考验。所以，需要进行首飞测试，主要是指在无人机起飞一段时间后进行的相关测试，其中测试内容包括油门测试、偏航测试、俯仰测试和滚转测试，这几项内容分别对应遥控器上四个基本通道。在测试过程中，要密切关注飞行姿态、飞行速度、飞行方向是否在可控范围内。下面以四旋翼无人机为例介绍具体方法和内容。

（1）油门测试

油门，直接控制四个螺旋桨的转速，转速越高则提供的上升力越大。当飞行高度需要提高时，可以推动遥控器油门摇杆，使无人机所有的螺旋桨转速提高。当需要无人机下降时，只需要拉低油门，所有螺旋桨的转速就会降低，飞行器就会开始下降。油门操作的作用就是使飞行器的高度保持、升高和降低。在油门测试中，也要围绕这几点进行。

具体测试时，先将飞行器飞到一个较高的高度，然后拉低油门使飞行器缓慢下降，当飞行器快达到指定高度时，缓缓推动油门增加升力使飞行器停止下降，保持在当前位置，然后反复进行该操作。

（2）偏航测试

偏航，就是偏转航向。一般来说偏航是指机头的朝向发生改变，飞行器会随之改变前进方向，也就是改变了航行方向。在四轴飞行器中，改变航向的方式和固定翼无人机不同，不是使用舵机控制，而是改变相对两个桨的转速来完成偏航的运动。四轴飞行器的偏航控制的原理与扭矩有关，在螺旋桨旋转时机架会受到一个相反的作用力，这会使机架向螺旋桨旋转方向相反的方向转动。为了解决这一问题，在设计时，让两两相对的螺旋桨转向一致，但是两对桨的转向相反，从而抵消反转力矩。偏航运动就是利用这种原理，同时降低某一对桨的转速，提高另外一对桨的转速就可以使无人机产生偏航运动。

在测试时，偏航操作是由油门摇杆的左右方向决定的。所以，在测试偏航时，需要左右摆动油门摇杆，其他的摇杆要配合保持飞行器稳定。需要注意的是，当没有推动摇杆使飞行器前行时，左右摆动油门摇杆，就会使飞行器原地旋转，而在前行状态下，使用偏航操作就会出现转弯的效果。

（3）俯仰测试

俯仰是无人机的前行和后退的操作。当机头俯下就会前行，当机头仰起就会后退，在多旋翼无人机中，实现这种效果也是通过螺旋桨的速度控制的。如果想要机头仰起，则需要降低尾部螺旋桨的速度，增加机头螺旋桨的速度，但同时应该保证对角线上的两对桨的速度比相同，这样就保证了机头仰起，而且不会出现偏航。俯冲操作也是类似的，只不过正好相反。

在进行测试操作时，需要用到遥控器的右侧遥杆（美国手的遥控器在右侧，而日本手的遥控器在左侧）。向前推动摇杆即是俯冲，向后推动摇杆即是仰起。也就是向前推动摇杆，飞行器向前飞，向后推动摇杆，飞行器则会后退。反复进行几次实验，若有异常，可以进行调整，然后再次测试，直到完成测试内容。

（4）滚转测试

滚转的操作原理跟俯仰操作原理类似，只是其运动方向有所改变。同俯仰操作相同，滚转操作时多旋翼无人机的一侧（左移时为左侧，右移时是右侧）的螺旋桨转速会下降，而另侧转速会增加，这样就会完成滚转操作。理论上，在执行该操作时机头朝向不会改变，但实际情况会有所不同。所以，在执行操作时，需要不停地调整飞行器的机头方向，确保飞行器机头方向不会改变。

在测试操作时，进行滚转操作的摇杆是右侧摇杆（这里指的是美国手，日本手的遥控器在左侧）。此摇杆的左右摆动即是滚转操作，操作方式也同俯仰操作类似，但是应当注意操作的幅度不宜过大，每个操作的时间也不宜过长，否则，无人机移动距离较远，可能移动出活动范围，发生安全事故。

在无人机起降过程中，对环境和操作都有着一定的要求，所以很多时候需要我们养成一个良好的飞行习惯，做到平稳、安全规范地起降，避免出现"大起大落"的情况。

2. 首飞步骤

（1）准备工作

确保无人机充满电，检查遥控器与无人机之间的连接是否正常，并阅读操作手册以了解无人机的基本操作和安全指南。

（2）选择起飞地点

选择一个天气晴朗、空旷且没有信号干扰的地方，确保起飞地点平整干燥，四周开阔无遮挡，远离建筑物、山体、人群和电线。

视频

无人机飞行基础教程——大疆M350为例

（3）起飞

将遥控器中的油门推到最高点，此时螺旋桨会开始转动并使得无人机离开地面开始升空。起飞时，先低空悬停在大约5 m左右，观察无人机的偏移方向，然后可以开始进行其他操作。

（4）控制飞行

使用遥控器或手机App等工具可以精确地操纵航线方向和速度大小等参数，实现更加复杂多变的运动方式，例如，"轨道环绕"是围绕某个对象进行360°环绕跟踪拍摄，"直接穿越"则是指从一个封闭区域直接穿过去并记录下这段路程。

（5）降落

当想让你的设备降落时，先缓缓拉低油门杆，使得它停止上升并逐渐接近地面，也可以通过特定功能实现自动降落，当无人机完全静止后，关闭发动引擎系统即完成着陆程序。

（6）检查和维护

飞行后，检查无人机是否有损耗，并按照相应方法进行校准，同时也要记得及时保存数据以及妥善保管设备。

需要注意的是，无人机操作不当会引发事故，因此飞行前一定要先认真阅读说明和操作手册，并按照相应方法进行校准。

无人机概论

任务实施

✅ 步骤一　信息收集与自主学习

1. 阅读教材章节，了解无人机的飞行安全准则、飞行操纵理论和首次飞行要点。
2. 通过网络或图书馆等途径，搜集有关无人机飞行操纵和安全的额外信息。
3. 完成自主学习后，填写一份关于无人机飞行操纵和安全知识的问卷。

✅ 步骤二　模拟飞行体验

1. 使用无人机模拟软件或在线模拟器，进行无人机的模拟飞行。
2. 在模拟飞行中，尝试应用所学的飞行操纵理论，体验无人机的起飞、悬停、转向和降落等动作。
3. 记录模拟飞行过程中的体验和感受，拍摄或截图记录关键时刻。

✅ 步骤三　反思总结与报告撰写

1. 根据模拟飞行体验和自主学习成果，撰写一份无人机飞行探索报告。报告应包括以下内容：
①对无人机飞行安全准则的理解和体会；
②无人机飞行操纵理论的应用与感悟；
③模拟飞行过程中的亮点和难点；
④对未来真实飞行的展望和计划。
2. 将报告提交给教师或同学，进行交流和讨论，互相学习、分享经验。

任务评价

整个任务完成之后，让我们来检测一下完成的效果吧，具体的测评细则见表3-3-1。

表3-3-1　任务完成情况的测评细则

评价内容	分值	评价细则	量化分值	得分
信息收集与自主学习	30分	1. 是否全面、准确地理解了无人机的飞行安全准则	6分	
		2. 是否能够清晰地阐述无人机飞行操纵的基本理论和技巧	6分	
		3. 提交的自主学习问卷是否完整、真实反映了学习成果	6分	
		4. 是否积极搜集了额外的信息，丰富了学习内容	6分	
		5. 是否表现出对无人机飞行操纵和安全知识的兴趣和热情	6分	
项目具体实施与成效	50分	1. 在模拟飞行中是否能够准确应用所学的飞行操纵理论	10分	
		2. 模拟飞行过程中的体验和感受是否真实、深刻	10分	
		3. 提交的模拟飞行记录和截图是否能够清晰展示关键时刻	10分	
		4. 无人机飞行探索报告是否结构清晰、内容丰富、语言流畅	10分	
		5. 是否积极参与交流和讨论，分享自己的经验和感悟	10分	

续表

评价内容	分值	评价细则	量化分值	得分
职业素养与职业规范	20分	1. 在模拟飞行和报告撰写过程中是否表现出高度的责任感和敬业精神	4分	
		2. 是否严格遵守了无人机的飞行安全准则和操纵规范	4分	
		3. 在交流和讨论中是否能够尊重他人、友善沟通	4分	
		4. 是否对无人机行业的前景和发展表现出关注和思考	4分	
		5. 是否体现出对无人机操纵技术的持续学习和提升意愿	4分	
总计		100分		

巩固练习

1. 影响飞行安全的环境因素有哪些？
2. 无人机飞行前的检查包含哪些内容？
3. 如何进行无人机的预飞行操作？
4. 无人机飞行过程中需要注意哪些方面的问题？
5. 无人机飞行结束后需要进行哪些操作？
6. 无人机保险的保障范围有哪些？
7. 请简述无人机飞行安全"八须知"。
8. 请简述无人机飞行操纵的方式与特点。
9. 无人机飞行训练包含哪些方面的训练？
10. 地面站的作用是什么？
11. 无人机的首飞测试包含哪些方面？
12. 请简述无人机的首飞步骤。

任务拓展

任务名称：无人机飞行安全大调研——揭秘操控员们的安全飞行秘籍！

亲爱的无人机爱好者们，你们是否已经掌握了无人机的操纵技巧，想要在广阔的天空中自由翱翔？但是，在追求飞行乐趣的同时，安全始终是我们不可忽视的重要课题。为了深入了解操控员们对于安全飞行的态度和做法，我们特别策划了一次别开生面的调研活动，邀请你们一起来探索无人机安全操作的奥秘！

任务要求

1. 设计一份关于无人机安全飞行的调查问卷，确保问题覆盖飞行前的准备、飞行中的注意事项以及飞行后的总结反思等方面。
2. 通过在线平台或社交媒体等途径，向广大操控员们发放问卷，并鼓励他们积极参与调研。
3. 收集并分析问卷数据，总结操控员们在安全飞行方面的经验和做法。
4. 结合教材内容，提出针对无人机安全操作的建议和改进措施。

任务四 无人机的故障诊断和维护

🌀 任务目标

知识目标：
1. 了解无人机常规故障诊断。
2. 了解无人机的维护。
3. 熟悉无人机的定期维护流程。

技能目标：
1. 熟悉无人机维护保养、维修工作的实施。
2. 能够依据无人机使用手册完成无人机日常维护、保养。
3. 能够根据无人机故障现象查找无人机具体故障并进行维修。

素质目标：
1. 培养学生精益求精、吃苦耐劳的精神。
2. 培养学生独立思考、自主学习的优秀品质。
3. 增强安全意识，能够在维护保养过程中遵守安全规程，预防事故的发生。

🌀 任务描述

任务名称：无人机飞行诊所实践

在这个实践任务中，我们将扮演无人机飞行医生，对一架模拟的无人机进行全方位的诊断和维护。我们的目标是确保这架无人机能够健康飞行，为未来的任务做好准备。

想象一下，你是一位无人机飞行诊所的医生，你的无人机病人因为一些不明原因而无法正常飞行。它可能遭遇了硬件故障、软件问题，或者其他一些不为人知的小毛病。现在，就让我们一起为这架无人机进行一场全面而细致的诊断和治疗吧！

任务要求

1. 能够对无人机进行基本的故障诊断。
2. 能够正确执行无人机的日常维护操作。
3. 能够根据诊断结果提出合理的维修建议。
4. 能够撰写详细的诊断报告和维护记录。
5. 能够在任务中展示良好的职业素养和遵守职业规范。

🌀 知识链接

一、无人机常规故障诊断

随着无人机技术的飞速发展，无人机在军事、民用等领域的应用越来越广泛，无人机的功能越来越多，越来越复杂。为了提高无人机的可靠性和安全性，无人机的故障检测和诊断成为日常必不可少的关键环节。无人机故障诊断能够帮助用户及时发现并解决故障，保证无人机的正常运行，提高无人机的可靠性和稳定性。目前常用的无人机故障诊断方法包括基于模型的诊断方法、基于知识的诊断方法、基于数据的诊断方法等。其中，基于数据的诊断方法是目前研究的热点，通过对大量数据的分析和处理，可以更加准确地诊断出无人机的故障。随着人工智能、大数据等技术的不断发展，无人机故障诊断的发展趋势也趋向于智能化、自动化和高效化。未来，无人机故障诊断将会更加快速、准确和可靠，为无人机的应用和发展提供更加坚实的保障。

1. 无人机故障诊断技术分类

（1）基于模型的诊断方法

通过建立无人机的数学模型，对模型进行仿真和分析，从而诊断出无人机的故障。这种方法需要对无人机的结构和原理有深入的了解，因此适用于较为简单的无人机系统。

（2）基于知识的诊断方法

通过专家系统、模糊逻辑等技术，将专家的知识和经验应用于无人机故障诊断中。这种方法能够处理较为复杂的故障情况，但需要大量的专家知识和经验。

（3）基于数据的诊断方法

通过分析无人机运行过程中产生的数据，提取出故障特征，从而诊断出无人机的故障。这种方法需要大量的数据支持，因此适用于大规模、复杂度较高的无人机系统。

2. 无人机故障诊断面临的挑战

（1）故障种类繁多

无人机系统故障种类繁多，包括电气故障、机械故障、控制故障等，每种故障都有其独特的特点和表现形式，给故障诊断带来了一定的难度。

（2）数据处理难度大

无人机运行过程中产生的数据量巨大，如何处理这些数据并从中提取出有用的信息，是无人机故障诊断面临的重要挑战。

（3）对实时性要求高

无人机故障诊断需要快速、准确地定位故障，以保证无人机的正常运行，因此对实时性要求较高。

3. 无人机常见故障类型及原因

（1）机械故障

无人机在飞行过程中，由于环境、使用频率或制造缺陷等原因，常常会出现机械故障，如螺旋桨损坏、电机故障等。这些故障通常会影响无人机的飞行性能和稳定性，甚至可能导致飞行事故。定期进行机械部件的检查和维护，对于保持无人机的良好状态至关重要。

视频
无人机无法起飞是怎么回事？

（2）电气故障

无人机的电气系统负责提供电力，驱动各个部件的正常工作。电气故障如电池故障、电线短路等，可能导致无人机无法正常启动或飞行。定期检查电气系统的状态和性能，确保其正常运行，是预防电气故障的重要措施。

- 视频

无人机使用过程中常见问题的解决办法

（3）导航系统故障

无人机的导航系统是其核心组成部分，负责引导无人机进行安全、准确地飞行。导航系统故障通常会导致无人机失去方向感，无法正确到达目标位置。对于导航系统，要定期进行校准和维护，以确保其准确性和可靠性。

（4）软件故障

无人机的软件系统是控制其飞行和行为的关键组成部分。软件故障可能导致无人机无法正常执行指令，或者出现意外的行为。为了预防软件故障，需要定期更新软件系统，并进行全面的测试和检查，确保软件的稳定性和可靠性。

4. 故障修复工具与材料

（1）电子修复工具

常用的电子修复工具如图3-4-1所示。

多功能万用表：用于检测电压、电流和电阻，帮助找出电路中的故障点。

示波器：用于分析电信号的波形，进而诊断无人机控制系统的异常。

热风枪：用于拆卸和焊接电子元件，修复损坏的电路板。

随着科技的不断发展，电子修复工具趋向于更加精准、便携和多功能。比如，一些新型的万用表不仅具备传统的测量功能，还能与智能手机连接，实现数据共享和远程故障诊断。

（a）多功能万用表　　　　（b）示波器　　　　（c）热风枪

图3-4-1　常用的电子修复工具

（2）机械修复工具

常用的机械修复工具如图3-4-2所示。

螺丝刀套件：用于拆卸和安装无人机的各种螺丝和固定件。

电动工具：如钻机和磨机，用于处理更复杂的机械损伤。

精密测量工具：如卡尺和千分尺，用于确保修复后的部件符合规定的尺寸和精度。

现代机械修复工具越来越注重人体工程学和效率，比如采用无线充电和可更换头部的设计，使工具更加轻便且易于维护。

　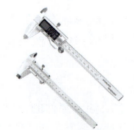　

（a）螺丝刀　　　　　　（b）测量工具　　　　　（c）电动工具

图3-4-2　常用的机械修复工具

（3）电源修复工具

电池充电器：用于为无人机的电池充电，确保其正常运行。

电池检测仪：用于检测电池的电量和健康状态，找出潜在的故障。

电源适配器：用于为无人机的控制系统提供稳定的电力供应。随着电池技术的不断进步，电源修复工具更加注重安全性和效率。比如，一些新型的电池充电器采用快速充电技术，可以在短时间内为电池充满电，同时确保电池的安全使用。

（4）防护与保养材料

防水材料：用于保护无人机的电子部件免受水分的侵害。

抗紫外线涂层：用于防止无人机的外壳和结构因长时间暴露在阳光下而老化。

清洁剂和润滑剂：用于定期清洁和保养无人机的各个部件，确保其正常运行。

随着环保意识的不断提高，防护与保养材料更加注重环保和可持续性。比如，一些新型的清洁剂和润滑剂采用生物降解材料制成，既具有出色的性能，又对环境友好。

5. 常见故障修复步骤

在无人机系统中，存在电机、电调、GPS、气压计和飞控等大量电子设备。由于电子设备在使用过程中可能会出现设备故障或者老化等问题，因此，需要及时对其进行维护、维修。

无人机上的电子设备的好坏决定了飞行的安全性。如果电子设备出现故障，对于手机等日常消费品来说，可以进行重启等操作来修复，但是对于空中的无人机而言，很可能面临坠机的风险。现在市面上无人机基本靠操控员自身进行维护，没有像汽车产业一样，形成完整的售后保障体系。目前，虽然无人机产业快速发展，但是相应的保障体系还远远未建立起来，因此，对无人机使用者而言，掌握基本的电子设备的维护维修技能显得十分重要。

（1）无人机电子故障诊断

电子电路故障排查一般可以通过输入到输出顺序检测，也可以从输出到输入的反向方法检测。不管从哪一方向开始，电子电路故障检测一般可以通过下面方法判断。

①直接观察。

电路发生故障时，通常情况下，不会立即去使用仪器测量，而是用肉眼观察去查找电路可能存在的异常部位。直接观察方法又分为不通电跟通电检测。

②万用表检测。

万用表检测主要是检查静态工作点，其中电子电路的供电系统、集成块跟线路中的电阻值及直流工作状态可以利用万用表进行检测，检测看是否数值正常。

③信号寻迹法。

在复杂的电路中，可以通过在输入端接入一个信号，然后通过示波器从前级到后级或者从后级到前级逐级观察波形与幅值变化，最终查看哪一个出现异常。

④替换法。

对于故障不明显的电子电路，在无法进行直观判断故障点时，可利用现有的相同元件进行替换，通过替换观察电路是否变化，以此缩短故障判断时间。

（2）无人机导航系统故障的种类和诊断方法

①导航系统故障诊断。

无人机导航系统故障的种类繁多，常见的包括硬件故障、软件故障以及外部干扰等。

硬件故障可能涉及传感器、处理器或通信模块的损坏。软件故障则可能源于固件或软件更新问题。外部干扰可能来自电磁、无线电或GPS信号等。

对于无人机导航系统故障的诊断，通常有以下几种方法：

a. 故障树分析：通过建立故障树模型，对不同的故障原因进行逻辑分析，从而确定故障发生的概率和可能性。

b. 传感器数据检测：利用无人机上搭载的各类传感器，如惯性测量单元、气体传感器、热成像摄像头等，收集并分析运行过程中的参数和状态数据，以判断导航系统是否存在异常。

无人机不受控制乱飞怎么办？

c. 基于机器学习的方法：利用监督学习等机器学习技术，通过训练已知故障和无故障的数据样本，建立分类模型来预测无人机的导航系统故障情况。

②导航系统的修复与更换。

一旦导航系统部件出现故障，修复或更换是必要的步骤。对于硬件故障，可能需要进行详细的检查和测试，以确定具体的故障点，并进行相应的修复或更换。这通常涉及拆卸无人机、检查电路板、更换损坏的元件等。对于软件故障，可能需要重新安装或更新固件，或调整软件参数以解决问题。

在修复或更换导航部件后，对导航系统进行校准与测试是必不可少的环节。校准过程可能包括陀螺仪校准、加速度计校准和磁力计校准等，以确保无人机的姿态和航向测量准确。测试过程则包括在实际飞行环境中验证导航系统的性能和稳定性，确保无人机能够按照预定的航线飞行，并保持稳定的飞行姿态。

GPS信号丢失怎么办？

需要注意的是，在进行导航系统的修复、更换、校准与测试时，必须遵循相关的安全操作规程，避免对无人机或人员造成损害。同时，对于涉及复杂技术问题的操作，建议寻求专业人员的帮助和指导。

（3）无人机通信系统故障诊断与修复

①通信系统故障的种类和诊断方法。

无人机通信系统的故障通常可以归纳为硬件故障、软件故障以及信号干扰等方面。硬件故障可能涉及天线、收发器或连接线路等部件的损坏；软件故障则可能源于固件更新问题、通信协议错误或软件bug；信号干扰则可能由于电磁环境复杂、频段拥塞或外部干扰源导致。

针对这些故障，诊断方法主要包括以下几种：

a. 信号质量检测：通过检测无人机与地面站之间的信号强度、误码率等参数，判断通信链路的质量。

b. 频谱分析：使用频谱分析仪等工具，分析通信频段内的干扰情况，定位可能的干扰源。

c. 日志分析：通过分析无人机和地面站的通信日志，查找可能的错误代码或异常信息，从而定位故障。

②通信部件的修复与更换。

当诊断出具体的故障部件后，需要进行相应的修复或更换。

a. 硬件修复：对于损坏的天线、收发器等硬件部件，可以尝试进行修复。这通常涉及更换损坏的元件、调整电路参数等操作。然而，需要注意的是，并非所有硬件故障都能通过修复解决，有时可能需要更换整个部件。

b. 部件更换：如果硬件修复不可行或成本过高，可以考虑更换故障部件。这通常涉及购买新的天线、收发器等部件,并按照制造商的指南进行更换。在更换部件时,需要确保新部件与无人机的其他部分兼容。

③通信系统的测试与优化。

在修复或更换通信部件后,需要对整个通信系统进行测试和优化,以确保其正常运行和高效性能。

a. 功能测试:通过发送和接收测试信号,验证通信系统的基本功能是否正常。

b. 性能测试:测试通信系统的传输速率、延迟、误码率等性能指标,评估其性能是否满足要求。

c. 优化调整:根据测试结果,对通信系统的参数进行调整和优化,以提高其性能和稳定性。这可能包括调整通信协议、优化频段选择、增强抗干扰能力等。

(4) 无人机维修的注意事项与安全措施

①维修过程中的注意事项。

视 频

什么情况下
无人机避障
会失效

a. 安全为先:在进行无人机维修时,一定要注意安全问题。切勿在电池未拔除的情况下进行机身的拆卸和维修,避免短路和意外发生。同时,也要注意维修工具的使用安全,防止意外伤害。

b. 使用专业设备:维修过程中应使用专用的维修工具和设备,避免使用不合适的工具或替代品造成二次损伤。同时,要定期对维修工具和设备进行维护和保养,确保其处于良好状态。

c. 寻求专业帮助:如果遇到无法自行解决的故障,应尽快寻求专业的无人机维修服务。专业的维修人员有丰富的经验和专业的工具设备,可以更好地解决无人机的故障问题。

②安全措施的实施与保障。

a. 佩戴安全防护装备:在维修过程中,维修人员应佩戴适当的安全防护装备,如防护眼镜、手套、防尘口罩等,以防止维修过程中产生的飞溅物或有害气体对身体造成伤害。

b. 隔离电源与关闭系统:在维修开始前,应确保无人机的电源已完全隔离,并关闭所有相关系统,以避免在维修过程中发生电击或短路等危险。

c. 制定紧急预案与进行演练:针对可能出现的紧急情况,应制定详细的应急预案,并定期进行演练。这样可以在遇到突发情况时迅速做出反应,减少损失。

③维修记录的总结与分析。

a. 维修过程详细记录:在维修过程中,应详细记录每一步的操作和发现的问题,包括使用的工具、更换的部件、调整的参数等。这有助于后续对维修效果进行评估和分析。

b. 故障分析与总结:维修完成后,应对故障进行深入的分析和总结,找出故障的根本原因,并制定相应的预防措施。这有助于提高无人机的可靠性和耐久性,降低故障发生的概率。

6. 修复后测试与调试

修复后的测试与调试是保证无人机正常工作的关键环节。详尽的测试能够确保无人机各项功能正常运行,提高飞行安全性,调试能够优化无人机的性能,提升工作效率。

(1) 外观检查与结构测试

对无人机进行外观检查,确保没有损坏或松动的部件。进行结构测试,保证无人机的结构强度,确保飞行稳定。

（2）电子设备功能测试

检查无人机的电子设备，如导航、通信、电源系统等，确保正常工作。对电子设备进行功能测试，保证各项性能指标达到预期。

（3）飞行控制系统调试

对无人机的飞行控制系统进行调试，确保飞行姿态稳定。调试过程中，注意观察无人机的反应，对参数进行调整优化。

（4）传感器校准

传感器数据的准确性对于无人机的导航和飞行控制至关重要。修复后，一定要对无人机上的传感器进行校准，确保数据准确。

（5）飞行测试与性能评估

对修复后的无人机进行飞行测试，观察其在实际飞行中的表现。根据飞行测试的结果，对无人机的性能进行评估，为进一步优化提供参考。

7.预防措施与维护建议

（1）定期维护与检查

制定详细的维护计划，包括维护时间、项目和内容。

对无人机的各项功能进行定期检查，包括飞行系统、导航系统、传感器等。

对检查中发现的问题及时进行处理和修复，避免问题扩大化。

（2）保养与清洁

定期清洁无人机的外壳、螺旋桨和传感器等部位，保持设备的良好状态。

对无人机进行润滑保养，减少机械部件的磨损。

在保养过程中，注意避免对无人机造成二次伤害。

（3）备份与替换

对无人机的关键部件进行备份，如电池、传感器等。在出现故障时，能够及时替换故障部件，保证无人机的正常运行。

对替换的部件进行质量检测，确保无人机的性能稳定。

（4）飞行环境与条件

在适宜的飞行环境和条件下进行飞行，避免恶劣天气和环境对无人机的影响。

在飞行前对飞行环境进行评估，确保飞行的安全性。

对无人机的抗干扰能力进行加强，避免电磁干扰等问题对无人机的影响。

（5）更新与升级

定期对无人机的软件进行更新和升级，提高无人机的性能和稳定性。及时关注无人机的最新技术和发展趋势，对无人机进行改造和升级。在更新和升级过程中，确保数据的安全性和完整性。

（6）培训与学习

对无人机操作人员进行专业培训，提高其操作技能和故障排查能力。定期组织操作人员学习交流，分享操作经验和故障排除技巧。对培训和学习效果进行评估，不断提高操作人员的专业水平。

8. 无人机使用过程中常见的一些问题与处理办法

无人机在使用过程中，除了以上分析的典型故障外，使用者还经常会遇到一些其他的使用问题，本教材将常见的问题与处理办法进行了总结，见表3-4-1。

表3-4-1　无人机使用过程中常见问题与处理办法

序号	现象	故障分析
1	飞行过程中云台自动低头或者抬头	此现象为云台限位保护。此现象在俯拍或者仰拍，如控制飞行器快速移动时会出现。因为飞行器移动时机头会往前倾，云台姿态也会一同发生变化，这时，云台会达到限位而触发自我保护，导致云台抬头或者低头。 建议：俯拍或仰拍时，轻柔打杆
2	无人机在悬停时有偏移现象	飞行高度不同时，使用悬停定位方法也不一样，飞行高度在6 m之下是靠飞行器下视视觉来进行悬停定位，飞行高度在6 m之上是靠GPS来进行悬停定位。一般情况下，此现象出现在低空飞行（下视视觉定位），如纯色地面（如草坪），无人机在悬停时有偏移现象。砖地面、水面等纹理单一的场景、在夜间飞行光线不足下视也无法识别地面，会导致悬停时有偏移现象，姿态模型下，该现象会更加严重，甚至会导致飞行器失控。 建议：低空飞行时尽量避开纹理单一的场景，GPS信号良好时再起飞
3	夜间拍摄出现噪点、模糊	在环境光线比较暗时，为了保证快门速度相机，不得不提高ISO值使拍摄的照片曝光准确，但夜间拍摄出现噪点、模糊，同时增加了很多白色噪点，这是相机成像原理的正常现象。 建议：将ISO数值调低（数值越低噪点越小，但同时画面也会变暗）
4	带屏遥控器卡顿	带屏遥控器使用的是安卓系统，与安卓手机一样，使用久了之后，保存的文件、飞行记录图片、视频等素材导致内存会变小，从而造成遥控器卡顿、App闪退、黑屏等现象。 建议：不定期清理内存，保证遥控器有足够的内存或者感觉遥控器卡顿时将遥控器恢复出厂设置
5	无人机关机后云台不回中	因无人机云台没有轴锁功能（目前只有御3系列有关机轴锁功能），在关机状态下，云台不会进行增稳，会呈现歪斜或者无力，此为正常现象。 建议：为保护好无人机云台，在关机后装上云台保护装置进行保护
6	电机异响	正常响声：电机不带桨叶空载转动时，会发出沉闷的转动声，偶尔带有较高频振动声，请勿将此噪声误认为是异响，电机内部的哒哒哒声是共鸣腔在高频振动下产生的，并非异响。 不正常响声：电机不带桨叶空载转动时，会有金属摩擦的声音，或碰撞的叮叮声，或很大的哗啦声，这个异响和正常的响声是有区别的，可以从电机转动的噪声中区分
7	过热保护	很多无人机无内置风扇，散热方法主要在飞行过程中靠风力来进行散热。所以，在地面长时间待机会触发过热保护，无人机会自动关机，等待温度下降后才能正常使用。 建议：在无人机长时间开机不起飞时，使用风扇进行降温
8	延时拍摄抖动	延时摄影实际是将多张照片合成视频，如果设置的拍摄间隔越短，合成的视频越流畅（间隔越接近0则越逼近视频拍摄的效果）。 建议：（1）飞行在50 m或以上的高度，进行延时拍摄影像以获得更好的效果，并且推荐设置拍摄间隔时间与快门时间至少间隔2 s以上。（2）选取距离大于15 m的静态景物，比如大楼、山、房子等。 不建议：选取近处的地面、人物、移动的车等目标

续表

序号	现象	故障分析
9	照片过曝	拍摄照片全白，是因相机参数中曝光度调大导致（ISO、快门速度），有机械快门的也有可能是相机异常导致的曝光。 举例：客户描述测绘建图拍了1 000张图片，有几张全黑或者照光，那可能就是快门失效。 建议：重置相机参数或者设置自动相机参数
10	App画面有斑马纹，但是拍摄的原素材（SD卡或机身内存的照片与视频）中没有	开启了过曝提示，关闭即可。 建议：关闭过曝提示。步骤：图传界面→更多设置→拍摄→过曝提示（关闭即可）
11	App画面出现红色条纹或者红色颗粒但是拍摄的素材中没有	用户打开了App中峰值等级，关闭即可。 建议：关闭峰值等级。步骤：图传界面→更多设置→拍摄→值等级（峰值等级越高越明显）
12	图传信号弱，图传信号不稳定，图传距离短	影响图传距离的主要因素与当前环境，包括无线信号干扰、信号发射功率、信号接收相对方向及位置、障碍物遮挡等因素相关（高建筑物、信号塔、通信基站、高压线，茂盛的树林都是干扰源）。 建议：避开上述所说的干扰源，选择空旷无遮挡的环境下行。如想查看干扰源，App设置→图传界面查找信号干扰强度（色越红干扰越大）

9. 无人机维修案例

以四旋翼无人机维修为例。四旋翼无人机是一种多旋翼飞行器，由四个电机驱动的螺旋桨组成，每个电机和螺旋桨构成一个轴臂，这些轴臂通常按照十字形或X形布局安装在飞行器中心的一个平台上。通过独立控制四个电机的速度，四旋翼无人机可以实现垂直起降、悬停以及在三维空间中的平移、旋转等复杂运动。四旋翼无人机飞行系统示意图如图3-4-3所示。

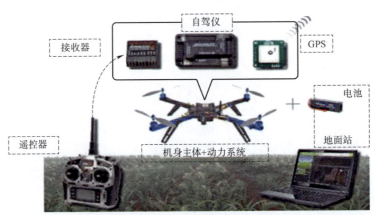

图3-4-3　四旋翼无人机飞行系统示意图

（1）四旋翼无人机维修基本步骤

图3-4-4所示为一款四旋翼无人机内部硬件一览图。

①故障诊断。

飞行异常：首先记录无人机在飞行过程中的异常表现，比如漂移、振动、无法起飞或降落困难等。

硬件检查：对无人机进行全面的外观检查，查看是否有明显的物理损坏，如螺旋桨断裂、电机磨损、连接线松动或断裂、电池损坏等。

系统日志分析：如果无人机配备了高级飞控系统，可以下载并分析飞行日志以获取更详细的故障信息。

②具体维修步骤。

电机维护与更换：若电机发出异常声响，可能是轴承磨损、电调不匹配或电机内部损坏。需要校准电调或者替换有问题的电机，并确保电机正确安装及旋转方向一致。

图3-4-4　四旋翼无人机内部硬件一览图

电调（电子速度控制器）校准与修复：校准电调是重要的维护环节，按照正确的步骤进行电调与接收机通道的连接，并通过特定的声音提示完成校准。如果电调出现问题，如接线错误或自身故障，需重新插线或更换电调。

飞控系统检测：检查飞控板与各组件之间的通信是否正常，包括陀螺仪、加速度计、磁力计等传感器数据是否准确。如果飞控系统出现故障，可能需要重新设置参数、更新固件，甚至更换整个飞控模块。

电源系统检查：确保电池电量充足且健康，使用专用工具监测电池电压、内阻和放电性能。如有必要，更换老化或受损的电池。

遥控器与信号接收机检查：检查遥控器与无人机之间的无线信号连接，确认频道设置正确，没有干扰或距离过远导致信号丢失的问题。如有通信问题，尝试重新配对或校准遥控器与接收机。

软件更新与配置：确保无人机的固件以及相关应用程序都是最新版本，有时软件bug或参数配置不当也会引起飞行问题。

专业维修：对于复杂或难以判断的问题，建议寻求专业的无人机维修服务，以免误操作造成更大的损害。在维修过程中要遵循安全操作规程，关闭电源、避免短路，同时参考具体的无人机型号及其维护手册来进行细致的操作。对于精密部件和电路部分，不具备专业知识的用户应谨慎对待，以免发生安全事故或进一步损坏设备。

（2）四旋翼无人机维修注意事项

①安全优先：在进行任何维修操作前，确保无人机电池已经完全放电，并从无人机上移除。维修过程中，尤其是接触电子部件时，佩戴防静电手环或采取其他防静电措施。

②故障诊断：准确识别问题所在，可能是电机、飞控系统、电源系统（电池、充电器）、无线通信链路（遥控器与接收机）、传感器或其他机械部件。使用专业检测工具或软件进行故障排查，例如通过读取飞行日志分析异常情况。

③电机与螺旋桨维护：检查电机是否运转正常，有无异响、过热、抖动等现象。如需更换电机，请确保新的电机与原型号匹配，并正确安装和校准角度。螺旋桨应定期检查是否有裂纹、磨损或变形，必要时更换。

④电子元件检修：遥控接收机、飞控板、电调等电子设备的接线要正确无误，避免插错黑白信号线或电源线。更换部件时注意极性一致，同时保护好敏感电子元件不受静电损伤。

⑤电池保养：根据制造商建议，正确存储和充电电池，避免长时间满电或亏电存放，适时进行均衡充电。若发现电池性能下降严重，及时更换，切勿使用破损或膨胀的电池。

⑥结构件检查：无人机机体、支臂、连接件等机械结构应保持完好无损，如有松动，应及时紧固。避免在潮湿环境下长期放置，以防金属部件锈蚀，塑料部件老化。

⑦文档参照：维修时参考官方提供的用户手册、维护指南和电路图，遵循厂家推荐的步骤和方法进行操作。

⑧记录与报告：维修过程要做好详细记录，包括更换的部件、调整的参数以及解决的问题，这对于后续维护和故障追溯非常关键。

⑨专业技能要求：对于涉及复杂电路调试、编程或高级故障排查的维修，可能需要具备一定的电工学、数字电路、模拟电路知识，如果自行处理有困难，应寻求专业人员的帮助。在维修四旋翼无人机时务必小心谨慎，以免造成进一步损坏或安全隐患。对于高技术含量的部分，应当遵守相关的专业技术规范和安全规程。

10. 无人机故障诊断、维修展望

（1）修复技术的创新与发展

无人机修复技术将向着更加智能化、自主化的方向发展，减少人工干预，提高修复效率。

应用新型材料和制造技术，提高无人机部件的耐用性和可修复性，降低修复成本。将探索更多创新的修复方法，如微纳机器人修复、生物修复等，为无人机修复提供更多选择。

（2）维修保障体系的完善

建立完善的维修保障体系，包括备件供应、技术支持、维修培训等，提高无人机维修保障能力。

加强与维修保障相关的信息化建设，实现维修信息的实时更新和共享，提高维修效率，深化与维修保障领域的国际合作与交流，引进吸收国外先进技术和管理经验，提升我国无人机维修保障水平。

（3）法规与标准的完善

加强无人机故障诊断与修复相关法规和标准的建设，规范行业行为，确保维修质量。推动政府加大对无人机维修行业的支持力度，制定优惠政策，促进产业发展。建立严格的无人机维修资质认证制度，提升行业的整体水平和服务质量。

（4）人才培养与队伍建设

加强无人机故障诊断与修复领域的人才培养和队伍建设，培养专业化的技术人才。推动高校和科研机构在无人机维修领域的研究和教育，为行业输送更多优秀人才。提高维修人员的技能水平和专业素养，加强培训和实践，提升整个队伍的能力。

（5）环保与可持续发展

在无人机故障诊断与修复过程中，注重环保和可持续发展减少对环境的影响。推广使用环保材料和工艺，提高无人机的环保性能，降低能耗和废弃物排放。加强无人机维修废弃物的回收和处理，实现资源的有效利用和循环利用。

二、无人机维护

很多人只关注了无人机的飞行技术，而忽略了无人机的保养。由于频繁作业，难免各

零部件协作时出现故障,因此,日常维修保养是保障无人机安全作业的必要手段。无人机属于精密器械,任何部件的微小变动都会影响其飞行状态和使用寿命。因此,无人机在日常使用的过程中应小心谨慎,且应对其进行定期维护和检查,确保无人机在作业时使用的安全可靠。

正确的保养不仅可以延长无人机的寿命,还可以提高飞行的安全。

1. 维护维修基础通用工作的实施

正确记录维护维修档案是航空运营人员的基本要求。维护主要是指无人机的日常保养,维修主要是指无人机零部件的更换和维修。无人机维护维修基础通用工作的实施过程中,需要掌握的知识、技能如图3-4-5所示。

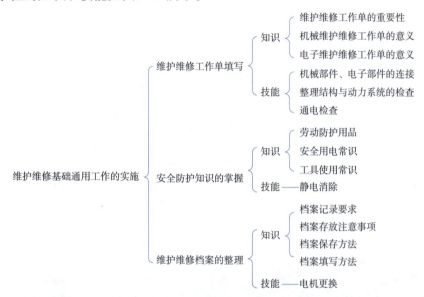

图3-4-5 与无人机维护维修基础通用工作相关的知识与技能

维护维修单的填写、安全防护知识的掌握以及维护维修档案的整理是无人机检测与维护的基础通用工作,也是后续操作的前提工作。千里之行始于足下,面对基础性工作,学习者应该掌握基本常识,规范工作单的填写和档案的整理,自觉遵守相关要求,并按标准进行操作,做到认真细致、精益求精。

无人机操作人员在开始操作无人机之前,需要首先查阅无人机的登记文件和特许适航证,才能开始正常使用无人机。如同汽车一样,无人机也是需要进行保养和维修的。同时,要建立无人机维护档案,以便加强无人机信息管理,加强无人机技术状态的全面管控,实现无人机装备全系统、全寿命的科学维护管理。

(1) 维护维修工作单的重要性

正确填写维护维修工作单是无人机检测与维护过程的关键。维护维修工作单主要的作用是为无人机的安全保驾护航。维护指的是定期对无人机的机械部件和电子部件进行保养,比如电机轴承、减振部件等,而维修主要是指无人机零部件的更换。

维护维修被定义为无人机的保养和检修,包括零部件的定期保养和零部件的更换等。只有被正确维护维修的无人机才是一架安全、可靠的无人机。另外,正规和正确的维护维修能够确保无人机在它的运行寿命期内满足可接受的适航标准。不同类型的无人机维护要求不同，经验表明，无人机每飞行20 h或者更少就需要某种类型的预防性维护，至少每50 h进行一次较大的维护。维护时间主要受运行类型、气候条件保管设施、机龄和无人机结构等的影响。

此外，合理地选择维护维修工具是维护维修工作顺利进行的必要条件，维护维修人员应仔细检查无人机各零部件的工作情况，并按照维护维修工作单选择相应工具。

（2）机械维护维修工作单的意义

在无人机系统中，存在大量的机械结构，这些结构主要是对无人机机体提供支撑作用。机械结构维护的好坏在一定程度上决定了无人机的安全。因此，做好无人机机械部分的维护工作显得十分重要。机械维护维修工作单的制订需要根据自有无人机的机械结构、飞行环境和材料特性等因素综合考虑。

机械维护维修工作单的填写主要涉及无人机的机械结构，所以要对常用无人机的机械结构有基本的认知。常用无人机的主要类型有固定翼无人机、无人直升机和多旋翼无人机。下面分别对其机械结构进行简要介绍。

固定翼无人机机械结构：由机身、机翼、尾翼、发动机座和起落架等构成，如图3-4-6所示。固定翼无人机的飞行主要通过控制舵面来实现飞行姿态的改变，而舵面的控制主要通过机械连接结构来实现。因此，在飞行前安全检查中，需确保舵面的正确安装和连接。

无人直升机机械结构：由主旋翼、尾桨、起落架、机身、传动装置和动力装置等构成，如图3-4-7所示。

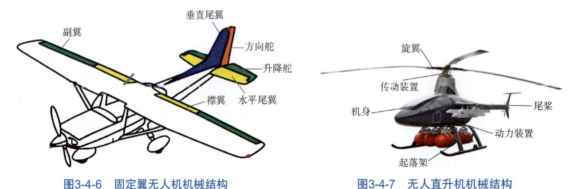

图3-4-6　固定翼无人机机械结构　　　　图3-4-7　无人直升机机械结构

多旋翼无人机机械结构：由中心板、脚架、电机座和旋翼等构成，如图3-4-8所示。

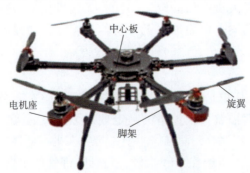

图3-4-8　多旋翼无人机机械结构

2. 无人机维护保养方法

无人机的保养是确保其长期使用和飞行安全的重要环节。通过定期清洁、储存、检查、更新固件等保养方法，可以延长无人机的寿命，提高其飞行性能和安全性。同时，避免过度放电、高温环境、碰撞以及寻求专业帮助等措施也是保养无人机的重要步骤。建立保养记录并保持谨慎态度，也能够帮助用户及时发现问题并加以解决。最后，还应该关注细节保养，如遥控器的清洁、罗盘的校准等，确保无人机的各项功能都能正常运行。

（1）定期清洁

飞行后应该及时对无人机进行清洁，包括机身、电池、云台、相机等部件。清洁时应该使用专门的无人机清洁工具，避免使用含有酒精或其他化学成分的清洁剂，以免损坏表面涂层。

（2）储存环境

未使用的无人机应该储存在干燥、通风、避光的环境中，远离水源和高温。长时间不用时，应该将电池储存在50%~60%的电量状态，避免完全放电或过度充电。

（3）定期检查

定期检查无人机的各个部件，包括螺旋桨、云台、相机、电池等，确保其运行良好，没有损坏或松动。特别要注意检查螺旋桨是否有裂纹或变形，云台和相机是否正常工作。

（4）更新固件

定期检查无人机和遥控器的固件，确保其为最新版本。固件更新通常包括性能优化和安全改进，能够提高无人机的稳定性和飞行安全。

（5）避免过度放电

在飞行过程中，避免将电池过度放电，以免影响电池的性能和寿命。当电池电量低于安全范围时，应该及时返回并更换电池。

（6）避免高温环境

在高温环境下飞行时，应该注意无人机的散热情况，避免过热。高温可能会影响无人机的性能和电池寿命，甚至引发安全隐患。

（7）防止碰撞

在飞行过程中要注意避免碰撞和撞击，尽量选择空旷的场地进行飞行。如遇到障碍物或其他飞行器，应该及时采取避让措施，以免造成损坏或事故。

（8）保养记录

建立无人机的保养记录，包括每次飞行的时间、地点、飞行状况等信息，以便及时发现问题并进行处理。

（9）寻求专业帮助

如果遇到无法解决的问题，应该及时寻求专业的无人机维修师傅进行处理，切勿自行拆解或修复，以免造成更大的损失。

（10）保持谨慎态度

在任何情况下都应该保持谨慎的态度，不要过度自信或冒险。飞行安全永远是第一位的。

通过以上的保养措施，可以确保无人机的长期稳定运行，并提高飞行的安全性和可靠性。因此，作为无人机爱好者，应该重视无人机的保养工作，做到及时、全面地进行保养，让我们的无人机始终保持最佳状态，为我们带来更好的飞行体验和工作效果。

3. 无人机维护与保养内容

（1）无人机机身维护与保养

①检查无人机机身螺丝是否松动及机身结构上是否出现裂痕破损。

②检查GPS上方及每个起落架的天线位置是否有影响信号的物体（如带导电介质的贴纸等）。

③检查无人机机身缝隙中是否有小颗粒物质（如细沙、碎屑等）。

④尽量不要在雨雪天或大雾天使用无人机。

（2）电池保养

电池的好坏对飞行器的安全至关重要！电池如果真出现问题，轻则影响续航时间，重则导致炸机！如果无人机的电池出现鼓包情况要立即停止使用，有些无人机的电池有保护壳，如果在安装电池过程中出现安装不畅，则有可能是电池鼓包将外壳或保护壳挤变形了。另外，在一般情况下，若无人机电池每周使用两次，最多一年，电池会出现不耐用老化现象。在使用无人机的过程中还要注意外界温度对电池的影响，如果在低温地区使用，要对电池做好"保暖"和"热身"工作，以免出现电压急速升高的情况。

①充电。

智能飞行电池必须使用官方指定的充电设备进行充电，充电时需将电池和充电设备放置在水泥等周围无易燃、可燃物的地面。电池充电时需要有人在场看管，防止意外发生。

飞行器飞行结束后，电池处于高温状态，建议待电池降至室温后再进行充电，否则可能出现禁止充电的情况。电池的可充电环境温度为5 ℃~40 ℃，理想的充电环境温度为22 ℃~28 ℃，可大幅度延长电池的使用寿命。

切勿使用酒精或者其他可燃剂清洁充电设备，切勿使用已有损坏的充电设备。

②存储和运输。

如果飞行结束后电池提示严重低电量，需充电到40%~60%存放。否则，长时间存放可能导致电池损坏。

禁止将电池放在靠近热源的地方，比如阳光直射或热天的车内、火源或加热炉。存放电池的环境应保持干燥，勿将电池置于水中或者可能会漏水的地方。

禁止将电池与眼镜、手表、金属项链、发夹或者其他金属物体一起贮存或运输。切勿运输有破损或电池电量高于30%的电池。

（3）螺旋桨保养

图3-4-9所示为四旋翼螺旋桨安装示意图。虽然在正常使用过程中出现坠机导致桨叶折断的情况很少，但是由于视觉误差或操作导致撞上障碍物的问题却时常发生。如果出现撞到障碍物的情况就要特别留意桨叶是否出现裂痕、缺口等影响无人机飞行稳定性的问题。

①观察螺旋桨桨叶是否出现裂痕、缺口。如果损伤严重，建议直接更换新的螺旋桨。

②要留意起飞的螺旋桨是否按顺序固定好。

模块三　如何安全使用无人机

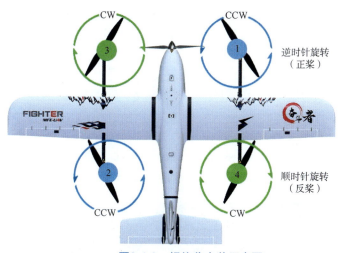

图3-4-9　螺旋桨安装示意图

（4）电机保养

①及时清除电机机座外的灰尘、淤泥。如使用环境灰尘较多，最好每次飞行后清扫一次。

②检查电机接线盒接线螺丝是否松动、烧伤。

③检查各个固定螺丝，拧紧松动的螺母。

④检查电机转动是否正常，用手转动转轴是否灵活、有无不正常的摩擦、卡阻、蹭轴和异常响声。

⑤通电后发现某个电机不转或是异常响声，立即断电。如无人机在悬停时出现无故侧倾或无法顺利降落的问题，则有可能是电机出现了问题。可以先尝试重新校正机身后再起飞，如果仍然出现这种问题，则需要及时送厂检修，避免出现电机停转导致无人机失控或坠毁。

（5）无人机遥控器维护与保养

无人机遥控器是控制无人机飞行的关键设备，它的功能和性能直接影响无人机的性能和安全性。因此，要做好遥控器维护与保养工作，以确保无人机的正常工作和安全飞行。影响遥控器性能的因素如图3-4-10所示。

①不要在潮湿、高温的环境下使用或放置遥控器。

②避免让遥控器受到强烈的震动或从高处跌落，以免影响内部构件的精度。

③仔细检查遥控器天线是否有损伤，遥控器的挂带是否牢固。

④在使用或者存放过程中，尽量不要弹杆。

⑤无人机云台维护与保养

图3-4-11所示为一架配备了云台的无人机。无人机云台维护与保养要求如下：

a. 使用一段时间后，建议检查排线是否正常连接。

b. 检查金属接触点是否氧化或者污损（可用橡皮擦清洁）。

c. 相机镜片不要用手直接触摸，可用镜头清洁剂清洗。

对于无人机的维保细节，见表3-4-2。

图3-4-10 影响遥控器性能的因素

图3-4-11 配备云台的无人机

表3-4-2 无人机维保一览表

机身维护	无人机表面整洁无划痕,如出现与上次记录外的外观损伤,建议进行触摸检查,防止无人机存在隐患
	擦伤、畸变等现象会破坏机身原有设计,导致重心变化,增加无人机修正所需的电量耗损,降低续航时间。严重可使机身晃动过大影响使用寿命,甚至导致IMU数据异常,增加事故风险
动力系统维护	检查螺旋桨情况以及有无裂痕、磨损等,如发现紧固件(如防脱桨扣等)发生松脱,建议停止使用并更换桨叶
	电机、电调须保持干燥,避免与水接触,确保电机下方的固定螺钉已经固定,并且塑料部件中没有裂纹,定期检查电机的动平衡情况
飞控系统维护	指南针在长时间不使用、距离上次起飞点距离较远的情况下,最好进行校准
	如飞行过程中发现无人机姿态不稳,且无法按指定操控杆量前进时,或降落时无人机发生大幅度弹跳,则需要对无人机进行IMU校准
	对于轴距较大机型,需要对主控部分进行防护,防止因风压引起主控IMU数据异常
遥控系统维护	检查飞行器GPS位置附近有无遮挡物
	飞行器切勿在强电、强磁等具有强干扰性的复杂环境下进行起飞等操作
	保持遥控器表面清洁,摇杆位置请注意防尘,切勿进水;若遥控开机后,状态显示灯红色频闪,且同时发出"滴、滴、滴"声响时,证明遥控摇杆需要进行校正
智能电池	禁止将电池放在靠近热源的地方,比如阳光直射或热天的车内、火源或加热炉。电池理想的保存温度为22 ℃~30 ℃
	超过10天不使用电池,请将电池放电至40%~65%电量存放,可延长电池的使用寿命,建议将电池存放在专用电池箱内
	如果电池电量耗尽且长时间存放,电池将进入休眠模式,给电池充电以使其脱离休眠状态

续表

云台相机	使用一段时间后，建议检查下扁平电缆是否正常连接，有无折迭、破损的情况
	开机后云台会执行自检程序，程序执行前确保云台固定扣拆除。保证云台能自由移动，防止长期堵转引起的电机烧毁
	金属接触点是否氧化或者污损（可用橡皮擦清洁），若为可更换相机云台，则需检查云台快拆部分是否松动、风扇噪声是否正常
飞行前检查	遥控器、智能飞行电池以及移动设备是否电量充足
	确保螺旋桨无破损并且正确安装牢固。如有老化、破损或变形，请更换后再飞行
	确保飞行器电机清洁无损，并且能自由旋转
飞行后检查	桨叶是否有破损、变形，无异物附着
	电机无沙尘、水渍，无异响
	机身无破损、变形、水渍
固件升级	如之前调整过飞控参数请对各参数进行备份
	保证升级设备的网络连接稳定
无人机保险投保	无人机机身险，第三者责任险

4. 无人机保养实践

以大疆运载无人机保养为例进行维护保养，及时进行正确的运载无人机保养检查，可以维持其良好的工作性能。

（1）电池与分电板保养

经过一段时间的使用，需要定期清洁电池与分电板，以提升电池接口通流性能和飞行安全，电池与分电板保养内容见表3-4-3。但请注意，日常维护时不要使用水直接冲洗电池接口，以免损坏电池。

表3-4-3 电池与分电板保养内容

序号	内容	工具	备注
1	排空电池内部的水	内六角螺丝刀 软毛刷或抹布 棉签 酒精	
2	清洁电池表面		
3	清洁电池接口		
4	清洁分电板接口		

（2）电机与螺旋桨保养

长时间使用后，需要及时清洁电机和电调上的污泥，以提升散热效果。请避免使用高压水枪直接冲洗电机。另外，螺旋桨的状态直接影响飞行效率，因此日常使用时需要密切关注螺旋桨状态，确保飞行安全。电机与螺旋桨保养内容见表3-4-4。

无人机概论

表3-4-4 电机与螺旋桨保养内容

序号	内容	工具	备注
1	清洗擦拭电机	抹布 11 mm扳手 乐泰243螺丝胶	
2	检查电机状态		
3	检查螺旋桨状态		
4	检查桨叶垫片		
5	检查电机座		

（3）空吊系统保养

空吊系统在长时间工作或颠簸运输后，需及时检查线缆磨损情况、在位开关状态和螺丝是否松脱，并清理附着在空吊系统上的污垢，以延长其使用寿命。空吊系统保养内容见表3-4-5。

表3-4-5 空吊系统保养内容

序号	内容	工具	备注
1	检查线缆磨损状态	精密测量工具 内六角螺丝刀 软毛刷或抹布	
2	检查空吊在位开关状态		
3	检查空吊螺丝是否松脱		
4	检查挂钩回弹力是否正常		

任务实施

步骤一 信息收集与初步检查

1. 收集无人机的飞行日志和维护记录，了解其基本状况和历史问题。
2. 对无人机进行初步检查，包括外观、电池、电机等部分，记录发现的问题。

步骤二 故障诊断

1. 使用故障诊断工具对无人机进行检查，确定可能存在的故障点。
2. 分析飞行数据，查找可能的异常行为和错误代码。

步骤三 维护与修复

1. 根据故障诊断结果，进行必要的清洁、更换零部件等操作。
2. 如果需要更换零件，确保使用符合规格的配件，并进行正确安装。

步骤四 测试与验证

1. 对修复后的无人机进行功能测试，确保所有部件工作正常。
2. 进行飞行测试，验证无人机的性能和稳定性。

步骤五 总结与报告

1. 撰写诊断报告，详细记录诊断过程、发现的问题和采取的修复措施。

2. 提供维护建议，预防类似问题的再次发生。

任务评价

整个任务完成之后，让我们来检测一下完成的效果吧，具体的测评细则见表3-4-6。

表3-4-6　任务完成情况的测评细则

评价内容	分值	评价细则	量化分值	得分
信息收集与自主学习	30分	1. 是否全面收集并分析了无人机的飞行日志和维护记录	10分	
		2. 是否使用了适当的工具和方法进行故障诊断	10分	
		3. 是否主动学习了相关的无人机维护知识	10分	
项目具体实施与成效	50分	1. 是否准确诊断了无人机的故障点	10分	
		2. 是否正确执行了维护操作，包括清洁、更换零部件等	10分	
		3. 修复后的无人机是否工作正常、性能稳定	10分	
		4. 在面对复杂问题时，是否能够提出创新的解决方案	10分	
		5. 是否能够快速、准确地解决遇到的挑战和问题	10分	
职业素养与职业规范	20分	1. 在任务执行过程中是否展现了专业性和责任感	4分	
		2. 是否遵循了无人机的操作规范和安全规定	4分	
		3. 报告撰写是否规范、详细，易于理解	4分	
		4. 是否能够与其他团队成员有效沟通和协作	4分	
		5. 是否在团队中扮演了积极的角色，为任务的完成做出了贡献	4分	
总计		100分		

巩固练习

1. 常用的无人机故障诊断方法有哪些？
2. 无人机故障诊断面临的挑战有哪些？
3. 无人机常见故障类型有哪些？
4. 在修复或更换导航部件后，为什么要进行陀螺仪、加速度计和磁力计校准？
5. 通信系统的测试与优化包含哪些内容？
6. 无人机维修过程中的注意事项有哪些？
7. 无人机修复后的测试与调试作用是什么？
8. 为什么说日常维修保养是保障无人机安全作业的必要手段？
9. 简述维护维修工作单的重要性。
10. 简述机械维护维修工作单的意义。
11. 简述电池保养具体内容。
12. 简述无人机遥控器维护与保养的具体内容。

 无人机概论

任务拓展

任务名称：无人机保养——让你的空中伙伴焕发新生！

亲爱的同学们，想象一下，你的无人机就像一位勤劳的空中快递员，无论风雨，始终为你传递着重要的信息。但是，这位"快递员"也需要休息和保养，才能保持最佳的工作状态。今天，我们就来为它做一次全面的"SPA"，让它在未来的任务中更加光彩照人！

任务要求

1. 对无人机进行全面的检查，包括机身、螺旋桨、电池等部分。
2. 清理无人机上的灰尘和污垢，让它焕然一新。
3. 对无人机的电池进行充电和性能检测，确保它充满能量。
4. 检查无人机的飞控系统和传感器，确保它们正常工作。
5. 完成保养后，进行简单的飞行测试，验证保养效果。

模块四　成为无人机行业工匠

在这个挑战与机遇并存的时代，如何成为一名无人机行业的工匠，成为众多无人机爱好者与从业者追求的目标。在本模块中，我们将带领大家迈出成为无人机行业工匠的关键一步。首先，探讨如何获取无人机从业资格，即获取相应的证照，这是进入无人机行业的必要条件。其次，深入探讨如何让无人机真正飞起来，从飞行原理到实际操作，帮助大家建立扎实的飞行技能。通过这两个任务的学习，大家将初步具备成为无人机行业工匠的基础素质，为后续的发展打下坚实的基础。

无人机概论

任务一 具备无人机从业资格——获取证照

🌸 任务目标

知识目标：
1. 了解为什么要获取无人机操控员执照。
2. 了解三大类无人机驾驶员执照。
3. 熟悉常用的几种无人机证件。
4. 熟悉民用无人驾驶航空器系统驾驶员管理规定。

技能目标：
1. 能够熟记无人机怎么样飞行才合法。
2. 能够区分常用的几种无人机证件、用途以及获取途径。
3. 能够理解并口述民用无人机领域常用的专业术语。

素质目标：
1. 培养学生树立严格的无人机飞行安全意识。
2. 引导并培养学生遵循职业道德和伦理规范。

🌸 任务描述

实践任务：探索无人机证照世界，迈向专业飞行之路！

亲爱的同学们，想象一下，你是一位无人机飞行员，驾驶着无人机翱翔在蓝天之上，俯瞰美丽的风景，捕捉精彩瞬间。但是，要想成为一位合法的无人机飞行员，我们首先需要了解并掌握如何获取无人机证照。今天，我们就来开启一场关于无人机证照的探险之旅！

任务要求

1. 证照途径探索：分组实施，3~5人一组。通过网络、图书馆、专业论坛等渠道，深入探索无人机证照的获取途径。寻找并整理出各种证照的申请条件、流程、所需材料等信息。

2. 证照用途与区别解析：根据收集到的信息，分析不同无人机证照的用途与区别。比如，无人机驾驶员证、无人机操作员证、无人机教员证等，它们各自适用于哪些场景，有何不同要求？

3. 小组分享交流：每位同学将自己的发现和心得带到课堂上，与小组成员分享交流。通过讨论，大家共同梳理出无人机证照的全貌。

4. 成果展示：每小组准备一份关于无人机证照获取途径、用途与区别的报告，以PPT或其他形式在课堂上进行展示。展示内容包括但不限于证照种类、申请流程、材料准备、注意事项等。

同学们，快来加入这场无人机证照的探险之旅吧！让我们一起揭开无人机证照的神秘面纱，迈向专业飞行之路！

知识链接

随着科技的飞速发展，无人机已经成为我们生活中不可或缺的一部分。然而，随着无人机数量的激增，其带来的安全隐患和隐私问题也日益凸显。

为加强对民用无人机驾驶员的规范管理，2018年9月1日中国民航局发布《民用无人机驾驶员管理规定》，要求空机重量大于4 kg、起飞重量大于7 kg的无人机驾驶员需持证飞行。

为了规范无人机的飞行行为，确保公共安全和国家安全，2023年5月31日，国务院、中央军委公布《无人驾驶航空器飞行管理暂行条例》，自2024年1月1日起施行。

无人机实名和无人机考证成为无人机行业势在必行的一项措施，无人机驾驶员持证上岗将成为行业的新常态。

一、为什么要获取无人机操控员执照

无人机执照，也称为无人驾驶航空器执照，是用于规范无人驾驶航空器在空中的合法飞行和使用的资格证书。

无人机驾驶执照的目的类似于汽车驾照，旨在确保无人机飞行的安全，避免由于不当操作给他人造成伤害或财产损失。通过获得无人机驾驶执照，人们可以系统地学习无人机相关知识和操作技巧，有效地规范无人机飞行活动，并提升飞行操作的安全水平。

视频

无人机安全飞行科普

对于无人机爱好者来说，持证飞行不仅可以获得更多的无人机权限，比如空域申请和航线申请等，还能合法、合规地操控多种类型的无人机。而对于从事无人机相关行业的专业人员来说，无人机驾驶执照则相当于职业资格证书，是合法从事相关工作的必要条件。

1. 无人机考证的具体原因

（1）提升个人飞行技术，保障飞行安全

无人机参与的行业多种多样，且机型也十分丰富，而且无人机作为一种载具，能够在低空飞行，与有人飞行器和其他飞行物体共享空域。然而，由于无人机操控员的素质参差不齐，缺乏统一的飞行标准和规范，飞行事故也时有发生。通过考证，可以对操控员进行飞行技能培训和考核，提高操控员的飞行技术水平，降低飞行事故的发生概率，保障飞行安全。

（2）提升操控员意识，规范无人机使用行为

很多操控员以为拿到无人机就可以拍摄航拍大片了，殊不知无人机并不能随意起飞，尤其是九大禁飞区域。

无人机的广泛应用已经涉及各个领域，如航拍摄影、电力巡检、农业植保等。然而，一些无人机操控员没有意识到自己的行为可能对他人造成影响。通过考证，可以规范无人机使用行为，维护社会秩序和公共利益。

（3）提升无人机应用质量，促进行业快速发展

从事电力巡检、农业植保、影视航拍、风电运维等职业的操控员，作业时难度更高，相应要求也高，可以通过无人机考证对操控员的技术水平和专业知识进行评估，确保操控员具备足够的能力和知识来完成各类任务。这有助于提升无人机应用的质量，为无人机行业的发展提供有力支持，推动无人机技术的进一步发展。

2. 无人机怎么样飞行才合法

（1）实名登记

新购买的无人机需要及时在无人机实名登记系统中完成实名登记。

（2）持证上岗

通过考试获得与所持无人机相匹配的飞行执照。

（3）遵守限高

轻型无人机限高120 m，微型无人机限高50 m。

（4）飞行报备

飞行前先了解当地的禁飞情况以及无人机的管理政策，如遇管控区域，需要提前与管制单位沟通。

3. 2024年新规关于无人机"黑飞"如何处罚

《无人驾驶航空器飞行管理暂行条例》于2024年1月1日正式实施，它是我国首部无人驾驶航空器领域的行政法规。该条例旨在规范无人驾驶航空器飞行及相关活动，促进产业健康发展，维护航空、公共和国家安全。条例要求取得民用无人驾驶航空器操控员执照，并对违规使用无人驾驶航空器设定严厉处罚标准。

下面，引用部分条例原文来予以说明。

第二章第十六条：操控小型、中型、大型民用无人驾驶航空器飞行的人员应当具备下列条件，并向国务院民用航空主管部门申请取得相应民用无人驾驶航空器操控员（以下简称操控员）执照。

第三章第三十二条：依法取得有关许可证书、证件，并在实施飞行活动时随身携带备查。

第五章第四十七条：违反本条例规定，民用无人驾驶航空器未经实名登记实施飞行活动的，由公安机关责令改正，可以处200元以下的罚款；情节严重的，处2 000元以上2万元以下的罚款。

第五章第五十条：未取得操控员执照操控民用无人驾驶航空器飞行的，由民用航空管理部门处5 000元以上5万元以下的罚款；情节严重的，处1万元以上10万元以下的罚款。

未取得操作证书从事常规农用无人驾驶航空器作业飞行活动的，由县级以上地方人民政府农业农村主管部门责令停止作业，并处1 000元以上1万元以下的罚款。

第五章第五十一条：未经批准操控微型、轻型、小型民用无人驾驶航空器在管制空域内飞行，或者操控模型航空器在空中交通管理机构划定的空域外飞行的，由公安机关责令停止飞行，可以处500元以下的罚款；情节严重的，没收实施违规飞行的无人驾驶航空器，并处1 000元以上1万元以下的罚款。

二、常见的无人机执照

无人机种类较多，最常见的为固定翼、多旋翼和直升机。三种机型中固定翼自成一派，多旋翼和直升机操作方式类似，但直升机的操作难度更高，因此持有无人直升机执照可驾驶多旋翼，而持有多旋翼执照不能驾驶无人直升机。

1. 三大类无人机驾驶员执照

无人机从业者需要根据自己所要驾驶的机型确定要持有的驾驶证。无人机驾驶证又分为三类，分别是视距内驾驶员执照、超视距驾驶员执照、教员执照。

（1）视距内驾驶员执照

视距内驾驶员又名驾驶员，指在肉眼可视范围内操控无人机，视距内GPS飞行，无申请空域权力。无人机驾驶员或无人机观测员与无人机保持直接目视，视觉接触，航空器处于驾驶员或观测员目视视距内半径500 m，相对高度低于120 m的区域内。

驾驶员证不具有完成任何独立飞行任务的资质，也不具有飞行航线规划的决策权等，需要在机长的指挥下才能进行飞行任务。

（2）超视距驾驶员执照

超视距驾驶员又名机长，可在航空器处于驾驶员或观测员目视视距内半径500 m，相对高度高于120 m的区域内，采用姿态模式飞行，有申请作业空域权力。需要在驾驶员等级的基础上，更深入地学习无人机的飞行技术、指挥调度、任务规划等方面的知识。无人机机长证持有者可以独立完成驾驶员的一切飞行任务，并具有飞行航线规划的决策权。因此，对于无人机机长的要求比驾驶员要高些，与驾驶员相比，机长需要多学习地面站和航线规划的课程。

无人机驾驶员和机长的区别是，驾驶员对飞行中的飞行器安全负责，而机长则对整个飞行系统，如飞机、驾驶员、地面站等负责。

单旋翼机长可以驾驶单旋翼和多旋翼两种，但多旋翼只能驾驶多旋翼，不能驾驶单旋翼。固定翼多为军用、巡线等，普及度低。

（3）教员执照

教员具备培训驾驶员及机长的资格，除了学习驾驶员与机长的课程之外，还需学习飞行教学法的课程，侧重于以后的实际教学应用。

这三类合格证又可以依据类别等级（如固定翼、多旋翼、直升机）分为多种合格证，如图4-1-1所示。

2. 常用的几种无人机证件

（1）CAAC无人机执照

中国民用航空局（civil aviation administration of China，CAAC），其前身为中国民用航空总局，在1987年以前曾承担中国民航的运营职能。2008年3月，由国务院直属机构改制为部委管理的国家局，同时更名为中国民用航空局。中国民用航空局LOGO及其颁发的执照如图4-1-2所示。

各无人机执照的区别与用途

图4-1-1 无人机驾驶员执照类型

（a）中国民用航空局LOGO

（b）CAAC执照

图4-1-2 中国民用航空局LOGO及其颁发的执照

中国民用航空局的主要职责包括：制定和执行国家有关民用航空事业的法律法规、政策措施和规章制度；组织实施国家有关民用航空事业的统一规划、标准化建设、技术创新和人才培养；监督检查和评估我国民用航空事业的运行状况和安全水平；协调处理我国与其他国家或地区在民用航空领域的合作与交流；开展对外宣传推广工作。

CAAC执照是由中国民用航空局颁发的《民用无人机驾驶员执照》，该执照是电子执照，是目前国内最权威也最通用的一种无人机驾照，是全国通用、驾驶无人机和就业的必要证件。该执照主要针对轻型无人机，持证人需通过相关法规和操作培训，取得相应的执照。

CAAC执照机型分为多旋翼、垂直起降固定翼、固定翼、直升机四种；按照重量分为Ⅲ类。

CAAC执照适用于想要从事无人机商业飞行的人员，如航拍摄影师、输变电巡检员、油管巡检员、航空测绘员、三维建模师、地质勘察员、灾情勘察员、作业规划师等，同时CAAC执照也是向空军及航管部门申请飞行计划时的人员证照凭证。

当通过CAAC无人机执照考试后，即可获得三个证件，一个是CAAC的《民用无人机操控员执照》，另外两个是可以免试增发AOPA的《民用无人驾驶航空器系统驾驶员合格证》和ALPA的《民用无人机操作员应用合格证》，也就是一次考试可取得三个证。图4-1-3所示为无人机执照考试管理服务提供方制度框架。

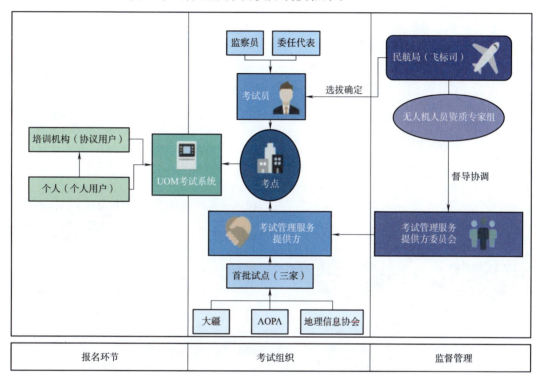

图4-1-3　无人机执照考试管理服务提供方制度框架

（2）主流行业协会的准入执照

目前，以中国航空器拥有者及驾驶员协会（简称AOPA）、中国航空运动协会（简称ASFC）为代表的主流行业协会颁发的无人机执照和合格证，也在业界内得到了广泛的认可。中国航空器拥有者及驾驶员协会LOGO及其颁发的执照如图4-1-4所示。

①民用无人机驾驶员合格证（AOPA证）。

2014年4月起，民航局授权中国航空器拥有者及驾驶员协会，对中国无人机爱好者、从业者进行有偿培训，通过考试后下发AOPA合格证书。

由于当时还没有官方的无人机飞行执照，AOPA证是受到广泛认可的无人机证书。2018年9月1日，中国民用航空局颁布无人机电子执照后，原AOPA合格证所载明的权利一并转移至该电子执照。现AOPA合格证由中国航空器拥有者及驾驶员协会颁发。

民航局云执照的考试内容和考核标准与原先的AOPA证相同。此后，AOPA证的考试难度降低，以此和民航局云执照进行区分。

②ALPA《民用无人机操作员应用合格证》。

ALPA的全称为中国民航飞行员协会。ALPA执照是由中国民航飞行员协会（China

Airline Pilots Association)颁发的《民用无人机驾驶员资格证书》。除颁发机构不同,以及ALPA会分行业应用类别,ALPA执照本质上与AOPA证书没有太大区别。ALPA其实前身就是AOPA,可以简单理解为原AOPA的骨干力量单独出来成立了ALPA,并且嫁接了之前的大部分工作。中国民航飞行员协会LOGO及其颁发的执照如图4-1-5所示。

(a)中国航空器拥有者及驾驶员协会LOGO　　　　　　(b)AOPA执照

图4-1-4　中国航空器拥有者及驾驶员协会LOGO及其颁发的执照

(a)中国民航飞行员协会LOGO　　　　　　(b)ALPA合格证

图4-1-5　中国民航飞行员协会LOGO及其颁发的执照

CAAC执照、AOPA执照与ALPA合格证三者之间的关系图谱如图4-1-6所示。

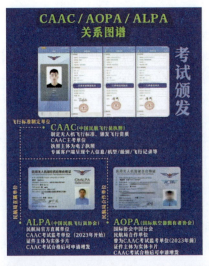

图4-1-6　CAAC/AOPA/ALPA关系图谱

③无人驾驶航空器系统操作合格证（UTC）。

UTC执照是由大疆慧飞颁发的一种无人驾驶航空器系统操作手合格证，如图4-1-7所示。它是由大疆旗下的培训机构慧飞无人机应用技术培训中心提供的，主要针对特定无人机岗位如无人机航拍、无人机农业植保单独做出针对性的无人机技能培训，主要教授如何使用大疆的无人机作业。通过相关考核后，学员可以获得《慧飞学员合格证书》以及《UTC无人驾驶航空器系统操作手合格证》。这个执照适用于行业应用，可以作为入职企业工作能力的资格证明。UTC执照的考试仅限于大疆的无人机，即执照持有者只能操作大疆的无人机。

（a）大疆LOGO　　　　　　　　　　　（b）慧飞UTC执照

图4-1-7　大疆LOGO与慧飞UTC执照

UTC执照在2023年4月23日之前是由中国航空运输协会通用航空分会、中国成人教育协会联合大疆创新颁发的。从2023年4月23日起，慧飞发布了认证机构变更通告，UTC证件的认证将由垂直行业组织进行。

④ASFC《遥控模型航空器（无人机）飞行员执照》（ASFC执照）。

中国航空运动协会（ASFC）成立于1964年8月，是具有独立法人资格的全国性群众体育组织，是中华全国体育总会的团体会员，负责管理全国航空体育运动项目，是代表中国参加国际航空运动联合会及相应活动的唯一合法组织。

ASFC执照分为8个等级，初级等级一般都是青少年用于无人机启蒙，高级等级则是一些航模玩家，获取难度较大。ASFC执照一般只针对有竞赛需求的无人机用户，主要适用于无人机竞技竞赛。中国航空运动协会LOGO及其颁发的执照如图4-1-8所示。

（a）中国航空运动协会LOGO　　　　　　　　　　　（b）ASFC执照

图4-1-8　中国航空运动协会LOGO及其颁发的执照

图4-1-9比较直观地展现了目前市面上比较常见和流行的几种执照信息。

图4-1-9　常见的几种执照一览图

3. 国家职业技能等级证书

COSL（Certificate of Skill Level）是国家技能等级证书，是由中国人力资源和社会保障部颁发的一种职业资格证书，是一种针对不同职业岗位的技能鉴定和认证体系，主要教授如何掌握和运用相关职业技能。持有COSL证书可以从事相应的职业工作，该证书通常分为五个等级：初级、中级、高级、技师、高级技师，如图4-1-10所示。

图4-1-10　国家职业资格证书

国家职业技能等级证书是国家层面认可的技能证书，标志着劳动者的技能水平，在个人求职、企业用工方面是一个可靠的评价依据。除了可靠的就业优势外，根据各地方的规定，通过所持有的技能证书，还可以申请入户、申请技能补贴、享受各种优惠政策。

（1）人力资源社会保障部主导的国家技能等级证书

人力资源社会保障部相继发布了"无人机驾驶员"和"无人机装调检修工"新职业，并委托有关部门对新职业进行了国家职业技能等级标准进行组织业内专家开发，目前"无人机装调检修工"国家职业技能等级标准已于2021年底正式发布，限于教材篇幅，这两项标准在此不具体罗列，相关核心内容请各位学习者参考本教材附录A和附录B。

国家职业技能等级证书将由人社部门备案的评价机构依据职业技能标准或评价规范进行考核评价，对合格者授予无人机驾驶员、无人机装调检修工职业技能等级证书。

对于职业技能等级证书，人力资源和社会保障部早已出台了相关的补贴政策进行大力扶持，并且可以享受到与国家职业资格证书同等的技能提升补贴、就业创业补贴、高技能人才引进、技能落户、抵扣个税等多个政策待遇。其中，一级证书有补贴3 000元，二级证书有2 500元，三级证书有2 000元，四级证书有1 500元，五级证书有1 000元。

（2）教育部主导的"1+X"职业技能等级证书

随着2019年国务院《国家职业教育改革实施方案》的出台，我国出现了人力资源社会保障部门和教育部主导的两个体系下的职业技能等级证书，图4-1-11所示为教育部认证的"1+X"职业技能等级证书样本。

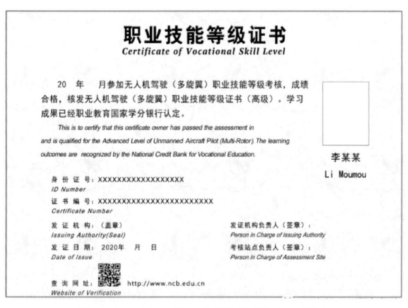

图4-1-11　无人机"1+X"职业技能等级证书样本

《国家职业教育改革实施方案》指出"把学历证书与职业技能等级证书结合起来，探索实施'1+X'证书制度"，这是职业教育重要改革部署，也是重大创新，指明了职业教育的发展趋势。

"1+X"职业技能等级证书是指在国家职业资格证书体系中，为促进职业技能提升和职业发展而设立的一种证书。其中的1代表学历证书，而X则代表若干职业技能等级证书，根据具体的职业特点和技能等级要求，每个职业都对应着不同的技能等级。

ALPA无人机合格证和"1+X"职业技能等级证书是相互关联的。持有ALPA合格证的人员，在符合学历、工作经验等要求的前提下，可以进行"1+X"职业技能等级证书的申请和评定，获取对应的职业技能等级证书。

由于"1+X"证书还属于试点实施阶段，另一方面，也由于篇幅限制，此处就不进行深入介绍，有关无人机"1+X"职业技能等级证书的详细信息，读者可以参考本教材附录C。

三、民用无人驾驶航空器系统驾驶员管理规定

1. 民用无人机领域相关专业术语

①无人驾驶航空器（unmanned aircraft,UA），是一架由遥控站管理（包括远程操纵或自主飞行）的航空器，也称遥控驾驶航空器（remotely piloted aircraft,RPA）。

②无人机系统（unmanned aircraft system,UAS），也称无人驾驶航空器系统（remotely piloted aircraft systems,RPAS），是指一架无人机、相关的遥控站、所需的指令与控制数据链路以及批准的型号设计规定的任何其他部件组成的系统。

③无人机系统驾驶员，由运营人指派对无人机的运行负有必不可少职责并在飞行期间适时操纵飞行控件的人。

④无人机系统的机长，是指在系统运行时间内负责整个无人机系统运行和安全的驾驶员。

⑤无人机观测员，一个由运营人指定的训练有素的人员，通过目视观测无人机协助无人机驾驶员安全实施飞行。

⑥运营人，是指从事或拟从事航空器运营的个人、组织或企业。

⑦遥控站（也称控制站），无人机系统的组成部分，包括用于操纵无人机的设备。

⑧指令与控制数据链路（command and control data link），是指无人机和遥控站之间为飞行管理目的的数据链接。

⑨感知与避让，是指看见、察觉或发现交通冲突或其他危险并采取适当行动的能力。

⑩无人机感知与避让系统，是指无人机机载安装的一种设备，用以确保无人机与其他航空器保持一定的安全飞行间隔，相当于载人航空器的防撞系统。在融合空域中运行的大型无人机必须安装此系统。

⑪视距内运行（visual line of sight operations,VLOS），无人机驾驶员或无人机观测员与无人机保持直接目视视觉接触的操作方式，航空器处于驾驶员或观测员目视视距内半径 500 m，相对高度低于 120 m 的区域内。

⑫超视距运行（extended VLOS,EVLOS），无人机在目视视距以外的运行。

⑬融合空域，是指有其他有人驾驶航空器同时运行的空域。

⑭隔离空域，是指专门分配给无人机系统运行的空域，通过限制其他航空器的进入以规避碰撞风险。

⑮人口稠密区，是指城镇、乡村、繁忙道路或大型露天集会场所等区域。

⑯微型无人机，是指空机质量小于等于 7 kg 的无人机。

⑰轻型无人机，是指空机质量大于 7 kg，但小于等于 116 kg 的无人机，且全马力平飞中，校正空速小于 100 km/h（55海里/小时），升限小于 3 000 m。

⑱小型无人机，是指空机质量小于等于 5 700 kg 的无人机，微型和轻型无人机除外。

⑲大型无人机，是指空机质量大于 5 700 kg 的无人机。

2. 管理机构

无人机系统分类繁杂，所适用空域远比有人驾驶航空器广阔，因此有必要实施分类管理。

（1）无须证照管理的情况

下列情况下，无人机系统驾驶员自行负责，无须证照管理：
①在室内运行的无人机；
②在视距内运行的微型无人机；
③在人烟稀少、空旷的非人口稠密区进行试验的无人机。

（2）由行业协会实施管理

下列情况下，无人机系统驾驶员由行业协会实施管理：
①在视距内运行的除微型以外的无人机；
②在隔离空域内超视距运行的无人机；
③在融合空域运行的微型无人机；
④在融合空域运行的轻型无人机；
⑤充气体积在4 600 m^3以下的遥控飞艇。

（3）由中国民用航空局实施管理

下列情况下，无人机系统驾驶员由中国民用航空局实施管理：
①在融合空域运行的小型无人机；
②在融合空域运行的大型无人机；
③充气体积在4 600 m^3以上的遥控飞艇。

3. 中国民用航空局对无人机系统驾驶员的管理

（1）执照要求

①在融合空域3 000 m以下运行的小型无人机驾驶员，应至少持有私用驾驶员执照（仅带有轻于空气航空器等级的除外）；
②在融合空域3 000 m以上运行的小型无人机驾驶员，应至少持有带有飞机或直升机等级的商用驾驶员执照；
③在融合空域运行的大型无人机驾驶员，应至少持有带有飞机或直升机等级的商用驾驶员执照和仪表等级；
④在融合空域运行的大型无人机机长，应至少持有航线运输驾驶员执照；
⑤在融合空域运行的充气体积在4 600 m^3以上的遥控飞艇驾驶员，应至少持有带有飞艇等级的商用驾驶员执照。

（2）执照上签注信息

对于完成训练并考试合格人员，在其驾驶员执照上签注如下信息：
①无人机型号；
②无人机规格，包括小型、大型和飞艇；
③职位，包括机长、副驾驶。

（3）熟练检查

驾驶员应对每个签注的无人机型号接受熟练检查，该检查每12个月进行一次。检查由中国民用航空局认可的人员实施。

（4）体检合格证

持有驾驶员执照的无人机驾驶员必须持有按中国民用航空规章《民用航空人员体检合格证管理规则》（CCAR-67FS-R2）颁发的有效体检合格证，并且在行使驾驶员执照权利时随身携带该合格证。

（5）航空知识要求

申请人必须接受并记录培训机构工作人员提供的地面训练，完成下列与所申请无人机系统等级相应的地面训练课程并通过理论考试，具体包括：

①航空法规以及机场周边飞行、防撞、无线电通信、夜间运行、高空运行等知识；

②气象学，包括识别临界天气状况，获得气象资料的程序以及航空天气报告和预报的使用；

③航空器空气动力学基础和飞行原理；

④无人机主要系统，导航、飞控、动力、链路、电气等知识；

⑤无人机系统通用应急操作程序；

⑥所使用的无人机系统特性，包括起飞和着陆要求、性能。

（6）飞行技能与经历要求

申请人必须至少在下列操作上接受并记录了培训机构提供的针对所申请无人机系统等级的实际操纵飞行或模拟飞行训练。

①对于机长。

a. 空域申请与空管通信，不少于4 h；

b. 航线规划，不少于4 h；

c. 系统检查程序，不少于4 h；

d. 正常飞行程序指挥，不少于20 h；

e. 应急飞行程序指挥，包括规避航空器、发动机故障、链路丢失、应急回收、迫降等，不少于20 h；

f. 任务执行指挥，不少于4 h。

②对于驾驶员。

a. 飞行前检查，不少于4 h；

b. 正常飞行程序操作，不少于20 h；

c. 应急飞行程序操作，包括发动机故障、链路丢失、应急回收、迫降等，不少于20 h。

（7）飞行技能考试

考试员应由中国民用航空局认可的人员担任，用于考核的无人机系统由执照申请人提供，考试中除对上述训练内容进行操作考核，还应对下列内容进行充分口试：

①所使用的无人机系统特性；

②所使用的无人机系统正常操作程序；

③所使用的无人机系统应急操作程序。

（8）运行要求

①对驾驶员的要求。

以下是常规要求，所列的操作限制适用于所有的无人机系统驾驶员：

a. 每次运行必须事先指定机长和其他机组成员；
b. 驾驶员是无人机系统运行的直接负责人，并对该系统操作有最终决定权；
c. 驾驶员在无人机飞行期间，不能同时承担其他操作人员职责；
d. 未经批准，驾驶员不得操纵除微型以外的无人机在人口稠密区作业；
e. 禁止驾驶员在人口稠密区操纵带有试飞或试验性质的无人机。
②对机长的要求。
a. 在飞行作业前必须已经被无人机系统使用单位指定；
b. 对无人机系统作业在规定相应技术条件下负责；
c. 对无人机系统是否作业在安全的飞行条件下负责；
d. 当出现可能导致危险的情况时，必须尽快确保无人机系统安全回收；
e. 在飞行作业的任何阶段有能力承担驾驶员的角色；
f. 在满足操作要求的前提下可根据需要转换职责角色；
g. 对具体无人机系统型号必须经过培训达到资格方可进行飞行。
③运行中对其他驾驶员的要求。
a. 在飞行作业前必须已经被使用单位指定；
b. 在机长的指挥下对无人机系统进行监控或操纵；
c. 协助机长进行包括避免碰撞风险、确保运行符合规则、获取飞行信息以及进行应急操作。

任务实施

步骤一　确定目标与发现需求

1. 项目分组，沟通讨论后确定小组长。
2. 召开团队会议，明确活动目标。

步骤二　分工与合作

1. 根据团队成员的专业背景和兴趣，合理分工，将任务划分为若干个子课题。
2. 为每个子课题分配负责人，确保每个部分都有专人负责。
3. 建立有效的沟通机制，如定期召开会议、使用协作工具等，以促进团队成员之间的信息交流和合作。

步骤三　文案撰写与展示准备

1. 将收集到的信息进行分类整理，形成清晰的框架和逻辑。
2. 准备一个精美的展示材料，可以是PPT、视频或其他形式。

步骤四　分享与展示

成报告后，在课堂上进行展示交流，分享自己的经验和心得。

任务评价

整个任务完成之后，让我们来检测一下完成的效果吧，具体的测评细则见表4-1-1。

无人机概论

表4-1-1 任务完成情况的测评细则

评价内容	分值	评价细则	量化分值	得分
信息收集与自主学习	25分	1. 是否通过网络、图书馆、专业论坛等多种渠道进行了信息收集	5分	
		2. 收集的信息是否全面，涵盖了各种无人机证照的申请条件、流程、所需材料等信息	5分	
		3. 是否对不同证照的申请条件、流程、所需材料进行了分类整理	5分	
		4. 是否对收集到的信息进行了核实，确保信息的可靠性	5分	
		5. 是否能够独立思考，对收集到的信息进行整理分析	5分	
报告的撰写与分享	60分	1. 报告是否清晰、逻辑性强，能够全面反映小组的研究成果	10分	
		2. 报告是否详细分析了不同无人机证照的用途与区别，以及各自的适用场景和要求	10分	
		3. 报告文字是否流畅，用词是否准确，表达是否清晰	10分	
		4. 报告中图表、图片等辅助材料是否使用得当，有助于增强报告的可读性	10分	
		5. 在小组分享交流中，是否能够积极发言，表达自己的想法	10分	
		6. 是否认真倾听他人意见，并能给予有效反馈	10分	
职业素养与职业规范	15分	1. 小组成员之间是否协作默契，任务分配是否合理	4分	
		2. 在整个实践过程中，是否能够互相支持、共同完成任务	3分	
		3. 在收集信息和撰写报告过程中，是否遵循了学术道德和知识产权规范	4分	
		4. 是否注重细节，体现出对无人机行业的热爱和尊重	4分	
总计		100分		

巩固练习

1. 简述为什么无人机飞行前需要考证？
2. 简述怎样才能合法地进行无人机飞行？
3. 简述视距内驾驶员执照、超视距驾驶员执照以及教员执照的区别。
4. 对于CAAC、AOPA、UTC、ASFC、COSL执照，它们有什么区别？
5. 什么是视距内运行？什么是超视距运行？
6. 无须证照管理的情况有哪些？

任务拓展

在一个晴朗的周末下午，市民张先生发现一架无人机在他家附近的公园里低空飞行，拍摄风景。张先生觉得很有趣，便拿出手机拍摄无人机。不久后，无人机突然失控，撞向了附近的高压电线，导致附近区域停电数小时，给居民生活带来了不便。事后调查得知，该无人机的飞行员并没有取得合法的无人机飞行证书，属于"黑飞"行为。

任务要求

1. 案例分析：请同学们围绕这个案例，分析"黑飞"行为可能带来的危害。可以从公共安全、个人隐私、法律责任等多个方面展开讨论。

2. 制定防范措施：基于案例分析，制定一套有效的防范措施，以防止类似"黑飞"事件的发生。措施可以包括技术手段（如无人机信号屏蔽、飞行限制区域设定等）和管理手段（如加强无人机飞行法规宣传、建立无人机飞行报告制度等）。

3. 撰写报告：将分析和防范措施整理成一份报告。

任务二　让无人机飞起来

任务目标

知识目标：

1. 了解PhoenixRC菜单。
2. 熟悉PhoenixRC系统设置菜单操作步骤。
3. 熟悉穿越机的组装步骤。
4. 熟悉穿越机的简易参数设置。

技能目标：

1. 能够进行PhoenixRC系统设置。
2. 能够基于PhoenixRC系统进行模拟飞行训练。
3. 能够进行穿越机参数设置。

素质目标：

1. 通过精确模拟飞行场景，培养团队成员的严谨工作态度和细致操作习惯。
2. 培养学生心怀家国，要求学生以高度的责任心和荣誉感投入到组装工作。
3. 通过严谨细致的调参环节，展现对任务负责、对安全负责的职业精神和责任担当。

任务描述

实践任务：无人机悬停大挑战！

亲爱的同学们，准备好迎接一场激动人心的无人机悬停大挑战了吗？在这个任务中，你们将化身为无人机驾驶员，操控无人机在空中稳稳地悬停，就像一只轻盈的蜻蜓停在荷叶上一样！

任务要求

1. 选用PhoenixRC软件进行模拟飞行。
2. 选择训练模式下的悬停训练，让无人机进入最佳训练状态。
3. 在设置菜单中选择"仅升降舵"，这样遥控器就只剩下升降舵有效，挑战更加专注和刺激！
4. 在方向菜单中选择"后面"，这意味着你们将站在无人机的后方进行操控，考验空间感和反应速度。

最后，当无人机能够稳定地悬停在空中时，那就意味着你们已经完成了这项挑战！别忘了为自己鼓个掌,因为你们具备一名真正的无人机驾驶员的优秀品质!加油,未来的无人机大师们!

知识链接

一、飞行前期准备——练习模拟飞行

无人机仿真训练系统是当前无人机领域中广泛应用的重要技术之一。通过虚拟仿真技术,该系统可以有效弥补实际飞行训练中存在的不足,提升飞行员的操作技能和应对能力。无人机仿真训练系统的研发和应用对于提高我国无人机领域的技术水平和实战能力具有重要意义。

进行无人机模拟飞行训练的原因主要有以下几点:

①安全性高:无人机模拟飞行训练在模拟器上进行,无须实际飞行,从而避免了因飞行失误而引起的安全问题。

②训练成本低:模拟飞行训练可以模拟各种飞行条件和场景,无须实际使用无人机,这大大降低了训练成本。

③灵活多样:模拟飞行训练可以根据实际需求设置不同的场景和任务,使训练更加有针对性,提高了训练效率。

④提高操作技能:通过反复在模拟器上进行虚拟场景的训练,操作人员的飞行操作技能和反应速度可以得到提高。

目前,主流的无人机仿真平台有RealFlight、PhoenixRC、FPV Freerider以及VelociDrone。本教材主要针对PhoenixRC平台进行讲解。

1. PhoenixRC菜单介绍

(1)系统设置

该菜单下,可以进行配置遥控器、选择遥控器、通道设置、键盘设置、程序设置、升级、退出等操作,如图4-2-1所示。

(2)选择模型

该菜单下,可以进行更换/编辑模型、故障率、起飞方式、模型位置等操作,如图4-2-2所示。

图4-2-1 系统设置菜单

图4-2-2 选择模型菜单

（3）选择场地

该菜单下，可以进行更换场地、场地天气/布局等操作，如图4-2-3所示。

（4）查看信息

该菜单下，可以进行摄像机视角、屏幕显示、工具条选择等操作，如图4-2-4所示。

图4-2-3　选择场地菜单

图4-2-4　查看信息菜单

（5）飞行记录

该菜单下，可以打开、关闭记录器、切换大小模式等操作。调试好遥控设备，选择好场景及模型并调整好参数后，从飞行开始记录全过程，停止后可命名保存至软件安装所在文件夹中，并可通过此菜单选择查看。

（6）训练模式

该菜单下，有视频教程，可以进行悬停、自旋降落、扭矩、降落训练等模式的设置。可通过其中不同种类的训练模式练习固定翼、旋翼机的各通道操控。

（7）比赛模式

该菜单下，可以进行投炸弹、割丝带、刺气球、激光对战、热气流滑翔、自旋降落、定点降落等模拟飞行任务设置。可通过其中不同的比赛项目选择比赛难度、时间、通关要求等，以竞技的形式掌握飞行要领。

（8）多人联机

该模式下，可通过局域网实现多台机器线上对战联机比赛。

2. PhoenixRC系统设置菜单操作步骤

（1）配置新遥控器

通过设置向导，下一步至遥控器控制方式品牌选择界面，一般情况可默认第一选择，如使用各品牌遥控器可从列表中选择，输入命名，然后根据向导提示操作遥控器摇杆，如图4-2-5所示。

（2）控制通道设置

编辑配置文件，简要信息中可设置固定翼通道，确定日本摇杆操控模式为：1副翼，2升降，3油门（桨距），4方向。襟翼和其他功能可暂不做分配，除非选择特殊机型含襟翼功能。详细信息中可设置直升机通道及辅助多功能通道，设定后单击完成，如图4-2-6所示。

视频
遥控器的初始设置

视频
模拟飞行中遥控器的配置

（a）第一步

（b）第二步

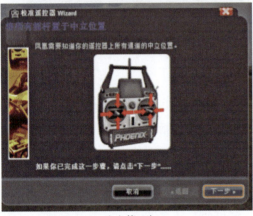

（c）第三步

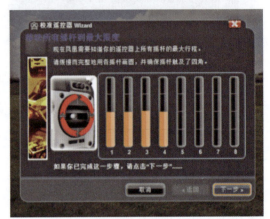

（d）第四步

图4-2-5　配置新遥控器

（a）第一步

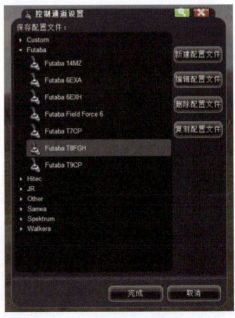

（b）第二步

图4-2-6　控制通道设置

模块四　成为无人机行业工匠

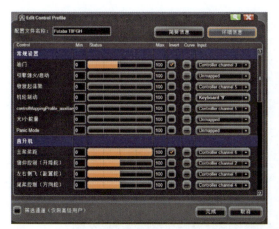 

（c）第三步　　　　　　　　　　　　　　（d）第四步

图4-2-6　控制通道设置（续）

在对应通道右边下拉，然后通过推动遥控器的摇杆，可以判断是否是需要的对应通道，如图4-2-7所示，接下来一直单击，就可以享受飞行了。

视　频

遥控器遥感设置反了怎么办

（3）选择模型菜单操作步骤

①更换模型。

可通过类型排序选择模型，还可收藏常用模型便于查找，如图4-2-8所示。

图4-2-7　选择通道　　　　　　　　　　　图4-2-8　更换模型

②编辑模型。

相当于模型DIY，可改变各项模型相关参数，如图4-2-9所示。

二、硬件平台搭建——组装无人机

穿越机的组装与调试，对初学者的第一台多旋翼飞机的组装调参学习具有指导意义，相对于其他机型，难度指数低，硬件组装、系统调试、外设新增、高级功能实现难度都较

221

低。初学者按照本文的阶段性步骤指引，可轻松掌握整个飞行器的组装调试技巧。

图4-2-9　编辑模型

穿越机，是一种通过无线电遥控操纵，以第一人称视角（以游戏操控员本人的视角观看整场游戏演示，相当于站在操控员身后看，自己所见即为操控员所见）飞行的多旋翼飞行器，本质来说是航模的一种。与普通的无人机相比，穿越机没有GPS、没有自动巡航、没有姿态控制系统，完全靠操控员通过FPV（第一人称视角）眼镜观看飞机实时画面操控飞行，与电子竞技、机器人格斗一起并称三大"智能科技运动"的无人机竞速运动就是穿越机竞速飞行。穿越机速度极快，可在1 s以内从静止加速至100 km/h，极速甚至超过240 km/h，再由第一人称视角的加持，穿越机在三维赛道中急速穿梭的刺激程度绝不亚于F1赛车，因此也被冠以空中"F1"的称号。

视频 穿越机简介-1

视频 穿越机简介-2

除此以外，区别于常见的航拍无人机，穿越机的速度和灵活性可以拍摄出极具视觉冲击力的视频画面，这也是众多穿越机花式飞行爱好者为之着迷的地方。自由飞行、高速追拍、特技翻滚、狭缝穿越等众多特技动作的组合，由FPV眼睛带来的临场感，充分刺激着操控员的肾上腺素，也轻易地抓住了观众们的眼球。

穿越机的种种特点，能够让普通人体验鸟儿的自由飞行，也实现了我们对天空的向往，这也是让广大穿越机玩家为之沉醉的首要原因。

要想知道如何自组一架穿越机，首先要知道穿越机的构造及原理。一般来说，穿越机由机架、控制系统（飞控、分电板、遥控器、接收机）、电力系统（电调、电机、桨叶、电池）、视频传输系统（摄像头、图传、接收屏、FPV眼镜）组成。

1. 分电板的安装

首先将分电板和塑料螺丝取出，建议将分电板镀锡，以便将来焊接方便，如图4-2-10所示。然后，将机架取出，将塑料螺杆安装在四个靠最中心的安装孔，反面就可以安装分电板了，安装后将六边形螺柱拧上，如图4-2-11所示。

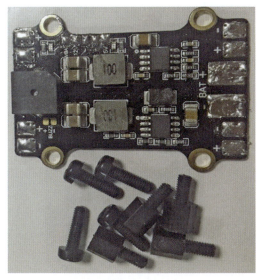

图4-2-10 分电板镀锡　　　　　　　　　图4-2-11 分电板安装

接下来就可以安装电调和其他线路,可先将电调在机臂上固定,再焊接,关于分电板的线路连接,如图4-2-12所示。图中1、2、3、4是焊接电调的位置,5 V是飞控供电线,12 V连接LED灯,VBAT空,BAT是连接电池的动力电。焊接完成后如图4-2-13所示。

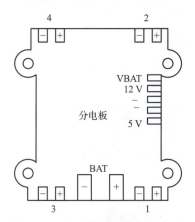

图4-2-12 分电板线路连接示意图　　　　图4-2-13 分电板焊接完成示意图

接下来将F3飞控取出,将弯头排针焊接在飞控接线口上,参照图4-2-14。

然后,将飞控安装在分电板上方,同时用塑料螺丝紧固,注意安装位置,建议将插针接口与分电板的BAT同一方向,因为底部会压到分电板元件的原因,会导致飞控不平,如图4-2-15所示。

接下来,要安装摄像头模块的固定柱,使用材料如图4-2-16所示,安装完成后如图4-2-17所示。

接下来,将飞控与电调的连线还有其他线连好,电调顺序按照前面的分电板对应到飞控接口1、2、3、4即可,还有8PIN线与飞控连接,我们使用的是红黑白连接接收机的S.BUS接口,其他线暂时不用,如图4-2-18所示。

图4-2-14 弯头排针焊接在飞控接线口

图4-2-15 飞控安装在分电板上

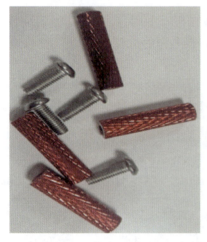
图4-2-16 安装摄像头使用的材料

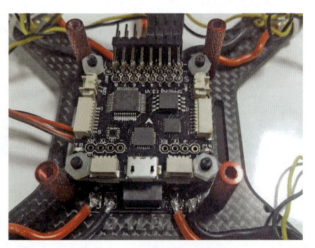
图4-2-17 固定柱安装完成

(a)连接线

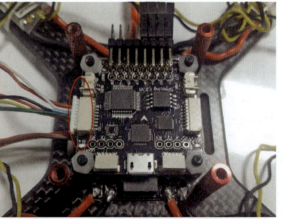
(b)S.BUS接口

图4-2-18 连接线与S.BUS接口

2. FPV摄像头模块的安装

摄像头模块由摄像头、机架、LED灯以及图传构成。首先将LED灯板取出，将自带的两条两针插线（红黑，一头有接口）分别焊到正面的VBAT和反面的12 V上，如图4-2-19所示。然后将摄像头机架组装，如图4-2-20所示。

图4-2-19　两条两针插线焊接示意图

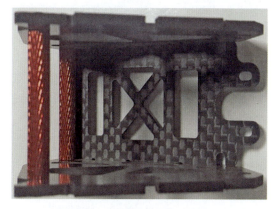

图4-2-20　摄像头机架组装

将M3自锁螺母安装到中间槽，如图4-2-21所示，接下来安装固定板，如图4-2-22所示。

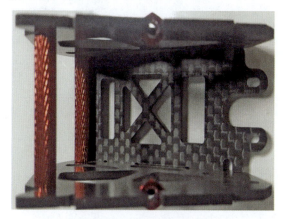

图4-2-21　自锁螺母安装

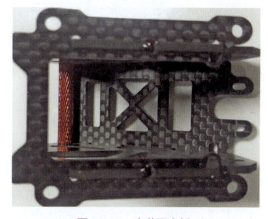

图4-2-22　安装固定板

再安装LED灯板，并使用M2.5×7内六角紧固，如图4-2-23所示。

接下来将图传的视频线穿过机架，与摄像头相连。连接方式是使用一根三针线的红黑黄线，图传与摄像头之间只需要5V+红线-极黑线和视频黄线。三针线其中有一头是反的，可以用尖锐工具挑开重插，或者断开用烙铁焊都可以（切记正负极不能搞错）。连接后将摄像头用M2×5的内六角螺丝加垫片安装在机架上，总体安装方式参照图4-2-24所示。

完成后，可将图传用3M双面胶粘在机架最上方，接收机也可粘在最上面，参照图4-2-25安装方式。如果摄像头角度达不到飞行要求，可以将固定柱调整到后方。

现在将分电板引出的12 V焊接到LED的12 V，VBAT连接到飞控的两针VBAT上，然后将摄像头方向与飞控方向一致（飞控方向在飞控正面小箭头），用内六角螺丝将摄像头模块紧固到前面安装的固定柱上，然后将红黑白三线接口接到接收机

视频●
接收机的使用

上面,如图4-2-26所示。

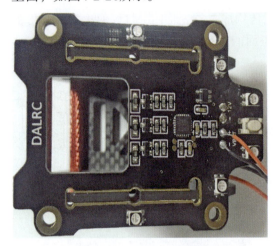

图4-2-23 安装LED灯板

图4-2-24 图传视频线与摄像头相连

图4-2-25 图传及接收机安装

图4-2-26 电源线及信号线的连接

最后一步是安装电机,将2205电机取出,先与电调三个焊点对下大约的长度,将余线剪下并重新镀锡。然后用M2.5×6的内六角两个(至少2个)固定,将三条线分别对应三个电调焊点焊好。这样,我们就完成了穿越机的组装。

三、飞行前的最后准备——参数设置

硬件组装好后需要将飞控与计算机用数据线进行连接,使用飞控固件配套的调参软件对飞行参数进行设定。在试飞的过程中记录陀螺仪姿态数据,计算出PID越阶曲线图,调整符合飞机动力的PID参数,才算完成穿越机的系统装调工作。所以,穿越机还需要一个飞控固件配套的调参软件配合才能真正使飞机飞起来。

针对F3飞控,我们使用Cleanflight飞控调参软件,接下来,我们对穿越机调参做一个简要的介绍。

首先用安卓数据线将飞控与计算机连接,然后点左上方的连接就与飞机连接好了,此时这个界面我们可以对飞机进行加速度计校准,可以看到飞机的姿态等,如图4-2-27所示。

下一步，切换到"端口"界面，在RX端第三项选中并保存，如图4-2-28所示。

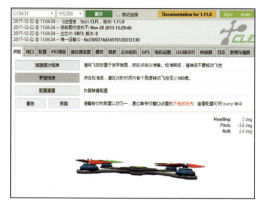

图4-2-27 无人机与调参软件连接

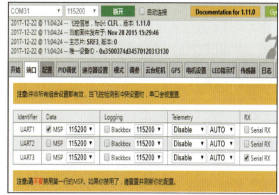

图4-2-28 "端口"界面设置

然后，切换到"配置"界面，我们可以看到电机的顺序和旋转方向，遥控器的数值按照图4-2-29设置即可。然后往下拉，接收机模式设置如图4-2-30所示。

图4-2-29 "配置"界面设置

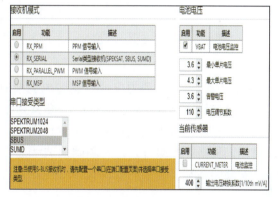

图4-2-30 接收机模式设置

保存，重启，之后切换到"模式"界面，再单击"添加范围"按钮，按照图4-2-31设置即可。

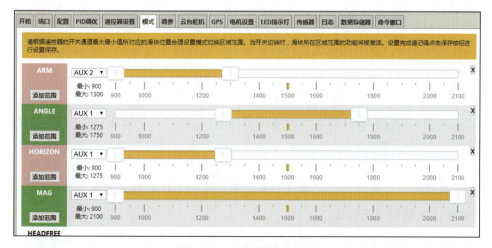

图4-2-31 "模式"界面设置

最后,来到"电机设置"界面,这时可以对电调校准,注意校准电调前必须将螺旋桨拆除。然后返回配置将油门最大改为2000并保存重启,再回到电机设置里面,按图4-2-32操作。

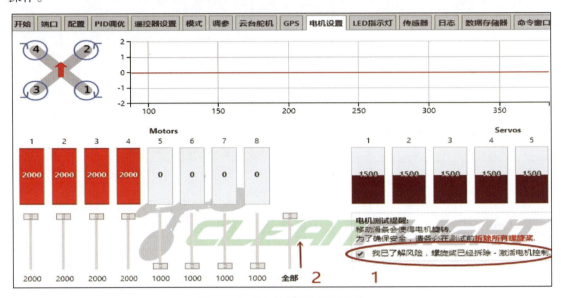

图4-2-32 "电机设置"界面设置

接下来,飞机接动力电池,这时电调会有最大校准提示音,等响完将全部拉到最低,此时也会有最低提示音乐,到此时校准就完成了。

最后一步,检查电机转向,可参照图4-2-32所示电机的转向,如果不对,将其中两根线对调,重新焊好即可,这时基础调试已完成。

安装螺旋桨,多余的线用扎带处理好,防止螺旋桨打到。至此,安装调试完毕,可试飞了。

任务实施

步骤一　熟悉遥控器

1. 学习遥控器布局：熟悉遥控器的各个按键和摇杆功能,特别是升降舵的控制摇杆。
2. 基本操作练习：在不连接无人机的情况下,多次练习遥控器的升降舵控制,感受摇杆与无人机升降之间的联动关系。

步骤二　PhoenixRC软件的使用

1. 软件安装与启动：在计算机上安装PhoenixRC软件,并按照指导步骤启动软件。
2. 模拟飞行器配置：在PhoenixRC中选择适合的无人机模拟器,并配置好遥控器与软件的连接。
3. 模式选择：进入训练模式,并选择悬停训练作为本次挑战的重点训练项目。

步骤三　模拟飞行训练

1. 起飞准备：在模拟环境中,确保无人机处于合适的位置,且无障碍物干扰。

2. 悬停训练：将遥控器置于"仅升降舵"模式，专注于控制无人机的升降悬停。通过微调升降舵摇杆，感受无人机高度的微小变化，并逐渐掌握悬停技巧。

3. 空间感与反应速度训练：在选择"后面"的方向后，站在无人机的后方进行操控。初期可能需要适应一段时间，但通过多次练习，逐渐提高对无人机位置的感知和反应速度。

✅ **步骤四** 实验室整理与整顿

1. 结束训练后的设备归位：训练结束后，将遥控器、计算机等设备归位至指定位置。
2. 整理模拟环境：在PhoenixRC软件中，关闭模拟环境并保存训练数据。
3. 维护实验室秩序：确保实验室整洁，避免杂物干扰下一次训练。

任务评价

整个任务完成之后，让我们来检测一下完成的效果吧，具体的测评细则见表4-2-1。

表4-2-1 任务完成情况的测评细则

评价内容	分值	评价细则	量化分值	得分
信息收集与自主学习	15分	1. 收集和整理关于无人机悬停技术的基础理论、技巧和实践案例	5分	
		2. 学习和理解PhoenixRC软件的功能、特性和操作方法	5分	
		3. 是否能够独立思考，对收集到的信息进行整理分析	5分	
PhoenixRC软件的使用	25分	1. 能正确对遥控器进行设置	9分	
		2. 能够正确使用PhoenixRC软件对遥控器进行正确配置	8分	
		3. 能够正确选择训练模式	8分	
模拟飞行训练	45分	1. 站姿和握控姿势正确	10分	
		2. 无人机稳定悬停，机头前后方向偏移不超过2 cm，无错舵，悬停时间在1 min以上	15分	
		3. 无人机出现漂移时能迅速打舵使无人机重新悬停	10分	
		4. 能够准确操控无人机进行悬停，显示出良好的空间感和反应速度	10分	
职业素养与职业规范	15分	1. 工具、仪器、仪表使用情况，操作规范性	3分	
		2. 实验室8S管理	3分	
		3. 在模拟飞行过程中，始终遵守无人机飞行的安全规范和操作准则，无违规操作	3分	
		4. 在训练中能够保持专注和耐心，对每次训练都保持认真的态度，不轻易放弃	3分	
		5. 在遇到问题时，能够积极寻找解决方案，尝试不同的操作方式，显示出良好的解决问题的能力	3分	
总计		100分		

巩固练习

1. 请同学们查阅相关资料，简要阐述中国手、美国手、日本手三者的区别。

2. 请对PhoenixRC菜单进行简要介绍。
3. 简述PhoenixRC系统设置菜单操作步骤。
4. 为什么说穿越机是空中"F1"？
5. 简述穿越机的特点。
6. 简述穿越机组装过程。
7. 穿越机组装完成后，为什么还要进行参数设置？

任务拓展

亲爱的同学们，准备好迎接一场全新的挑战了吗？在接下来的任务中，我们将一起探索无人机飞行的奥秘，进行全通道悬停训练！

全通道模拟训练，就像一个开放的乐园，让我们有机会操控无人机的每一个部分，就像是掌握了无人机的"生命之线"。这次，我们不仅要操控升降舵和副翼舵，还要加上油门舵和方向舵，这样一来，我们的无人机就像一只听话的小鸟，在我们的指挥下自由飞翔！

想想看，我们已经通过升降舵控制无人机悬停训练学会了如何操作无人机的舵杆，就像是掌握了舞蹈的基本步伐。而现在，我们要挑战的是更高级的舞步，要在升降和转向的同时，控制无人机的速度和方向。这就像是在空中绘制一幅精美的画卷，既要有高度和角度的精准控制，又要有速度和方向的完美协调。

这个任务并不容易，但记住，每一次的挑战都是一次成长的机会。全通道悬停训练不仅是最贴近真实无人机操控的项目，更是一次提升我们飞行技能的绝佳机会。

同学们，让我们一起加油，挑战自我，探索无人机飞行的无限可能！期待你们在这次全通道悬停训练中，展现出更加出色的飞行技能！

全通道悬停训练标准如下：

（1）站姿和握控姿势正确。

（2）操控无人机完成定高、定点悬停。

（3）无人机水平方向不得飞出绿圈区域。

（4）高度不得出现大幅的调高和飘高，上下浮动2 cm以内。

（5）悬停时间达到2 min以上。

附录 A

无人机驾驶员国家职业技能标准（2021 年版节选）

说明： 由于教材篇幅限制，本文档是针对2021年版无人机驾驶员国家职业技能标准进行节选，旨在让学习者快速了解和熟悉该标准。

一、职业概况

1. 职业名称

无人机驾驶员。

2. 职业编码

4-99-00-00。

3. 职业定义

通过远程控制设备，操控无人机完成既定飞行任务的人员。

4. 职业技能等级

本职业共设五个等级，分别为五级/初级工、四级/中级工、三级/高级工、二级/技师、一级/高级技师。

5. 职业环境条件

室内、外，常温，部分高温、低温或存在一定危化品。

6. 职业能力特征

具备一定的学习能力、表达能力和计算能力；有较强的反应能力和较好的分析、判断能力；空间感强；手指、手臂灵活，动作协调性好；辨色力正常，双眼矫正视力5.0以上。

7. 普通受教育程度

初中毕业（或相当文化程度）。

8. 培训参考学时

五级/初级工120标准学时，四级/中级工160标准学时；三级/高级工160标准学时，二级/技师100标准学时，一级/高级技师80标准学时。

9. 职业技能鉴定要求

（1）申报条件

①具备以下条件之一者，可申报五级/初级工：

- 累计从事本职业或相关职业工作1年（含）以上。
- 本职业或相关职业学徒期满。
- 军队及武警部队相关兵种退役义务兵。

②具备以下条件之一者，可申报四级/中级工：

- 取得本职业或相关职业五级/初级工职业资格证书（技能等级证书）后，累计从事本职业或相关职业工作3年（含）以上。
- 累计从事本职业或相关职业工作5年（含）以上。
- 取得技工学校本专业或相关专业毕业证书（含尚未取得毕业证书的在校应届毕业生），或取得经评估论证、以中级技能为培养目标的中等及以上职业学校本专业或相关专业毕业证书（含尚未取得毕业证书的在校应届毕业生）。
- 军队及武警部队退役的下士士官，累计从事本职业或相关职业工作1年（含）以上。

③具备以下条件之一者，可申报三级/高级工：

- 取得本职业或相关职业四级/中级工职业资格证书（技能等级证书）后，累计从事本职业或相关职业工作4年（含）以上。
- 累计从事本职业或相关职业工作10年（含）以上。
- 取得本职业或相关职业四级/中级工职业资格证书（技能等级证书），并具有高级技工学校、技师学院毕业证书（含尚未取得毕业证书的在校应届毕业生）；或取得本职业或相关职业四级/中级工职业资格证书（技能等级证书），并具有经评估论证、以高级技能为培养目标的高等职业学校本专业或相关专业毕业证书（含尚未取得毕业证书的在校应届毕业生）。
- 具有大专及以上本专业或相关专业毕业证书，并取得本职业或相关职业四级/中级工职业资格证书（技能等级证书）后，累计从事本职业或相关职业工作2年（含）以上。
- 军队及武警部队退役的中士士官及以上军衔获得人员，或具有公安工作经历5年以上，累计从事本职业或相关职业工作1年（含）以上。

④具备以下条件之一者，可申报二级/技师：

- 取得本职业或相关职业三级/高级工职业资格证书（技能等级证书）后，累计从事本职业或相关职业工作4年（含）以上。
- 取得本职业或相关职业三级/高级工职业资格证书（技能等级证书）的高级技工学校、技师学院毕业生，累计从事本职业或相关职业工作3年（含）以上；或取得本职业或相关职业预备技师证书的技师学院毕业生，累计从事本职业或相关职业工作2年（含）以上。
- 具有15年（含）以上公安工作经历，或具有军队及武警部队少校军衔（含）以上的退役军人，累计从事本职业或相关职业工作5年（含）以上。

⑤具备以下条件者，可申报一级/高级技师：

取得本职业或相关职业二级/技师职业资格证书（技能等级证书）后，累计从事本职业或相关职业工作4年（含）以上。

（2）鉴定方式

鉴定方式分为理论知识考试、技能考核以及综合评审。

理论知识考试以闭卷笔试、机考等方式为主，主要考核从业人员从事本职业应掌握的基本要求和相关知识要求；技能考核主要采用现场操作方式进行，主要考核从业人员从事本职业应具备的技能水平；综合评审主要针对二级/技师和一级/高级技师，通常采取审阅申报材料、答辩等方式进行全面评议和审查。

理论知识考试、技能考核和综合评审均实行百分制，成绩皆达60分（含）以上者为合格。

（3）监考人员、考评人员与考生配比

理论知识考试中的监考人员与考生配比为1∶15，每个考场不少于2名考评人员；技能考核中的考评人员与考生配比为1∶5，且考评人员为3人（含）以上单数；综合评审委员为3人（含）以上单数。

（4）鉴定时间

理论知识考试时间不少于90 min，技能考核时间不少于30 min，综合评审时间不少于30 min。

（5）鉴定场所设备

理论知识考试在标准教室进行；技能考核在具有相关部门审批的空域，具有安全保障设施及无人机设备、作业条件或模拟作业条件的场地进行；综合评审在标准教室进行。

二、基本要求

1. 职业道德

（1）职业道德基本知识

（2）职业守则

①遵纪守法，爱岗敬业，忠于职守。
②精益求精，忠诚奉献，严于律己。
③吃苦耐劳，刻苦学习，勤奋钻研。
④谦虚谨慎，团结协作，主动配合。
⑤爱护设备，严守规范，确保安全。

2. 基础知识

（1）航空基础知识

①航空气象知识。
②空气动力学知识。
③航空器飞行原理。
④无线电通信原理。

（2）无人机基础知识

①无人机系统知识。
②无人机系统操作规程。
③无人机应用知识。
④通用应急操作知识。

⑤无人机维保知识。

（3）计算机应用知识

①计算机操作基础知识。

②相关软件使用知识。

（4）安全生产知识

①劳动防护知识。

②设备使用知识。

（5）环境保护知识

废旧电池、燃油残渣、农业残液等废弃物的处理方法。

（6）相关法律、法规知识

①《中华人民共和国劳动法》相关知识。

②《中华人民共和国民用航空法》相关知识。

③《中华人民共和国安全生产法》相关知识。

④《中华人民共和国行政许可法》相关知识。

⑤《轻小无人机运行规定（试行）》相关知识。

⑥《中华人民共和国飞行基本规则》相关知识。

⑦《民用无人机驾驶员管理规定》相关知识。

⑧其他有关法律、法规知识。

三、工作要求

本标准对五级/初级工、四级/中级工、三级/高级工、二级/技师、一级/高级技师的技能要求和相关知识要求依次递进，高级别涵盖低级别的要求。

本职业分为植保、安防、航拍、巡检、物流五个职业方向。各职业方向均包含五级/初级工、四级/中级工、三级/高级工、二级/技师、一级/高级技师五个等级，其中四级/中级工、三级/高级工的技能要求和相关知识要求按五个职业方向有所不同，详细材料和具体细节请扫描二维码查阅。

四、权重表

1. 理论知识权重表

项目	技能等级	五级/初级工（%）	四级/中级工（%）	三级/高级工（%）	二级/技师（%）	一级/高级技师（%）
基本要求	职业道德	5	5	5	5	5
	基础知识	5	5	5	5	5
相关知识要求	任务规划	—	15	35	10	—
	任务准备	25	20	—	15	
	任务执行	40	35	35	20	20
	维护保养	25	20	20	20	15

附录 A　无人机驾驶员国家职业技能标准（2021年版节选）

续表

项目 \ 技能等级		五级/初级工（%）	四级/中级工（%）	三级/高级工（%）	二级/技师（%）	一级/高级技师（%）
相关知识要求	技术管理	—	—	—	—	30
	培训指导	—	—	—	25	25
合计		100	100	100	100	100

2. 技能要求权重表

项目 \ 技能等级		五级/初级工（%）	四级/中级工（%）	三级/高级工（%）	二级/技师（%）	一级/高级技师（%）
技能要求	任务规划	—	20	30	10	—
	任务准备	25	20	—	10	—
	任务执行	40	35	40	20	20
	维护保养	35	25	30	25	20
	技术管理	—	—	—	—	30
	培训指导	—	—	—	35	30
合计		100	100	100	100	100

附录 B
无人机装调检修工国家职业技能标准（2021年版节选）

说明： 由于教材篇幅限制，本文档是针对2021年版无人机装调检修工国家职业技能标准进行节选，旨在让学习者快速了解和熟悉该标准。

一、职业概况

1. 职业名称
无人机装调检修工。

2. 职业编码
6-23-03-15。

3. 职业定义
使用设备、工装、工具和调试软件，对无人机进行配件选型、装配、调试、检修与维护的人员。

4. 职业技能等级
本职业共设五个等级，分别为：五级/初级工、四级/中级工、三级/高级工、二级/技师、一级/高级技师。

5. 职业环境条件
室内，常温。

6. 职业能力特征
具有一定的学习、表达和计算能力，具有较强的空间感和形体知觉，听力、色觉正常，两眼裸视力或者矫正视力达到标准对数视力表4.9以上，手指、手臂灵活，动作协调性强。

7. 普通受教育程度
初中毕业（或相当文化程度）。

8. 培训参考学时
五级/初级工160标准学时，四级/中级工140标准学时，三级/高级工120标准学时，二级/技师、一级/高级技师90标准学时。

9. 职业技能鉴定要求

（1）申报条件

①具备以下条件之一者，可申报五级/初级工：

a. 累计从事本职业或相关职业工作1年（含）以上。

b. 本职业或相关职业学徒期满。

②具备以下条件之一者，可申报四级/中级工：

a. 累计从事本职业或相关职业工作6年（含）以上。

b. 取得本职业或相关职业五级/初级工职业资格证书（技能等级证书）后，累计从事本职业或相关职业工作4年（含）以上。

c. 取得技工学校本专业或相关专业毕业证书（含尚未取得毕业证书的在校应届毕业生）；或取得经评估论证、以中级技能为培养目标的中等及以上职业学校本专业或相关专业毕业证书（含尚未取得毕业证书的在校应届毕业生）。

③具备以下条件之一者，可申报三级/高级工：

a. 取得本职业或相关职业四级/中级工职业资格证书（技能等级证书）后，累计从事本职业或相关职业工作5年（含）以上。

b. 取得本职业或相关职业四级/中级工职业资格证书（技能等级证书），并具有高级技工学校、技师学院毕业证书（含尚未取得毕业证书的在校应届毕业生）；或取得本职业或相关职业四级/中级工职业技能等级证书，并具有经评估论证、以高级技能为培养目标的高等职业学校本专业或相关专业毕业证书（含尚未取得毕业证书的在校应届毕业生）。

c. 具有大专及以上本专业或相关专业毕业证书，并取得本职业或相关职业四级/中级工职业资格证书（技能等级证书）后，累计从事本职业或相关职业工作2年（含）以上。

④具备以下条件之一者，可申报二级/技师：

a. 取得本职业或相关职业三级/高级工职业资格证书（技能等级证书）后，累计从事本职业或相关职业工作4年（含）以上。

b. 取得本职业或相关职业三级/高级工职业资格证书（技能等级证书）的高级技工学校、技师学院毕业生，累计从事本职业或相关职业工作3年（含）以上；或取得本职业或相关职业预备技师证书的技师学院毕业生，累计从事本职业或相关职业工作2年（含）以上。

⑤具备以下条件者，可申报一级/高级技师：

取得本职业或相关职业二级/技师职业资格证书（技能等级证书）后，累计从事本职业或相关职业工作4年（含）以上。

（2）鉴定方式

鉴定方式分为理论知识考试、技能考核以及综合评审。

理论知识考试以笔试、机考等方式为主，主要考核从业人员从事本职业应掌握的基本要求和相关知识要求；技能考核主要采用现场操作、模拟操作等方式进行，主要考核从业人员从事本职业应具备的技能水平；综合评审主要针对二级/技师和一级/高级技师，通常采取审阅申报材料、答辩等方式进行全面评议和审查。

理论知识考试、技能考核和综合评审均实行百分制，成绩皆达60分（含）以上者为合格。

（3）监考人员、考评人员与考生配比

理论知识考试中的监考人员与考生配比不低于1∶15，且每个考场不少于2名监考人员；技能考核中的考评人员与考生配比不低于1∶5，且考评人员为3人（含）以上单数；综合评审委员为3人（含）以上单数。

（4）鉴定时间

理论知识考试时间不少于90 min；技能考核时间：五级/初级工不少于60 min，四级/中级工不少于90 min，三级/高级工、二级/技师、一级/高级技师不少于120 min；综合评审时间不少于20 min。

（5）鉴定场所设备

理论知识考试、综合评审在标准教室或计算机教室进行；技能考核在实训基地或作业现场进行。技能考核场所需配备装调台、调试用计算机、组装用无人机、检修设备、测试设备、选型用零部件以及配套工具量具、仪器仪表、耗材和安全防护设备等。三级/高级工及以上技能考核还需具备隔离空域及带飞行保护和安全防护措施的调试与测试试飞区。

二、基本要求

1. 职业道德

（1）职业道德基本知识

（2）职业守则

①遵纪守法，爱岗敬业。
②探索创新，精益求精。
③爱护设备，安全操作。
④遵守规程，执行工艺。
⑤团结协作，严于律己。
⑥保护环境，文明生产。

2. 基础知识

（1）无人机基础知识

①无人机系统基础知识。
②无人机操控基础知识。
③航空气象基础知识。
④飞行原理基础知识。
⑤通信基础知识。
⑥导航基础知识。
⑦无人机测试飞行安全防护基础知识。
⑧无人机故障检测基础知识。
⑨无人机故障维修基础知识。

（2）机械装配基础知识

①机械识图知识。

②机械技术基础知识。
③材料基础知识。
④无人机机械结构基础知识。
⑤无人机机械装配工具量具基础知识。
⑥无人机机械装配工艺基础知识。
⑦无人机机械装配安全防护基础知识。

（3）电气安装基础知识

①电子电路基础知识。
②电气识图知识。
③传感器基础知识。
④无人机电气安装工具材料、仪器仪表基础知识。
⑤无人机电气安装工艺基础知识。
⑥无人机电气安装安全防护基础知识。

（4）信息技术基础知识

①计算机终端设备、操作系统、网络、安全等基础知识。
②无人机调试软件操作基础知识。
③常用办公软件操作基础知识。

（5）安全生产与环境保护基础知识

①劳动保护基础知识。
②安全生产基础知识。
③环境保护基础知识。

（6）相关法律、法规知识

①《中华人民共和国劳动法》相关知识。
②《中华人民共和国劳动合同法》相关知识。
③《中华人民共和国安全生产法》相关知识。
④《中华人民共和国环境保护法》相关知识。
⑤《中华人民共和国产品质量法》相关知识。
⑥《中华人民共和国民用航空法》相关知识。
⑦《通用航空飞行管制条例》相关知识。
⑧《民用航空安全管理规定》相关知识。
⑨《民用无人机驾驶员管理规定》相关知识。
⑩《轻小无人机运行规定（试行）》相关知识。
⑪《民用无人驾驶航空器实名制登记管理规定》相关知识。

三、工作要求

本标准对五级/初级工、四级/中级工、三级/高级工、二级/技师、一级/高级技师的技能要求和相关知识要求依次递进，高级别涵盖低级别的要求，详细材料和具体细节请扫描二维码查阅。

四、权重表

1. 理论知识权重表

项目	技能等级	五级/初级工（%）	四级/中级工（%）	三级/高级工（%）	二级/技师（%）	一级/高级技师（%）
基本要求	职业道德	5	5	5	5	5
	基础知识	40	25	10	10	5
相关知识要求	配置选型	—	—	20	10	10
	装配	15	20	20	—	—
	调试	—	15	20	15	20
	测试	20	10	5	—	—
	检修	—	10	10	15	—
	维保	20	15	—	—	—
	改造优化	—	—	10	25	35
	培训指导	—	—	—	20	—
	培训指导与技术管理	—	—	—	—	25
合计		100	100	100	100	100

2. 技能要求权重表

项目	技能等级	五级/初级工（%）	四级/中级工（%）	三级/高级工（%）	二级/技师（%）	一级/高级技师（%）
技能要求	配置选型	—	—	20	15	10
	装配	25	35	20	—	—
	调试	—	30	25	15	20
	测试	40	10	5	—	—
	检修	—	10	20	15	—
	维保	35	15	—	—	—
	改造优化	—	—	10	35	45
	培训指导	—	—	—	20	—
	培训指导与技术管理	—	—	—	—	25
合计		100	100	100	100	100

附录 C
无人机相关的"1+X"职业技能等级证书

一、背景资料

1. 职业技能等级证书信息管理服务平台

职业技能等级证书信息管理服务平台是由国家开放大学作为主办单位和技术支持，由教育部职业教育中心研究所作为业务运营，是在教育部领导下，教育部职成司、教育部职教所联合国家开放大学打造的实施"1+X"证书制度试点工作，加强职业技能等级证书管理与服务工作的综合信息平台。它用于发布"1+X"试点工作的新闻动态、政策文件、通知公告等工作动态。用于开展职业技能培训评价组织招募与遴选工作，组织实施职业技能等级标准、考核大纲等标准审定工作，统筹指导职业技能教材编写、考试命题、试题库建设管理等工作，开展质量监测评估，开展职业技能等级证书注册、查询、咨询服务等工作。

2. 职业教育培训评价组织（颁证机构）

颁证机构，即职业教育培训评价组织，是教育部职业技术教育中心研究所面向社会公开招募在本行业（专业）领域具有一定的影响力，管理理念先进，具有一定规模和资金实力的社会评价组织。申报通过后，将通过名单公布在职业技能等级证书信息管理服务平台。

根据《国家职业教育改革实施方案》，以及教育部、国家发展改革委、财政部、市场监管总局等四部门联合印发的《关于在院校实施"证书+若干职业技能等级证书"制度试点方案》，为开展好在院校实施的"1+X"证书制度试点工作，受教育部委托，教育部职业技术教育中心研究所面向社会公开招募职业教育培训评价组织。申报组织需要具备在中国境内依法登记注册、具有规范的财务制度和管理制度，在本行业（专业）领域具有一定的影响力，管理理念先进，具有一定规模和资金实力的社会评价组织。具备凝聚有关行业、多家龙头企业和优质院校等开发职业技能等级证书及标准的能力。参与制订过国家职业标准，或牵头制订过有关职业培训领域行业、团体标准。开发的标准先进，教材等培训资源丰富，标准和教材等有自主知识产权或依法享有知识产权独占权与授予权。拥有行业企业管理人员、技术骨干、高技能人才等组成的专家、师资团队，具有在全国范围内开展师资培训、支持院校开展相关证书培训、组织实施考核颁证等方面的经验和实力。具有5年以上职业技能培训经验和累计5万人次以上的培训并实施证书考核的规模。目前颁发的有关证书社会、企业认可高，有对应的企业真实岗位或岗位群。与职业院校有合作基础。

在院校内的行为自愿接受教育行政部门的抽查和监督。具有良好社会信用,无违法、失信、重大经济纠纷、不良借贷等行为,坚持把社会效益放在首位,不以营利为唯一目的这些条件。根据申报情况,将通过组织遴选、公示等程序,确定参与"1+X"证书制度试点工作。

二、相关职业技能等级证书

以下内容从职业技能等级证书信息管理服务平台中收集整理而来。

根据平台信息,统计到无人机相关的"1+X"职业技能等级证书共八个,按照发布时间排列,具体包括无人机驾驶职业技能等级证书(初级、中级、高级)、无人机检测与维护职业技能等级证书(初级、中级、高级)、无人机摄影测量职业技能等级证书(初级、中级、高级)、无人机航空喷洒职业技能等级证书(初级、中级、高级)、物流无人机操作与运维职业技能等级证书(初级、中级)、无人机操作应用职业技能等级证书(初级、中级、高级)、无人机组装与调试职业技能等级证书(初级、中级、高级)、无人机拍摄职业技能等级证书(初级、中级、高级)。

接下来我们从颁证机构、证书简介、适用人群、取证要求四方面来了解。

1. 无人机驾驶职业技能等级证书(初级、中级、高级)

2020年3月18日,职业技能等级证书信息管理服务平台在《参与1+X证书制度试点的第三批职业技能等级证书标准(试行版)(三)(持续发布中)》中发布该证书,颁证机构为北京优云智翔航空科技有限公司。

(1)证书简介

无人机驾驶职业技能等级证书(初级),面向无人机在农业、工业、传媒、交通、运输、建筑、遥感、能源、水利、环保、安全、应急等存在无人机应用的领域中多旋翼无人机的操控岗位,证明持证者能按照厂家手册安装多旋翼类别无人机系统以及任务载荷,进行必要飞行前安全检查,操纵多旋翼类别无人机在视距内场景下起降以及运行,依据无人机系统手册完成日常的检查与维护工作。

(2)适用人群

初级:面向影视传媒单位、农业相关单位、交通部门、物流部门、建筑部门、应急救援部门、电力、油气等能源部门、国土部门、保险部门、环保部门、林业部门、水利部门、海事部门、无人机研发与制造单位、公安和安防部门等,从事无人机航拍、农业喷洒、病虫害监控与防治、土壤与作物检测监控、物流运输、交通线路巡检、建筑或固定设施(如桥梁、电塔等)巡检、特殊环境(如地质灾害现场、火情现场等)应急监测、电力巡检、管道与基站巡检、国土资源勘察与测绘、保险勘察、环保检测、森林巡检、水域监测、海事巡检、安防巡检等多种运行场景下的多旋翼无人机系统视距内飞行操控岗位。

中级:面向影视传媒单位、农业相关单位、交通部门、物流部门、建筑部门、应急救援部门、电力、油气等能源部门、国土部门、保险部门、环保部门、林业部门、水利部门、海事部门、无人机研发与制造单位、公安和安防部门等,从事无人机航拍、农业喷洒、病虫害监控与防治、土壤与作物检测监控、物流运输、交通线路巡检、建筑或固定设施(如桥梁、电塔等)巡检、特殊环境(如地质灾害现场、火情现场等)应急监测、电力巡检、管道与基站巡检、国土资源勘察与测绘、保险勘察、环保检测、森林巡检、水域监测、海事巡检、安防巡检等多种运行场景下的无人机系统视距内与超视距模式的操控与运行管理岗位。

高级：面向影视传媒单位、农业相关单位、交通部门、物流部门、建筑部门、应急救援部门、电力、油气等能源部门、国土部门、保险部门、环保部门、林业部门、水利部门、海事部门、无人机研发与制造单位、公安和安防部门等，从事无人机航拍、农业喷洒、病虫害监控与防治、土壤与作物检测监控、物流运输、交通线路巡检、建筑或固定设施（如桥梁、电塔等）巡检、特殊环境（如地质灾害现场、火情现场等）应急监测、电力巡检、管道与基站巡检、国土资源勘察与测绘、保险勘察、环保检测、森林巡检、水域监测、海事巡检、安防巡检等多种运行场景多种运行模式下的无人机系统操控与运行指挥岗位，也可从事无人机型号测试、系统软硬件选配调试与维修，以及保障运行所需的装配调整、维护及飞行前检查工作。

（3）取证要求

初级：依据证书考核方案与制度，展示完成工作任务相关的知识与技能水平。针对多旋翼无人机，能够完成保障安全必要的飞行前检查工作，在辅助定位系统工作的无人机系统状态下操控无人机进行起降、悬停及视距内常用机动科目飞行，降落后完成机体检查、回收以及日常简易维护工作。

中级：依据证书考核方案与制度，展示完成工作任务相关的知识与技能水平。能够完成无人机机体、视距内与超视距控制链路、飞控等全系统飞行前检查，在辅助定位系统工作的无人机系统状态下操控无人机进行视距内复杂机动航线飞行，完成无人机超视距航线规划与飞行，降落回收后检查与更换易损件。

高级：依据证书考核方案与制度，展示完成工作任务相关的知识与技能。能根据飞行任务需要装配无人机机体、飞控以及任务载荷，并完成系统整体调试，设计作业方案及应急处置预案，在辅助定位系统不工作的模式下操纵无人机进行视距内复杂机动航线飞行，完成超视距航线任务指挥与应急返航执行，能进行作业数据后期处理，能完成飞行器性能参数收集任务，对系统各部件进行检查、维修与更换。

2. **无人机检测与维护职业技能等级证书**（初级、中级、高级）

2021年3月15日，职业技能等级证书信息管理服务平台在《参与1+X证书制度试点的第四批职业技能等级证书标准（试行版）（一）（持续发布中）》中发布该证书。颁证机构为北京优云智翔航空科技有限公司。

（1）证书简介

无人机检测与维护职业技能等级证书（初级）考核学生是否能对无人机系统进行起飞前、后安全监控与检测工作，并使用专业的机械工具根据标准施工方案对无人机的关键部件、设备以及零件进行拆装和维护维修。

（2）适用人群

初级、中级、高级：主要面向影视传媒单位、农业相关单位、交通部门、建筑部门、应急救援部门、电力等能源部门、国土资源勘查部门、环保部门、无人机研发与制造单位、公安部门等，从事无人机航拍、农业喷洒、病虫害监控与防治、土壤与作物检测监

控、物流运输、交通线路巡检、电力巡检、管道与基站巡检、国土资源勘察与测绘、保险勘察、环保检测、建筑或固定设施（如桥梁、电塔等）检查、特殊环境（如地质灾害现场、火情现场等）等多种运行场景下的无人机系统检测、调试、维护、维修工作，也可从事保障运行与任务执行所需的装配调整及航前航后检查工作。

（3）取证要求

初级：能对无人机系统进行起飞前、后安全监控与检测工作，并使用专业的机械工具根据标准施工方案对无人机的关键部件、设备以及零件进行拆装和维护维修。

中级：能使用专业电子电气工具对无人机机载电子设备进行拆装和维护维修以及飞行/载荷控制线路施工，并完成静电防护和无人机各部件的介电性能检查，对各类插头的拆装、清洁、保护和防松的作业以及对动力系统的维护维修。

高级：能使用专业电子电气工具对无人机机载电子设备进行拆装和维护维修以及飞行/载荷控制线路施工，并完成静电防护和无人机各部件的介电性能检查，对各类插头的拆装、清洁、保护和防松的作业以及对动力系统的维护维修。

3. 无人机摄影测量职业技能等级证书（初级、中级、高级）

2021年3月31日，职业技能等级证书信息管理服务平台在《参与1+X证书制度试点的第四批职业技能等级证书标准（试行版）（二）（持续发布中）》中发布该证书。颁证机构为天水三和数码测绘院有限公司。

（1）证书简介

证书对应的专业领域测绘地理信息、无人机、图像处理等专业，主要面向自然资源、住房和城乡建设、林业和草原、生态环境、交通运输、水利水电、农业农村、文化和旅游、应急管理、国防、公安消防等部门，从事自然资源调查、农林监测、电力巡检、国土测绘、智慧城市建设、城市规划、道路勘测、智慧旅游、应急监测、生态环境监测、矿产地质勘查、智慧消防等领域。

（2）适用人群

初级：中职。

中级：中职、高职。

高级：中职、高职。

（3）取证要求

初级：掌握摄影测量基本概念、基本原理；掌握无人机基本性能及飞行操作；了解像控点布设方法，按照规范要求进行像控点测量；初步掌握空三加密、DEM、DOM数据生产方法；并通过相关内容考核。

中级：掌握无人机摄影测量技术要求；掌握无人机地面站参数设置及飞行操作；掌握像控点布设及测量的技术要求；熟练掌握空三加密、DEM、DOM和DLG数据生产流程；并通过相关内容考核。

高级：掌握技术设计书、技术总结编写；掌握无人机飞行原理、无人机组装、无人机飞行操作；根据生产任务要求及摄影相机参数进行航线设计；掌握无人机航摄成果的可靠性检测；完成空三加密成果的接边、格式转换；掌握实景三维模型制作及编辑；掌握无人机摄影测量数字产品的行业应用；通过相关内容考核。

4. 无人机航空喷洒职业技能等级证书（初级、中级、高级）

2021年3月31日，职业技能等级证书信息管理服务平台在《参与1+X证书制度试点的第四批职业技能等级证书标准（试行版）（二）（持续发布中）》中发布该证书。颁证机构为北京翔宇教育咨询有限公司。

（1）证书简介

主要面向农业部门、林草部门、应急救援部门、消防部门、防疫部门以及无人机研发与制造等部门单位，从事无人机特殊环境（如火情现场等）等多种运行场景下的无人机喷洒操控工作，也可从事无人机型号测试、以及保障运行所需的装配调整、维护及飞行前检查工作。

（2）适用人群

初级：

①试点院校考生：中职试点院相关专业学生，完成试点院校组织的中级无人机航空喷洒职业技能培训后可报考中级证书。

②社会考生：中职院校学生或具备中职以上学历，完成中级无人机航空喷洒职业技能培训后可报考中级证书。

中级：

①试点院校考生：高职试点院校相关专业学生，完成试点院校组织的中级无人机航空喷洒职业技能培训后可报考中级证书。

②社会考生：高职院校学生或具备高职以上学历，完成中级无人机航空喷洒职业技能培训后可报考中级证书。

高级：

①试点院校考生：本科试点院校相关专业学生，完成试点院校组织的高级无人机航空喷洒职业技能培训后可报考中级证书。

②社会考生：本科院校学生或具备本科以上学历，完成高级无人机航空喷洒职业技能培训后可报考中级证书。

（3）取证要求

初级、中级、高级：无人机航空喷洒职业技能等级认证考核采取"理论+实操"形式，理论采用线上考试，实操采用现场飞行任务操作考试。70分以上为合格，理论占比30%，实操占比70%。

5. 物流无人机操作与运维职业技能等级证书（初级、中级）

2021年3月31日，职业技能等级证书信息管理服务平台在《参与1+X证书制度试点的第四批职业技能等级证书标准（试行版）（二）（持续发布中）》中发布该证书。颁证机构为北京京东乾石科技有限公司。

（1）证书简介

京东基于自身在物流领域广泛应用无人机的经验以及对未来无人机在物流领域的应用所开发的，面向中高职及应用型本科院校学生，主要是针对无人机在末端配送的物流基本

操作、应用、无人机日常维护与保养的技能的培训和考核,从而使学生具备操作、检修无人机,并应用无人机在物流领域从事相关工作的基本技能。初级证书主要技能:主要面向大中型企事业单位的物流部门以及第三方物流公司、储运公司、飞行器制造、服务、教育、应用等企事业单位的运营或服务部门的基础运营岗、货物分拣岗、配送运输岗、无人机装配岗、无人机试飞岗、无人机维护与检修等相关岗位,从事无人机的组装与维修、售后服务等相关工作,具备无人机货物的分拣操作、无人机的组装、维修等能力。初级证书主要面向岗位:主要面向物流行业的基础运营岗、货物分拣岗、配送运输岗等,从事无人机货物的分拣、配送、运输等工作;或面向无人机行业的无人机装配岗、无人机试飞岗、无人机维护与检修等相关岗位,从事无人机的组装与维修等相关工作。

(2)适用人群

初级、中级:本证书主要面向中高职及应用型本科、职业技术大学等相关专业的在校学生,从事物流无人机操作、管理、运维等相关岗位或致力于在该领域就业的社会人员

(3)取证要求

初级:通过培训评价组织机构组织的上机理论考试和实操考试,且考试成绩合格。考评实行百分制,考试合格者应满足:理论考核与实操考核两科得分均达到或超过总分的60%。

中级:通过培训评价组织机构组织的上机理论考试和实操考试,且考试成绩合格。考评实行百分制,各等级职业技能考试合格者应满足:理论考核与实操考核两科得分均达到或超过总分的60%。

6. 无人机操作应用职业技能等级证书(初级、中级、高级)

2021年4月2日,职业技能等级证书信息管理服务平台在《参与1+X证书制度试点的第四批职业技能等级证书标准(试行版)(三)(持续发布中)中发布该证书。颁证机构为深圳市大疆创新科技有限公司。

(1)证书简介

无人机操作应用职业技能等级证书,面向使用多旋翼无人机进行航拍、植保、测绘、巡检等作业的岗位,证明持证者能正确安装多旋翼无人机及任务载荷,能进行飞行前安全检查,掌握多旋翼无人机操作技能,能使用多旋翼无人机进行作业,并能对多旋翼无人机进行日常检查及维护保养工作。

(2)适用人群

初级:无人机专业和新闻、影视、传媒、农业、工业、交通、运输、建筑、测绘、遥感、能源、水利、环保、安全、应急等专业中开设无人机课程的中等职业院校学生、高等职业院校学生。

中级:无人机专业和新闻、影视、传媒、农业、工业、交通、运输、建筑、测绘、遥感、能源、水利、环保、安全、应急等专业中开设无人机课程的中等职业院校学生、高等职业院校学生、应用型本科学校学生。

高级:无人机专业和新闻、影视、传媒、农业、工业、交通、运输、建筑、测绘、遥感、能源、水利、环保、安全、应急等专业中开设无人机课程的高等职业院校学生、应用

型本科学校学生。

（3）取证要求

理论和实操考试，满分均为100分，60分及格。

7. 无人机组装与调试职业技能等级证书（初级、中级、高级）

2021年4月2日，职业技能等级证书信息管理服务平台在《参与1+X证书制度试点的第四批职业技能等级证书标准（试行版）（三）（持续发布中）》中发布该证书。颁证机构为中国航空工业集团有限公司。

（1）证书简介

证书对应的专业领域为所有无人机及相关专业。面向的主要岗位为：无人机装调检修工、无人机驾驶员、无人机测绘操纵员等岗位群，面向无人机研发、生产、应用、销售、维修企业从事无人机配件选型、型号测试、零部件加工、装配调试、维护保养等工作。

（2）适用人群

初级、中级、高级：

①中职、高职或应用型本科学校（或同等学力）在校生，所学专业为无人机组装与调试职业技能等级标准对应专业；

②初中及以上学历（含同等学力）毕业且从事无人机相关工作满1年以上（含1年）者。

（3）取证要求

初级、中级、高级：无人机组装与调试理论考试试卷满分100分；实操考试试卷满分100分。理论考试和实操考试合格标准为单项分数均大于等于60分，两项成绩均成绩合格的学员可以获得相应级别的职业技能等级证书。其中，任一考核不通过，则本次职业技能等级考核不通过。成绩不保留。

8. 无人机拍摄职业技能等级证书（初级、中级、高级）

2021年4月2日，职业技能等级证书信息管理服务平台在《参与1+X证书制度试点的第四批职业技能等级证书标准（试行版）（三）（持续发布中）》中发布该证书。颁证机构为中大国飞（北京）航空科技有限公司。

（1）证书简介

取得无人机拍摄职业技能等级证书后可在摄影摄像、病虫害监控与防治、土壤与作物检测监控、交通线路巡检、建筑或固定设施（如桥梁、电塔等）巡检、特殊环境（如地质灾害现场、火情现场等）应急监测、电力巡检、管道与基站巡检、国土资源勘察与测绘、保险勘察、环保检测、森林巡检、水域监测、海事巡检、安防巡检等方向进行就业。

（2）适用人群

初级、中级、高级：中等职业学校（不包含技工学校）、高等职业学校、应用型本科学校的学生及社会人群。

（3）取证要求

初级、中级、高级：取证人员年满15周岁，三年内无刑事犯罪记录，具有初中及以上文化程度，学时时长为60课时后可进行申请取证。

参考文献

[1] 张豫，陈燕奎.无人机航拍概论[M].长沙：湖南师范大学出版社，2019.

[2] 严月浩.无人机概论[M].西安：西北工业大学出版社，2018.

[3] 马国利.无人机基础概论[M].西安：西北工业大学出版社，2021.

[4] 周竞赛，冯宇.无人机概论[M].北京：清华大学出版社，2021.

[5] 贾恒旦，郭彪.无人机技术概论[M].北京：机械工业出版社，2018.